"十三五"国家重点出版物出版规划项目

高分辨率对地观测前沿技术丛书

主编 王礼恒

敏捷卫星

赵键 杨芳 等编著

国防工业出版社

·北京·

内 容 简 介

本书对涉及敏捷卫星的相关技术进行了较全面的论述，主要内容包括敏捷卫星概述，敏捷卫星系统，敏捷卫星总体设计、总装、集成和验证，敏捷卫星任务规划技术，敏捷卫星效能分析，敏捷卫星总体仿真技术，敏捷卫星应用技术，敏捷卫星技术展望等。其中很多内容是在研究和工程实践中归纳、总结，并经飞行验证的研究成果，实用性很强。

本书可供从事卫星研制、运行控制及应用等领域的技术人员阅读，也可以作为高等院校相关专业的教学参考书。

图书在版编目(CIP)数据

敏捷卫星/赵键等编著. —北京：国防工业出版社，2021.7

(高分辨率对地观测前沿技术丛书)

ISBN 978-7-118-12316-6

Ⅰ.①敏⋯ Ⅱ.①赵⋯ Ⅲ.①高分辨率—遥感卫星—研究 Ⅳ.①V474.2

中国版本图书馆 CIP 数据核字(2021)第 150125 号

※

*国防工业出版社*出版发行

(北京市海淀区紫竹院南路23号 邮政编码100048)
北京龙世杰印刷有限公司印刷
新华书店经售

*

开本 710×1000 1/16 印张 17¾ 字数 280 千字
2021 年 7 月第 1 版第 1 次印刷 印数 1—2000 册 定价 108.00 元

(本书如有印装错误，我社负责调换)

国防书店：(010)88540777 书店传真：(010)88540776
发行业务：(010)88540717 发行传真：(010)88540762

丛书学术委员会

主　　任	王礼恒
副 主 任	李德仁　艾长春　吴炜琦　樊士伟
执行主任	彭守诚　顾逸东　吴一戎　江碧涛　胡　莘
委　　员	（按姓氏拼音排序）

白鹤峰　曹喜滨　陈小前　崔卫平　丁赤飚　段宝岩
樊邦奎　房建成　付　琨　龚惠兴　龚健雅　姜景山
姜卫星　李春升　陆伟宁　罗　俊　宁　辉　宋君强
孙　聪　唐长红　王家骐　王家耀　王任享　王晓军
文江平　吴曼青　相里斌　徐福祥　尤　政　于登云
岳　涛　曾　澜　张　军　赵　斐　周　彬　周志鑫

丛书编审委员会

主　编	王礼恒
副主编	冉承其　吴一戎　顾逸东　龚健雅　艾长春
	彭守诚　江碧涛　胡　莘
委　员	（按姓氏拼音排序）

白鹤峰　曹喜滨　邓　泳　丁赤飚　丁亚林　樊邦奎
樊士伟　方　勇　房建成　付　琨　苟玉君　韩　喻
贺仁杰　胡学成　贾　鹏　江碧涛　姜鲁华　李春升
李道京　李劲东　李　林　林幼权　刘　高　刘　华
龙　腾　鲁加国　陆伟宁　邵晓巍　宋笔锋　王光远
王慧林　王跃明　文江平　巫震宇　许西安　颜　军
杨洪涛　杨宇明　原民辉　曾　澜　张庆君　张　伟
张寅生　赵　斐　赵海涛　赵　键　郑　浩

秘　书　潘　洁　张　萌　王京涛　田秀岩

本书编写组

主　　编　赵　键　杨　芳
编写人员　郑清标　孙　峻　王抒雁　牛　朝　刘志佳　马灵犀
　　　　　秦　江　扈勇强　王淑一　车汝才　刘思远　李　超
　　　　　蒋轶颖　谢　松　霍德聪　李志武　黄　敏　曹启鹏
　　　　　韩杏子　姚　舜　鄢婉娟　侯　伟　刘　伟　常　静
　　　　　杨争光　王世清　梁小峰　张名毅　任光杰　姚　慧
　　　　　王瑾琦

序 言

高分辨率对地观测系统工程是《国家中长期科学和技术发展规划纲要（2006—2020年）》部署的16个重大专项之一，它具有创新引领并形成工程能力的特征，2010年5月开始实施。高分辨率对地观测系统工程实施十年来，成绩斐然，我国已形成全天时、全天候、全球覆盖的对地观测能力，对于引领空间信息与应用技术发展，提升自主创新能力，强化行业应用效能，服务国民经济建设和社会发展，保障国家安全具有重要战略意义。

在高分辨率对地观测系统工程全面建成之际，高分辨率对地观测工程管理办公室、中国科学院高分重大专项管理办公室和国防工业出版社联合组织了《高分辨率对地观测前沿技术》丛书的编著出版工作。丛书见证了我国高分辨率对地观测系统建设发展的光辉历程，极大丰富并促进了我国该领域知识的积累与传承，必将有力推动高分辨率对地观测技术的创新发展。

丛书具有3个特点。一是系统性。丛书整体架构分为系统平台、数据获取、信息处理、运行管控及专项技术5大部分，各分册既体现整体性又各有侧重，有助于从各专业方向上准确理解高分辨率对地观测领域相关的理论方法和工程技术，同时又相互衔接，形成完整体系，有助于提高读者对高分辨率对地观测系统的认识，拓展读者的学术视野。二是创新性。丛书涉及国内外高分辨率对地观测领域基础研究、关键技术攻关和工程研制的全新成果及宝贵经验，吸纳了近年来该领域数百项国内外专利、上千篇学术论文成果，对后续理论研究、科研攻关和技术创新具有指导意义。三是实践性。丛书是在已有专项建设实践成果基础上的创新总结，分册作者均有主持或参与高分专项及其他相关国家重大科技项目的经历，科研功底深厚，实践经验丰富。

丛书5大部分具体内容如下：**系统平台部分**主要介绍了快响卫星、分布式卫星编队与组网、敏捷卫星、高轨微波成像系统、平流层飞艇等新型对地观测平台和系统的工作原理与设计方法，同时从系统总体角度阐述和归纳了我国卫星遥感的现状及其在 6 大典型领域的应用模式和方法。**数据获取部分**主要介绍了新型的星载/机载合成孔径雷达、面阵/线阵测绘相机、低照度可见光相机、成像光谱仪、合成孔径激光成像雷达等载荷的技术体系及发展方向。**信息处理部分**主要介绍了光学、微波等多源遥感数据处理、信息提取等方面的新技术以及地理空间大数据处理、分析与应用的体系架构和应用案例。**运行管控部分**主要介绍了系统需求统筹分析、星地任务协同、接收测控等运控技术及卫星智能化任务规划,并对异构多星多任务综合规划等前沿技术进行了深入探讨和展望。**专项技术部分**主要介绍了平流层飞艇所涉及的能源、囊体结构及材料、推进系统以及位置姿态测量系统等技术,高分辨率光学遥感卫星微振动抑制技术、高分辨率 SAR 有源阵列天线等技术。

丛书的出版作为建党 100 周年的一项献礼工程,凝聚了每一位科研和管理工作者的辛勤付出和劳动,见证了十年来专项建设的每一次进展、技术上的每一次突破、应用上的每一次创新。丛书涉及 30 余个单位,100 多位参编人员,自始至终得到了军委机关、国家部委的关怀和支持。在这里,谨向所有关心和支持丛书出版的领导、专家、作者及相关单位表示衷心的感谢!

高分十年,逐梦十载,在全球变化监测、自然资源调查、生态环境保护、智慧城市建设、灾害应急响应、国防安全建设等方面硕果累累。我相信,随着高分辨率对地观测技术的不断进步,以及与其他学科的交叉融合发展,必将涌现出更广阔的应用前景。高分辨率对地观测系统工程将极大地改变人们的生活,为我们创造更加美好的未来!

王礼恒

2021 年 3 月

前　言

　　敏捷卫星是国际上近年发展十分迅速的一种高性能卫星类型,特指卫星平台具备绕任意欧拉轴(含滚动、俯仰、偏航)大范围快速姿态机动且快速稳定的能力,使装载的成像或其他类型的遥感器快速获取目标信息。与传统的卫星不同,敏捷卫星根据敏捷特性具有不同的卫星控制模式、运行模式和任务管理模式,这些决定了敏捷卫星的设计与传统卫星的设计有天壤之别。本书是关于敏捷卫星的一部技术专著,根据敏捷卫星特点,系统论述了针对敏捷卫星的任务分析,卫星总体工程设计——总装、集成及验证等内容,分析了敏捷卫星能达到的效能,介绍了敏捷卫星相关的任务规划技术和总体仿真技术,并对敏捷卫星技术发展进行了展望。

　　本书由中国空间技术研究院从事我国第一颗敏捷卫星研制的30多位科研人员共同编写,主要是基于我国已成功发射的第一颗敏捷卫星的工程研制经验,在任务和效能等分析上又充分借鉴了国外的先进技术成果。全书内容丰富,大部分内容都是从工程实践中归纳、综合、提炼并经过了飞行验证的成果。本书注重航天任务的实际需求,坚持设计与应用相结合,具有很强的工程应用性。

　　参与本书编写的人员包括赵键、杨芳、郑清标、孙峻、王抒雁、牛朝、刘志佳、马灵犀、秦江、扈勇强、王淑一、车汝才、刘思远、李超、蒋轶颖、谢松、霍德聪、李志武、黄敏、曹启鹏、韩杏子、姚舜、鄢婉娟、侯伟、刘伟、常静、杨争光、王世清、梁小峰、张名毅、任光杰、姚慧、王瑾琦等。本书在编写过程中融入了部分与合作团队联合研究的成果,这些合作团队包含国防科技大学信息系统与管理学院贺仁杰、姚锋团队,武汉大学测绘遥感信息工程国家重点实验室王密团队等。

本书适用于从事人造卫星研究、设计、总装、试验和应用的工程技术人员阅读参考,也可作为高等院校相关专业的教学参考书。

作者

2021 年 1 月

目 录

第1章 概述 ... 1
1.1 敏捷卫星概念 ... 1
1.2 敏捷卫星发展状况 ... 1

第2章 敏捷卫星系统 ... 15
2.1 姿控分系统指标 ... 16
2.1.1 姿态测量误差 ... 17
2.1.2 姿态指向误差 ... 17
2.1.3 姿态稳定度 ... 18
2.1.4 姿态机动时间 ... 18
2.1.5 指标分析方法 ... 19
2.2 敏捷卫星成像 ... 19
2.2.1 姿态机动能力对成像效能的影响 ... 19
2.2.2 敏捷成像模式对图像质量的影响 ... 24
2.2.3 敏捷卫星偏流角及积分时间 ... 31
2.3 敏捷卫星热控 ... 38
2.3.1 外热流 ... 38
2.3.2 热控技术 ... 46
2.4 敏捷卫星能源 ... 47
2.4.1 光照条件 ... 47
2.4.2 能源平衡 ... 49

2.5 敏捷卫星测控 ·· 53
　　2.5.1 敏捷模式对导航定位的影响 ·· 53
　　2.5.2 敏捷模式对测控通信的影响 ·· 54
2.6 敏捷卫星数传 ·· 56
　　2.6.1 数传模式 ·· 56
　　2.6.2 敏捷机动对天线指向及跟踪能力需求 ································· 57

第3章　敏捷卫星总体设计 ··· 60

3.1 运行模式 ··· 60
　　3.1.1 可选运行模式 ··· 60
　　3.1.2 典型运行模式 ··· 63
3.2 成像模式 ··· 65
　　3.2.1 同轨多区域成像模式 ·· 65
　　3.2.2 同轨多条带拼接成像模式 ··· 66
　　3.2.3 同轨多角度立体成像模式 ··· 66
　　3.2.4 同轨同一区域多角度成像模式 ·· 67
　　3.2.5 沿任意航迹成像模式 ·· 68
3.3 姿态控制 ··· 68
　　3.3.1 动力学与运动学模型 ·· 69
　　3.3.2 点对点机动轨迹规划 ·· 70
　　3.3.3 敏捷机动控制律设计 ·· 72
　　3.3.4 控制力矩陀螺群奇异分析与操纵律设计 ····························· 73
　　3.3.5 数学仿真实现情况 ·· 75
　　3.3.6 姿控分系统设计 ·· 76
3.4 构型及力学设计 ·· 81
　　3.4.1 卫星构型设计 ··· 81
　　3.4.2 整星结构设计 ··· 83
　　3.4.3 整星传力设计 ··· 84
　　3.4.4 整星频率分配与分析 ·· 86
　　3.4.5 微振动抑制设计 ·· 88
3.5 整星信息流设计 ·· 91

3.5.1 信息传输设计 …… 91
3.5.2 总线传输设计 …… 94
3.5.3 高精度时间管理设计 …… 95
3.5.4 控制信息流设计 …… 96
3.5.5 图像数据流设计 …… 97
3.6 测控设计 …… 98
3.6.1 测控分析 …… 98
3.6.2 测控分系统设计 …… 100
3.7 供配电设计 …… 103
3.7.1 供配电分析 …… 103
3.7.2 供配电分系统设计 …… 104
3.8 热控设计 …… 107
3.8.1 热特性分析 …… 107
3.8.2 热控制设计原则与思想 …… 108
3.8.3 敏捷卫星热控设计 …… 109
3.8.4 热控分系统组成和热控产品介绍 …… 111
3.8.5 热仿真分析 …… 113
3.9 可操控性设计 …… 115
3.9.1 相机工作模式设计 …… 115
3.9.2 数传工作模式设计 …… 118
3.9.3 对地数传天线应用模式设计 …… 119
3.9.4 文件管理设计 …… 119
3.9.5 任务管理设计 …… 120
3.10 定位精度影响因素 …… 123
3.10.1 几何定位原理 …… 123
3.10.2 几何定位精度定义 …… 126
3.10.3 误差源分析 …… 127
3.10.4 高定位精度设计 …… 129

第4章 总装、集成和验证（AIT） …… 131

4.1 敏捷卫星总装、集成技术 …… 131

  4.1.1 总装特点分析 ·················· 131
  4.1.2 地面机械支持设备设计 ············ 132
  4.1.3 敏捷卫星总装工艺设计 ············ 134
  4.1.4 总装检测 ···················· 137
 4.2 敏捷卫星试验技术 ··················· 139
  4.2.1 环境试验验证技术 ·············· 139
  4.2.2 力学特性设计验证技术 ············ 140
  4.2.3 热设计验证技术 ················ 142
  4.2.4 磁验证技术 ··················· 145
  4.2.5 EMC 验证技术 ················ 146
 4.3 敏捷卫星测试技术 ··················· 147
  4.3.1 综合测试特点分析 ·············· 147
  4.3.2 综合测试系统设计 ·············· 148

第 5 章 敏捷卫星任务规划技术 ··············· 158

 5.1 敏捷卫星任务规划特征及需求分析 ············ 158
  5.1.1 任务规划需求分析 ·············· 158
  5.1.2 任务规划特点 ················· 161
 5.2 敏捷卫星地面任务规划技术 ··············· 163
  5.2.1 任务规划基本设计思路 ············ 163
  5.2.2 任务规划架构设计 ·············· 164
  5.2.3 任务规划软件设计 ·············· 168
 5.3 敏捷卫星在轨任务规划技术 ··············· 189
  5.3.1 在轨任务规划需求分析 ············ 189
  5.3.2 在轨任务规划技术 ·············· 191

第 6 章 敏捷卫星效能分析 ··················· 206

 6.1 覆盖性分析 ······················ 206
  6.1.1 单星覆盖性分析 ················ 206
  6.1.2 多星设计与覆盖性分析 ············ 208
 6.2 不同成像模式效能分析 ················ 213

6.2.1　多条带拼接成像的效能评估 ·················· 213
　　　6.2.2　同轨立体成像的效能评估 ···················· 216
　　　6.2.3　区域成像的效能评估 ························ 217
　　　6.2.4　沿任意航迹成像模式 ························ 217

第7章　敏捷卫星总体仿真技术 ···························· 220
7.1　敏捷卫星仿真系统设计 ······························ 220
　　　7.1.1　仿真系统需求分析 ···························· 220
　　　7.1.2　仿真系统架构设计 ···························· 225
　　　7.1.3　仿真系统信息流设计 ·························· 228
7.2　敏捷卫星仿真系统构建 ······························ 232
　　　7.2.1　仿真系统功能模块实现 ························ 232
　　　7.2.2　仿真系统在卫星研制中的应用 ·················· 243

第8章　敏捷卫星应用技术 ································ 246
8.1　敏捷卫星遥感影像在轨定标技术 ······················ 246
　　　8.1.1　敏捷卫星在轨辐射定标技术 ···················· 246
　　　8.1.2　敏捷卫星在轨几何定标技术 ···················· 251
8.2　敏捷卫星地面图像处理技术 ·························· 255
　　　8.2.1　敏捷卫星同轨多条带成像图像处理技术 ············ 255
　　　8.2.2　敏捷卫星同轨多角度立体成像图像处理技术 ········ 257
　　　8.2.3　敏捷卫星同轨同一区域多角度成像图像处理技术 ···· 258
8.3　结合任务规划的敏捷卫星遥感影像应用举例 ············ 260
　　　8.3.1　敏捷卫星遥感影像特点 ························ 260
　　　8.3.2　敏捷卫星遥感影像用于局部测绘 ················ 263

第9章　敏捷卫星技术展望 ································ 264

参考文献 ·· 265

第 1 章
概 述

1.1 敏捷卫星概念

国内外对敏捷卫星的设计研究对象主要是光学遥感卫星,因此本书所述敏捷卫星主要是指敏捷光学遥感卫星。敏捷光学遥感卫星是在传统对地观测卫星零动量三轴稳定姿态的基础上,借助大力矩姿态执行部件,使卫星平台具备绕任意欧拉轴(含滚动、俯仰、偏航)大范围频繁快速姿态机动且快速稳定的能力,利用装载的高分辨率光学成像载荷,通过快速重定向,扩大成像区域,可实现包括同轨多个热点区域定制成像、同轨大区域多条带拼接成像和同轨同一区域多视角立体成像等多种成像模式,能够解决高空间分辨率和高时间分辨率的技术矛盾,提高成像效能。

敏捷卫星作为近年来国际上发展十分迅速的一类高性能卫星,显示了卫星"快、灵、省"的优势,与高分辨率光学载荷结合,借助整星敏捷姿态机动的性能,实现高空间分辨率成像和快速的系统响应性能,并且还可实现包括同轨多条带拼接成像和同轨立体成像等多种模式成像,具有多功能、高效率的特点。高分辨率敏捷卫星已成为卫星遥感系统的重要发展方向之一。

1.2 敏捷卫星发展状况

1. 国外典型的高分辨率敏捷卫星技术发展状况

国际上,在高分辨率应用领域的一个重要发展方向是采用敏捷模式。高分辨率光学载荷由于焦距长、口径大、探测器数量多导致其质量、功耗大幅增加,对平台稳定性要求大幅提高,同时解决高空间分辨率和大幅宽成为高分辨率卫星的难题。采用敏捷成像模式卫星可以在配置适当幅宽的高分辨率载荷的条件下,利用平台大范围快速姿态机动的特点,通过多个条带拼接实现大幅宽的同时,实现快速多点区域重定向和在同一圈轨道时间内立体成像等功能。由于在一定成像效能要求下,载荷幅宽和平台敏捷能力可以进行折中设计,选择适当的幅宽载荷和具有快速姿态机动能力的平台,为解决卫星高分辨率应用提供了一条良好的实现途径。

自 1999 年美国成功发射商业高分辨率 IKONOS – 2 卫星以来,类似 IKONOS – 2 卫星具有高敏捷姿态机动特性的卫星得到了蓬勃发展,促进了卫星的更新换代。近年来,高分辨率光学成像卫星的敏捷性已成为主流。对于整星质量较小的小卫星来说,更容易具备敏捷姿态机动能力并配合高分辨率成像达到更广泛的应用。可见,敏捷姿态机动性能已成为高分辨率小卫星技术发展的主要方向。

(1)IKONOS – 2 卫星。

1999 年 9 月发射的 IKONOS – 2 卫星,是美国空间成像公司(space imaging)的一颗商用高分辨率光学遥感卫星,该卫星运行于高 680km、倾角 98.2°的太阳同步圆轨道上。

星上配置一台柯达公司提供的 TDICCD 相机,星下点地面像元分辨率 0.8m(PAN)/3.28m(MS),星下点成像幅宽 11km 左右,该相机能在前后左右姿态机动 30°范围内拍摄 1m 分辨率全色图像和 4m 分辨率多光谱图像。该相机采用焦距 10m、主镜孔径 0.7m 的全反射式光学系统,全色图像探测器像元尺寸为 $12\mu m \times 12\mu m$,像元数为 13500 的 TDICCD,其光谱范围为 $0.45 \sim 0.90\mu m$;多光谱(四谱段)成像探测器是一个四联光电二极管线阵,由 3375 个 $48\mu m$ 像素组成,蓝谱段 $0.45 \sim 0.52\mu m$,绿谱段 $0.52 \sim 0.6\mu m$,红谱段 $0.63 \sim 0.69\mu m$,近红外谱段 $0.76 \sim 0.9\mu m$,其波谱范围与"陆地卫星"上 TM 的谱段 1~4 相同。

IKONOS – 2 卫星采用 4 个 Space & Navigation 公司的 RWA – 15 反作用轮。整星能沿俯仰和滚动轴方向实现 ±50°姿态机动,最大回转速度可达 4°/s,回转加速度可达 $0.2°/s^2$。借助这种快速姿态机动能力,卫星可实现同轨平面成像和同轨立体成像,一轨成像能力最大可达 $20000km^2$;在地面像元分辨率 1~2m 情况下,借助姿态机动单颗卫星重访周期可实现 3 天左右。

通过高分辨率相机和整星姿态机动,IKONOS – 2 卫星能实现多种平面和立体成像模式。图 1 – 1 给出了 IKONOS – 2 卫星平面和立体成像的能力。星上电子设备可将图像数据压缩4.2倍。图像数据通过两轴高增益X谱段天线以320Mbit/s速率实时下传给有关地面站,或暂存在星载固态存储器上待机下传。IKONOS-2卫星及其使用的动量轮如图1-2所示。

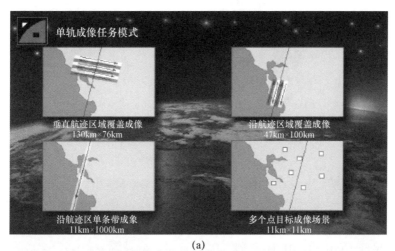

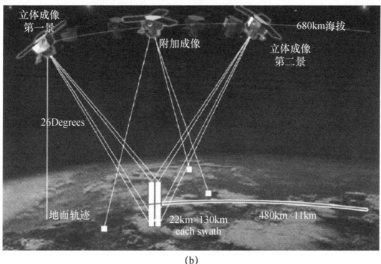

图1-1 IKONOS-2的成像能力

(a)平面成像模式;(b)立体成像模式。

从IKONOS-2卫星使用情况分析,由于平台敏捷的姿态机动特性,不仅在小卫星上同时解决了高空间分辨率和高时间分辨率的难题,而且使小卫星的成像模式更为灵活,大大拓展了卫星功能,提高了小卫星功能密度比。

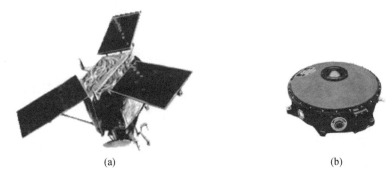

图 1-2 IKONOS-2 卫星及其使用的动量轮
(a)IKONOS-2 卫星;(b)IKONOS-2 卫星使用的动量轮。

(2)QuickBird-2 卫星。

QuickBird-2 是美国数字全球公司(digital globe)高分辨率商业遥感卫星。QuickBird-2 卫星于 2001 年 10 月发射,卫星质量 950kg,采用高 450km 的太阳同步轨道,其全色分辨率高达 0.61m,多光谱分辨率为 2.44m,成像幅宽 16.5km。QuickBird-2 具有沿轨道方向和左右侧摆的姿态机动能力,重访周期 3~7 天,可进行立体成像;卫星设计寿命 5 年。QuickBird-2 卫星如图 1-3 所示。

图 1-3 QuickBird-2 卫星

QuickBird-2 卫星采用 BCP-2000 平台,姿态指向精度优于 0.5 mrad(绝对精度,200~450m),姿态确定精度优于 15mrad,姿态稳定度优于 10mrad/s。卫星具有很强的敏捷姿态机动性能,能实现 10°时姿态机动时间小于 20s;50°时姿态机动时间小于 45s。

(3)OrbView-3 和 OrbView-5 卫星。

OrbView-3 卫星于 2003 年 6 月发射,是美国轨道图像公司(Orbimage)的高分辨率光学成像卫星,能够提供 1m 分辨率的全色图像和 4m 分辨率的多光谱图像,成像幅宽 8km;OrbView-3 卫星还具有立体成像能力,可以生成地形的三维影像数据。卫星采用较低的太阳同步轨道,轨道高度 470km,由于具备左右 45°的偏置能力,对观测区域内任一地点的重访周期可缩短至 3 天。OrbView-3 卫星质量 394kg,设计寿命 5 年。

作为 OrbView-3 卫星的后继，OrbView-5 卫星由 General Dynamics 公司研制，2008 年 9 月 6 日发射成功，并更名为 GeoEye-1 卫星。GeoEye-1 卫星采用 684km 高度的太阳同步轨道，降交点地方时为 10∶30；其全色分辨率达 0.41m，多光谱分辨率为 1.64m，是目前分辨率最高的商用卫星。公开资料显示，卫星每天成像面积为：全色时 700000km^2；全色+多光谱时 350000km^2。星上固态存储器容量为 1.0Tbit，重访周期小于 3 天。OrbView-3 卫星和 OrbView-5 卫星如图 1-4 所示。

从设计上来看，OrbView-3 卫星和 OrbView-5 卫星采用平台和有效载荷一体化的设计，不仅减小了整星的转动惯量，同时减小了挠性扰动因素，使整星具有良好的快速姿态机动动力学特点。

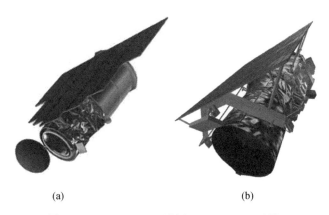

(a)   (b)

图 1-4　OrbView-3 卫星和 OrbView-5 卫星

(a) OrbView-3 卫星；(b) OrbView-5 卫星。

(4) ROCSat-2 卫星。

该卫星于 2004 年 5 月 20 日发射，利用轨道科学公司（OSC）运载能力更强的 Taurus-XL 火箭运载。卫星由法国 Vélizy 的 EADS Astrium SAS 公司（总承包人）制造，该平台基于 LEOSTAR 500-XO 系列。卫星使用中国台湾制造的设备（包括星上计算机、S 频段天线和太阳传感器）。该卫星结构主体是一个直径 1.6m、高 2.4m 的六棱柱体。ROCSat-2 卫星如图 1-5 所示。

图 1-5　LEOSTAR 500-XO 平台卫星

ROCSat-2卫星全色成像分辨率为2m,多光谱成像分辨率为8m,成像幅宽24km。利用卫星平台的敏捷性可以完成对特定区域的立体成像、对狭长区域的连续成像和对大区域的组合镶嵌成像。成像能力为每轨8min,每轨成像区域可以是1个3000km×24km条带,2个100km×24km立体像对,4个100km×24km的条带或者是8个点区域。

卫星(包括燃料)质量764kg,寿命末期功率693W。相机质量113kg,成像时功耗161W,待机时为73W。卫星指向精度为0.12°,确定精度为0.02°。卫星敏捷性为滚动10°/25s、30°/45s,俯仰45°/60s。数据处理率全色模式下为10Mbit/s;多光谱模式下为5Mbit/s。具有12bit量化,数据压缩率全色模式下为2.8和3.75、多光谱模式下为1.7和3.75。星上固态存储器容量为41Gbit。卫星测控采用射频通信S频段,上行码速率为4kbit/s,下行码速率为1.6Mbit/s。数传采用射频X频段,下传码速率为120Mbit/s,基带编码采用NRZ-L,极化方式为可选的RHCP/LHCP。

(5) Pleiades卫星。

Pleiades卫星是法国研制的新一代高分辨率光学成像遥感卫星,是一颗质量约940kg的小卫星,设计寿命5年。其目的是通过技术创新,提供系统效费比,替代现有的SPOT系列卫星。法国共规划了2颗卫星,Pleiades-1卫星于2011年12月17日发射,Pleiades-2卫星于2012年12月1日发射。卫星及其姿控部件如图1-6所示。

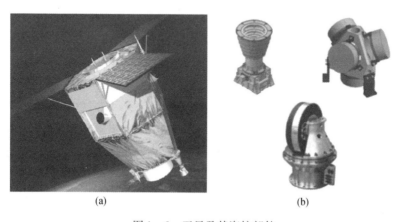

图1-6 卫星及其姿控部件
(a) Pleiades卫星外形;(b) 姿控部件。

卫星轨道为高695km的太阳同步近圆轨道,轨道重复周期26天,两颗卫星组网时对全球任意地区的重访时间为 24h,降交点地方时为 10∶15。

卫星姿态控制采用三轴稳定控制方式,姿态执行部件采用 4 个控制力矩陀螺,该控制力矩陀螺为:角动量 15N·m·s;最大输出力矩 45N·m;单个质量 15kg。卫星具有高敏捷的姿态机动能力为 5°/6s,60°/25s。

卫星相机采用大 F 数 Korsch 光学系统,结构紧凑,采用碳化物(carbide)材料作相机结构,用零膨胀微晶玻璃(Zerodur)材料加工反射镜,主镜口径 0.65m,焦距 12.9m,遮拦 30%。相机采用 TDI 模式成像,像元尺寸 13μm×13μm,每个探测器 6000 像元,全色探测器由 5 个配准的线阵拼接而成。多光谱探测器采用 4 色 CCD 线阵,像元尺寸为 52μm×52μm。在星下点的全色分辨率为 0.7m,多光谱分辨率为 2.8m,成像幅宽大于 20km。卫星可倾斜成像,在 30°倾斜角的情况下能保证正常的成像性能,且最大倾斜角可达 50°。高敏捷性能提高卫星的图像获取数量,同轨立体成像能力提高了 2~3 倍。卫星能够同轨立体成像的基高比为 0.1~1.0。在没有外部参考的情况下,定位精度优于 20m;以 80km 间隔的地面控制点校正之后,定位精度能优于 0.5m。

(6) WorldView – 4 卫星。

2016 年 11 月发射的 WorldView – 4 卫星(图 1 – 7),也称为 GeoEye – 2 卫星,是美国最新的对地观测卫星。从公开数据分析,其姿态机动能力达到 18.6°/10.6s,无地面控制点的地理定位精度预计优于 4m(CE90)。

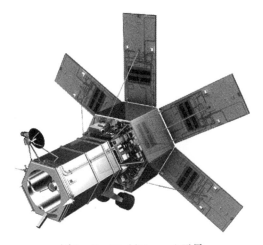

图 1 – 7　WorldView – 4 卫星

国外典型敏捷卫星性能指标如表 1 – 1 所列。

表 1-1 国外典型敏捷卫星的性能指标对比表

卫星名称	研制国家/发射时间	轨道高度/km	地面像元分辨率(PAN/XS)/m	地面幅宽/km	卫星质量/kg	控制精度	姿态机动范围/(°)	机动时间/s	最大姿态角速度/((°)/s)	角加速度/((°)/s²)	成像能力/km²	成像能力描述
IKONOS-2	美国/1999	681	0.82/3.24	11.3	720	姿态指向精度 0.003°(12″)@1σ；姿态确定精度 0.0028°(10″)@1σ	俯仰和滚动轴±50	到最大角速度需要20	4	0.2	最大一轨20000	同轨立体成像 5条拼接成像
QuickBird-2	美国/2001	450	0.61/2.44	16.5	950	姿态稳定精度：三轴，小于3″；姿态稳定度：三轴，小于2″/s	俯仰和滚动轴±50	10°/20 50°/45	—	—	—	同轨立体成像 条带拼接成像
OrbView-3	美国/2003	470	1/4	8	304	姿态指向<15″@3σ，三轴；<6″@3σ，三轴；姿态稳定度：<6″/s	俯仰和滚动轴±45	—	3	—	—	同轨立体成像 条带拼接成像
RocSat-2	法国/2004	891	2/8	24	764	姿态指向精度为0.02°；姿态确定精度为0.006°；姿态稳定度：<4″/s	俯仰和滚动轴±50	10°/25 30°/45 45°/60	—	—	平均一轨9600	同轨立体成像 4条拼接成像（2个100km立体像对，4个100km条带或者8个点目标）
GeoEye-1	美国/2008	684	0.41/1.65	15.2	1955	姿态指向精度 0.0001°(0.4″)；颤振精度 0.007″/s(25~2000Hz)	俯仰和滚动轴±45	到最大角速度需要15	2.4	0.16	全天700000 一轨~50000	同轨立体成像 6条拼接成像 可以回扫，任意航迹
Pleiades	法国/2011	700	0.7/2.8	20	940	—	俯仰和滚动轴±50	5°/6；30°/11；60°/25	平均最大角速度2	—	—	同轨立体成像 5条拼接成像 可以回扫，任意航迹
WorldView-4	美国/2016	617	0.31/1.24	13.1	2600	—	偏离星下点65	20km/10.6	—	—	全天680000	同轨立体成像 5条拼接成像

2. 国外高分辨率敏捷小卫星平台发展状况

目前,世界上已经有数十个国家涉足小卫星研制领域,美国、法国、德国、俄罗斯、日本等国的一些航天公司都建立了自己的小卫星公用平台,像洛克希德·马丁、BALL、Alcatel、Astrium 等大中型宇航公司都发展了各自的高性能小卫星平台。

当前国际上的主要面向高分辨率应用的高性能敏捷小卫星平台情况如下:

(1) LM900 平台。

LM900 平台是洛克希德·马丁公司在 20 世纪 90 年代末面向 1m 以下分辨率光学成像卫星开发的小卫星平台。该卫星平台是一个通用型 LEO 轨道遥感三轴稳定平台,具有高指向精度和高敏捷度特点。适应多种遥感和科学应用载荷,包括成像仪、雷达遥感器、光电遥感器、天文敏感器等。LM900 平台典型应用是 IKONOS – 2 卫星,其主要性能指标如表 1 – 2 所列。

表 1 – 2 LM900 平台主要特性及指标

项目	特性及指标
任务寿命	任务设计寿命:6 年; 平均任务寿命:5 年
轨道能力	LEO:400~800km 轨道高度; 轨道倾角:28.5°以上至极轨
载荷支持能力	载荷质量支持可达到 470kg; 载荷功率支持可达到 344W; 提供高精度热控; 接口总线类型:MIL – STD – 1553 或 RS – 422
电源	无调节母线电压:(28 ± 6)V; 太阳电池阵:3 块可展开的高效 GaAs 电池阵(名义配置),1200W@BOL; 蓄电池:NiH_2 电池,容量 50Ah
结构	六边形,铝蜂窝结构; 平台尺寸:φ157cm×102cm
姿态控制	姿态控制:零动量,三轴稳定; 指向精度:12"@1σ; 姿态确定精度:10"@1σ; 极高稳定度; 敏捷特性:回转速率 4°/s,回转加速度 0.2°/s^2
推进系统	低风险的肼推进系统,6 个 0.9N 的推力器; 推进剂质量:38kg
运载兼容性	适应运载:Athena、Taurus、Delta、Atlas 火箭; 适配器:92inch

续表

项目	特性及指标
任务可选项	载荷数据接口、固态存储器、星上处理器、载荷数据格式编排器； 数据传输带宽和实时性、天线及其机构； 动量轮和力矩器大小； 电池和电源母线容量、太阳电池阵尺寸和类型、太阳电池阵驱动机构； 基本结构和总体配置

LM900 平台结构构型如图 1-8 所示。

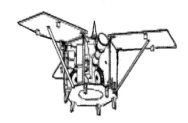

图 1-8　LM900 平台结构构型

(2) LEOStar 平台。

LEOStar 平台是由美国轨道成像公司开发的一种通用的中小型卫星平台，与 Pegasus、Taurus、Minotaur 和 Delta 等多种运载器兼容。推出了 LEOStar-1 和增强功能的 LEOStar-2 两种平台。LEOStar-2 平台主要可适用于空间和地球科学、遥感及其他商业应用等领域，平台电子设备采用单线和冗余配置，支持任务工作时间可达 10 年。LEOStar-2 平台上可装配多种载荷设备，能提供 2kW 的载荷平均功率，支持载荷质量可达 800kg。

目前，基于 LEOSTAR 平台已发射 4 颗卫星 (GEOEye、OrbView-4、OrbView-3、SORCE)，另有 3 颗卫星 (OCO、AIM、Glory) 在研。LEOStar 平台主要特性及指标如表 1-3 所列。

表 1-3　LEOStar 平台主要特性及指标

项目	特性及指标
飞行器特征	质量：225~1000kg (包括推进剂)； 兼容运载工具：Pegasus XL、Taurus、Minotaur、Delta Ⅱ 火箭； 设计寿命：通过电子系统全冗余设计，设计寿命可至 10 年； 轨道：LEO 类型，450~1000km 高度，倾角 28°~110°； 定位精度：优于 12m (后处理，@ 90% 圆误差)； 可实现载荷数据获取和数据传输同时进行； 在轨数据存储容量可升级到 1600Gbit； 交付时间：收到订单后 21~36 个月

续表

项目	特性及指标
姿态控制	ADCS方式:三轴零动量,对太阳惯性或对地球定向; 姿态指向精度:<15"@3σ,三轴; 姿态确定精度:<6"@3σ,三轴; 轨道确定精度:15m; 姿态稳定度:<6"/s; 敏捷性:回转速率1(°)/s(标准,各轴),大于3(°)/s(可选); 推进系统:肼推进系统,推进剂可至140kg(可选)
通信	载荷数据:2Mbit/s S-band(标准),可至300Mbit/s X-band(可选); 遥控指令行:2kbit/s S-band(标准),可至128kbit/s(可选)
有效载荷支持能力	质量:210kg(标准),可至550kg(可选); 载荷功率:110W(轨道平均,标准),可至2kW(可选); 载荷接口:RS-422/RS-485,LVDS,MIL-STD-1553

(3) BCP系列商用平台。

BCP平台是美国Ball Aerospace & Technologies公司为商用遥感开发的系列化小卫星平台,其中,BCP-2000是为光学成像遥感开发的卫星平台,BCP-4000是为SAR成像遥感开发的卫星平台,而BCP-5000是为更高性能的光学和微波遥感开发的下一代小卫星平台。BCP-2000平台主要特性及指标如表1-4所列。

表1-4 BCP-2000平台主要特性及指标

项目	特性及指标
运载	COSMOS SL-8,Taurus,Athena,Titan,Long March 火箭
设计寿命	大于5年,采用冗余体系
轨道	400~900km,倾角0°到太阳同步轨道
定位精度	10~23m(后处理)
操作	可同时进行数据获取和传输
固存容量	可升级到200Gbit
姿控	3轴稳定,采用星敏感器+IRU+动量轮和GPS(C/A码); 姿态指向精度:绝对执行精度优于0.5mrad(200~450m); 姿态确定精度:三轴,优于15mrad; 姿态稳定度:三轴,优于10mrad/s
敏捷性	10°/20s,50°/45s
通信	载荷数据:320Mbit/s(X-band); 遥测:4~256kbit/s(S-band或X-band); 遥控:2kbit/s(S-band)
载荷支持能力	质量380kg; 功耗250W

基于 BCP 系列商用平台开发的典型卫星有 BGIS、QuickSCAT、QuickBird、ICESat，如图 1-9 所示。

图 1-9　BCP 系列平台典型卫星

(4) LEOSTAR 500-XO 平台。

LEOSTAR 500-XO 是 Astrium 公司开发的小卫星平台系列 LEOSTAR 中的一个敏捷卫星平台，LEOSTAR 小卫星平台被定义为高性能、价格可承受的卫星平台，其特点是具有高指向精度和机动能力，强大的自主能力和可用性，载荷扩展服务能力强。

LEOSTAR 500-XO 平台专门针对高分辨率对地观测任务设计，小转动惯量和高刚性提高了卫星的敏捷性能，并且增强了指向性能；平台可安装各种 500 千克量级的载荷。通过模块化设计，用户可以针对任务需求进行选择，包括轨道、质量、功率、推进剂和数传能力等。LEOSTAR 500-XO 平台主要特性及指标如表 1-5 所列。

表 1-5　LEOSTAR 500-XO 平台主要特性及指标

项目	特性及指标
整星质量	500~1000kg
平台质量	350~400kg
轨道	高度：450~1500km； 任意倾角； 肼燃料：可达 80kg
姿态控制	三轴稳定，对地或观测空间定向
功率	模块化的太阳帆板，600~900W； 平台功耗：150~350W
敏捷性	10°时小于 25s；30°时小于 45s；45°时小于 60s

续表

项目	特性及指标
视线特性	指向精度:100~250m@700km; 定位精度:20~70m@700km; 稳定度:$10^{-4}(°)/s$
设计寿命	5年/可靠性0.85
平台主体尺寸	高1.5m,直径1.5m

目前该平台已应用于多颗卫星,包括ROCSat-2、THEOS等,如图1-10所示。

图1-10 采用LEOSTAR 500-XO平台的典型卫星ROCSat-2

3. 国外高分辨率敏捷小卫星及其平台特点

从IKONOS、ROCSat-2、Pleiades等一批在轨和在研的高分辨率对地观测小卫星情况来看,这些卫星均采用"高分辨率适当幅宽相机+平台敏捷姿态机动"模式,说明该模式代表了高分辨率对地观测小卫星技术的发展方向。

综合分析,国外敏捷小卫星技术发展趋势和特点:

(1)敏捷小卫星平台技术已成为国际上小卫星在高分辨率遥感领域技术发展的重要方向之一,国外一些先进航天国家已突破了相关关键技术,并成功研制了多颗高分辨率的敏捷小卫星。

(2)敏捷成像为小卫星实现高分辨率对地观测提供了一种良好的实现途径,在满足高空间分辨的同时,利用平台姿态机动能力,实现大范围、多条带观测,提高了卫星应用效能,较好地解决了"高分辨率"与"大幅宽"之间的矛盾。

(3)敏捷小卫星同时具备快速重定向能力,可以快速指向感兴趣的区域地点,具有快速响应的特点,并且可通过不同的角度对地面景物进行观测,可以避开某些不利的成像条件,提高成像的可实现性。

(4)敏捷小卫星还可实现在同一轨道期间通过多个角度对同一景物成像,实现同轨立体成像功能,进一步增强了卫星的成像能力。

敏捷小卫星在实现技术上强调系统优化设计,通过一体化的设计使整星转动惯量小,挠性扰动干扰少,使整星具有很好的姿态机动动力学特性,便于实现快速姿态机动和快速稳定,适合高分辨率成像要求。通过运行模式的合理设计,合理调配星上各种资源,提高成像效能。通过公开资料发现,该类敏捷卫星或者平台在运行模式方面技术资料公布较少,相比于传统的遥感卫星在太阳同步轨道上保持正轨道圈相机对地指向、帆板一维转动对日定向的运行模式而言,相关敏捷卫星的构型既决定了它的"自由指向",又需要在保持能源供应、姿态确定、数据传输的条件下,有选择、有设计地"在一定条件下自由指向",这其实是敏捷卫星的核心技术所在。从构型设计上主要分为两类:一类是以 IKONOS、ROCSat-2 和 Pleiades 为代表的构型,即帆板法线与相机光轴平行或近于平行;另一类是以 Orbview-3 和 GeoEye-1 为代表的构型,即帆板法线与相机光轴垂直或近于垂直。二者均有成功的图像数据。

以上典型的任务和平台均代表了当前小卫星平台发展方向。总结而言,国外高精度敏捷小卫星平台发展有以下发展趋势:

(1)以高精度、敏捷性,具有多功能灵活应用能力为特征的小卫星平台,代表了未来小卫星平台发展的重要方向之一。

(2)为了提高应用效能,支持快速机动特征,平台采用大力矩动量轮或控制力矩陀螺作为执行机构。

(3)支持高精度时空信息测量,包括应用高精度 GPS、Doris 等进行轨道确定,应用高精度星敏感器和陀螺实现姿态测量。

(4)采用先进的电子技术,星上信息高度集成,与卫星相匹配,任务层面均提供星地联合的任务规划处理软件,合理调度运行模式,支持敏捷成像模式。

(5)具有长寿命、高可靠特点,卫星平台支持任务寿命均在 5 年以上,某些平台能达到 10 年。

第 2 章
敏捷卫星系统

区别于传统的光学成像卫星,高分辨率敏捷卫星依靠平台的敏捷姿态机动能力,实现包括区域点成像、连续条带成像、多条拼接成像、同轨立体成像在内的多种模式成像。高分辨率敏捷卫星突出的特点:一是高分辨率;二是敏捷性。因此在卫星系统设计中的每个环节都要围绕"敏捷机动"实现高分辨率多模式成像这个中心来开展。为此,对系统和分系统的设计都提出了相应的要求:

(1)保证整星具有姿态快速机动和快速稳定的姿态动力学特性。在构型布局上,要采用紧凑设计,合理设计星上设备的质量分布,使得整星的转动惯量适中,兼顾整星的快速机动和快速稳定;同时,在设计上要尽量减小星上挠性扰动因素,如采用刚性支撑的固定太阳帆板等,以有利于整星在姿态机动后快速稳定,满足高分辨率成像要求。

(2)采用大力矩输出的姿态控制执行部件和敏捷姿态控制方法。为了实现整星的快速姿态机动,必须配置大力矩输出的姿态控制执行部件,并且需要采用相应的快速姿态机动和快速稳定的控制方法,实现各种成像模式下需要的姿态控制。

(3)采用高精度测量和高稳定控制保证高分辨率成像质量。高稳定度控制是实现高分辨率成像的必要条件之一。另外,从提高图像定位精度的角度,需要保证卫星具有高精度的时空基准测量能力,包括轨道测量和姿态测量能力。

(4)采用适应敏捷成像的高分辨率有效载荷。为了保证整星敏捷机动的动力学性能,相机的设计也应以尽量降低卫星系统总体转动惯量为原则,不仅要求轻型化,而且要求紧凑。另外,相机应能适应大角度转动,能灵活变换各种成像模式。

(5)采用适应敏捷成像的能源管理。由于采用固定太阳帆板,在成像过程中太阳帆板不一定面向太阳,使得整星的能源管理模式有别于传统的卫星,必须采用新的能源管理模式以适应敏捷成像的特点。

(6)采用适应敏捷成像的数据传输方式。高分辨率敏捷卫星不仅数据量大,而且成像过程姿态机动,需要从实现高速数据传输的同时保证成像过程的平台稳定性等多种因素进行综合考虑,进行适应敏捷成像的图像数据传输的设计与优化。

2.1 姿控分系统指标

姿态测量误差、姿态指向误差、姿态稳定度以及姿态机动时间是敏捷卫星控制系统的4个关键指标,控制系统关键指标的影响源可分为如下5类。

(1)敏感器类:数字太阳敏感器、星敏感器、陀螺等。

(2)执行机构类:飞轮、控制力矩陀螺、姿态控制推力器、磁力矩器等。

(3)计算类:时间基准、轨道计算、数值计算截断等。

(4)运动部件类:载荷扫描机构、星上天线转动机构等。

(5)环境类:重力梯度力矩、太阳光压力矩、剩磁力矩和气动力矩等。

各类影响在控制系统中的作用形式如表2-1所列。

表2-1 影响源对指标的作用形式

	分解途径	姿态测量误差	姿态指向误差	姿态稳定度	姿态机动时间
敏感器类	星敏感器	系统误差;随机误差	系统误差;随机误差	随机误差	—
	陀螺	系统误差;随机误差	系统误差;随机误差	随机误差	测量误差
	太阳敏感器	系统误差;随机误差	系统误差;随机误差	随机误差	—
执行机构	飞轮	—	执行机构力矩随机项	执行机构力矩随机项	输出力矩
	控制力矩陀螺	—	执行机构力矩随机项	执行机构力矩随机误差项	输出力矩
	磁力矩器	—	—	执行机构力矩随机误差项	—
计算类	时间基准	系统误差	系统误差	随机误差	—
	数值计算截断	随机误差	随机误差	随机误差	—
	轨道计算	—	—	系统误差	—

2.1.1 姿态测量误差

姿态测量误差分解为测量系统误差和测量随机误差。

(1) 测量系统误差分解为敏感器安装误差项、敏感器常值误差项、时间基准常值误差项。

(2) 测量随机误差分解为敏感器随机误差项和数值计算截断误差项。

控制系统姿态测量误差指标分解结构如图 2-1 所示。

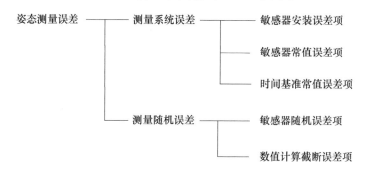

图 2-1 姿态测量精度指标分解结构图

2.1.2 姿态指向误差

姿态指向误差分解为指向系统误差和指向随机误差。

(1) 指向系统误差分解为敏感器安装误差项、敏感器常值误差项和扰动力矩常值误差项。

(2) 指向随机误差分解为敏感器随机误差项、执行机构力矩随机误差项、扰动力矩随机误差项。

姿态指向精度指标分解结构如图 2-2 所示。

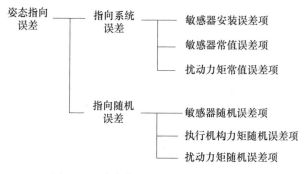

图 2-2 姿态指向误差指标分解结构图

2.1.3 姿态稳定度

姿态稳定度分解为稳定度周期误差和稳定度随机误差。

(1)稳定度周期误差分解为运动部件扰动周期误差项、其他扰动力矩周期误差项。

(2)稳定度随机误差分解为敏感器随机误差项、执行机构力矩随机误差项、其他扰动力矩随机误差项。

姿态稳定度指标分解结构如图2-3所示。

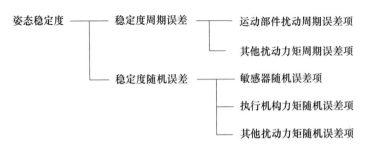

图2-3 姿态稳定度指标分解结构图

2.1.4 姿态机动时间

姿态机动时间分解为姿态机动中运动时间和姿态机动到位后稳定时间。

(1)姿态机动中运动时间可分解为运动加速时间、匀速滑行时间、运动减速时间。

(2)姿态机动到位后稳定时间分解为因力矩补偿误差产生的姿态偏差调整时间和机动过程中姿态偏差调整时间。

姿态机动时间指标分解结构如图2-4所示。

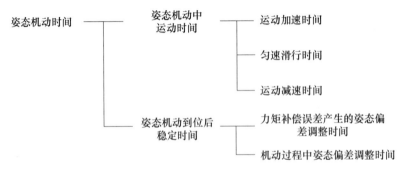

图2-4 姿态机动时间指标分解结构图

2.1.5 指标分析方法

对于控制系统 4 个关键指标,姿态机动时间综合指标为各项分解项时间代数和,而姿态测量误差、姿态指向误差、姿态稳定度指标均采用数据统计结果,并用可信度来衡量。

以姿态测量指标为例,设该指标中各误差变量之一为 e,给定的总指标要求为 $e_{\max}$,则有

$$|E(e)| + n_p \sigma(e) \leq e_{\max} \quad (2-1)$$

式中:$E(e)$ 和 $\sigma(e)$ 为误差变量 e 的数学期望(均值)和均方差;n_p 根据指标可信度指标 0.68、0.95 或 0.997 对应取 1、2 或 3。

根据前面指标分解可知,误差 e 一般为多个分量的线性误差组合,即 $e = \sum_{i=1}^{N} e_i$,则其数学期望为

$$E(e) = \sum_{i=1}^{N} E(e_i) \quad (2-2)$$

误差变量 e 的均方差为

$$\sigma(e) \leq \sum_{i=1}^{N} \sigma(e_i) \quad (2-3)$$

一般情况下取误差 e 的均方差为

$$\sigma(e) = \sqrt{\sum_{i=1}^{N} \sigma^2(e_i)} \quad (2-4)$$

(1)对于常值误差 e_C,有 $E(e_C) = E_C$(常数),$\sigma(e_C) = 0$(常数)。

(2)对于随机误差 e_R,有 $E(e_R) = E_R$(常数),$\sigma(e_R) = \sigma_R$(常数)。

控制系统按照上述关系式进行指标分解时,依据表 2-1 中各类敏感器和执行机构的误差特性进行分析,确保指标分配结果满足要求。

2.2 敏捷卫星成像

2.2.1 姿态机动能力对成像效能的影响

当卫星的轨道确定后,姿态机动能力成为决定卫星成像效能的主要因素,主要包括姿态机动范围和姿态机动速度两方面。

1. 姿态机动范围的影响

对一个地面区域,卫星对其可见的时间长度取决于卫星的姿态机动范围。

传统的非敏捷卫星由于不具备俯仰能力,所以对地面区域只能采用过顶侧摆的方式成像,如图 2-5 所示。

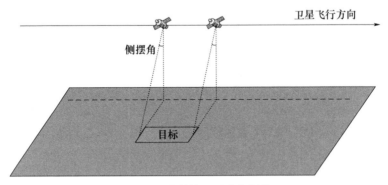

图 2-5 非敏捷卫星成像场景

而敏捷卫星由于具备俯仰能力,能够"提前"或"延迟"看到成像区域,因此可以对区域成像的时段增长。敏捷卫星成像场景如图 2-6 所示。

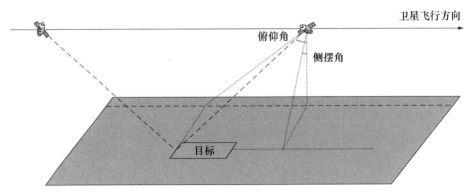

图 2-6 敏捷卫星成像场景

2. 姿态机动能力的影响

当卫星的轨道高度和姿态机动范围确定后,卫星对一个地面区域的可见时段是基本固定的。因此,在一定时段内,卫星的姿态机动能力越强,则能够获取同一个区域的次数或获取区域的数量就越多,成像效能也越高。

非敏捷卫星由于姿态机动范围和姿态机动能力的限制,不能在对地面区域的可见弧段内,实现"成像、姿态机动、再成像"的过程,所以成像模式比较单一。

敏捷卫星在"扩展"后的时间窗口内,可以对同一区域进行多次成像(图2-7),或者对多个区域成像(图2-8),可以实现比较复杂的成像模式。

对卫星无法通过一次成像获取的大面积区域,也可以充分利用敏捷卫星的优势,采用先分解再拼接的方法获取全部图像,这种成像方式称为条带拼接成像。

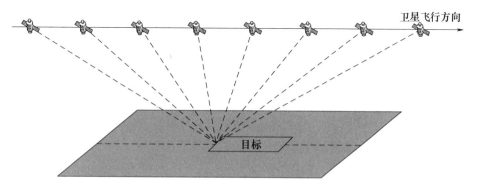

图2-7 对同一区域多次成像

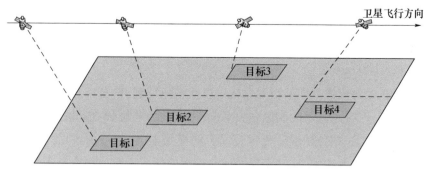

图2-8 对多个区域成像

条带拼接成像的实现过程如图2-9所示,t_0和t_1时刻分别为卫星对条带1的成像开始时刻和结束时刻,卫星在$t_1 \sim t_2$之间实现从条带1的成像姿态转为条带2的成像姿态的机动,在t_2时刻开始对条带2成像,在t_3时刻结束成像,并开始从条带2的成像姿态转为条带3的成像姿态的机动……在t_7时刻完成对条带4的成像。

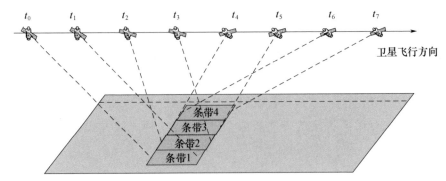

图 2-9 4 条带拼接成像过程

3. 分析方法

在姿态机动范围确定后,一般假设姿态机动能力曲线满足以下函数关系,即

$$t = f(\alpha) \qquad (2-5)$$

式中:t 为姿态机动时间;α 为姿态机动角度。

具体的姿态机动能力指标,会给出一组特征姿态机动角度的机动时间,如 25°/20s,45°/25s,60°/30s 等,其他姿态机动角度的机动时间则由线性插值计算的方法给出。

在姿态机动范围和姿态机动能力确定后,需要定义一组成像区域,通常统一将区域假设为与星下线平行的平行四边形,如果区域面积过大,要将其分解成多个可以被相机一次成像覆盖的条带,并在分解时考虑图像处理所需的条带边缘的搭接部分。

姿态机动对成像效能的影响分析可以从多角度展开:可以分析卫星在不同轨道高度上,对特定区域的成像完成率,或完成任务的时长;也可以分析卫星在一定轨道高度上,在各种敏捷成像模式下的极限能力,如一次过顶能够对同一个区域成像的最大次数,能够实现的条带拼接的最大次数或固定条带数时可成像的最大条带长度等。

下面给出一个对多个区域的成像效能分析比对的例子。

20 个成像区域均匀分布于星下点轨迹两侧,每个区域的宽度均等于相机幅宽,通过一次成像即可获取,卫星对 20 个区域成像示意如图 2-10 所示。

卫星姿态机动范围为星下点 45°范围内,对其具备两组不同的姿态机动能力和处于两种轨道高度的情况,进行分析和比对,结果如表 2-2 所列。

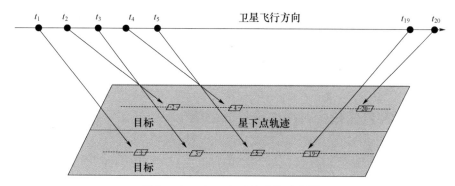

图 2-10 对 20 个区域成像示意图

（1）轨道高度：645km、690km。
（2）姿态机动能力：25°/20s、25°/30s。
（3）每个区域的成像时长均为 5s。
（4）成像区域分布在星下点轨迹两侧，侧摆角分别为 20°和 -20°的平行线上。

表 2-2 对 20 个区域成像的效能分析和比对

轨道高度/km	比对项目	25°/20s 姿态机动能力	25°/30s 姿态机动能力
645	卫星开始对第 1 个区域成像时的星下点纬度	59.8°(N)	59.858°(N)
	卫星完成对第 20 个区域成像时的星下点纬度	26.57°(N)	5.25°(N)
	任务总时间/s	554	902
690	卫星开始对第 1 个区域成像时的星下点纬度	51.919°(N)	51.919°(N)
	卫星完成对第 20 个区域成像时的星下点纬度	18.893°(N)	0.892°(S)
	任务总时间/s	552	878

由表 2-2 可知，在 645km 和 690km 轨道高度上，卫星具备 25°/20s 的姿态机动能力，与具备 25°/30s 的姿态机动能力相比，在完成相同任务区域数量时所花的任务总时间更短，卫星飞过的区域更小，表明在一定时间内卫星能够完成更多数量的成像任务。

4. 小结

通过对多种成像模式的分析和比对，敏捷卫星的成像效能与非敏捷卫星的

相比有大幅提高,具体表现在:

(1)给定同样数目的区域成像需求,敏捷卫星耗费的时间更短。

(2)能够进行立体成像和凝视成像的区域长度更长,可成像的区域更广。

(3)在多条带立体成像模式下,能够提供更小的基高比。

2.2.2 敏捷成像模式对图像质量的影响

1. 几何质量

图像几何质量是指遥感图像正确描述成像区域的几何形状、位置精度的能力。具体可以分为图像的定位精度、区域的几何变形情况(地面采样间隔(GSD)、幅宽、几何畸变等)、多幅图像的配准精度等。

图像几何质量的主要指标及定义如表2-3所列。

表2-3 图像几何质量指标及定义

序号	指标	定义
1	GSD	遥感器的探测器投影到地面上相邻采样点中心的距离。对遥感器而言,GSD对应于瞬时视场角(IFOV)
2	幅宽	在垂直于遥感器飞行地面轨迹的方向上,遥感器一次轨道通过所观测的总平面视场角或总线性地面宽度
3	定位精度	遥感图像经几何校正后从图像上测定的某个参考区域的坐标位置与实际位置之间的偏差
4	拼接精度	拼接探测器的重叠处像元在水平向和垂直向的对齐精度
5	配准精度	同一景多光谱图像不同谱段之间对应像元的位置重合精度
6	几何畸变	遥感图像的几何图形与该区域所选定投影中几何图形的差异
7	几何定标精度	在实验室和在轨对遥感系统的几何特性进行标定的精度

在上述指标中,受到敏捷模式影响较大的图像几何质量指标主要是GSD、幅宽以及定位精度,其中定位精度将在3.10节专门介绍,本节主要分析卫星姿态角变化引起的地物几何变形情况。

(1)GSD随卫星姿态变化原理。

GSD即地面采样间隔,是指遥感器的探测器投影到地面上相邻采样点中心的距离。相机视场中心及边缘地面像元分辨率如图2-11所示。

如图2-11所示,正视时,中心视场在沿飞行方向和垂直飞行方向的地面像元分辨率为

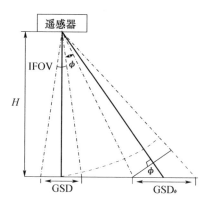

图 2-11　相机视场中心及边缘地面像元分辨率示意图

GSD—中心视场在沿飞行方向或垂直飞行方向的地面像元分辨率(m)；

GSD_ϕ—视场边缘的沿飞行方向或垂直防线的地面像元分辨率(m)；IFOV—瞬时视场角(rad)。

$$GSD = H \cdot \frac{d}{f'} \quad (2-6)$$

式中：GSD 为中心视场在沿飞行方向或垂直飞行方向的地面像元分辨率(m)；H 为卫星轨道高度(km)；d 为像元尺寸(μm)；f' 为焦距(mm)。

相机正视时，视场边缘的沿飞行方向和垂直飞行方向的地面像元分辨率按式(2-7)和式(2-8)计算。

$$\begin{cases} GSD_{\phi x} = \dfrac{GSD}{\cos\phi} \\ \phi = \dfrac{1}{2} FOV \end{cases} \quad (2-7)$$

式中：$GSD_{\phi x}$ 为视场边缘的沿飞行方向地面像元分辨率(m)；GSD 为中心视场在沿飞行方向或垂直飞行方向的地面像元分辨率(m)；ϕ 为半视场角(°)；FOV 为视场角(°)。

$$GSD_{\phi y} = \frac{GSD}{\cos^2\phi} \quad (2-8)$$

式中：$GSD_{\phi y}$ 为视场边缘的垂直飞行方向地面像元分辨率(m)；GSD 为中心视场在沿飞行方向或垂直飞行方向的地面像元分辨率(m)；ϕ 为半视场角(°)。

当卫星或相机侧视一个角度 φ 后，侧视时中心视场的地面像元分辨率常用地心角的方法计算，有

$$GSD_c = R\left[\arcsin\left(\frac{(H+R)\sin\left(\varphi+\dfrac{IFOV}{2}\right)}{R}\right)\right] -$$

$$\arcsin\left[\frac{(H+R)\sin\left(\varphi-\frac{\text{IFOV}}{2}\right)}{R}\right] - \text{IFOV}\right\} \cdot \frac{\pi}{180} \cdot 10^{-3} \qquad (2-9)$$

式中:GSD_c 为侧视时中心视场的像元分辨率(m);H 为卫星轨道高度(km);R 为地球平均半径,通常取 6371.004km;φ 为侧摆角的绝对值(°);IFOV 为瞬时视场角(°)。

侧视时边缘视场地面像元分辨率为

$$\text{GSD}(\phi) = \frac{[H+R(1-\cos\theta)]\cos(\phi)}{H\cos(\theta+\phi)}\text{GSD}_c \qquad (2-10)$$

注:卫星俯仰角对垂轨方向的 GSD 无影响,仍然可以采用式(2-8),沿轨方向 GSD 可用式(2-10)(φ 代入俯仰角 θ 的数值,ϕ 代入沿轨方向半视场角即可)。

(2)幅宽随卫星姿态变化理论分析。

卫星侧摆后的幅宽计算应考虑地球曲率的影响,侧摆后的幅宽及可视范围如图 2-12 所示,且有

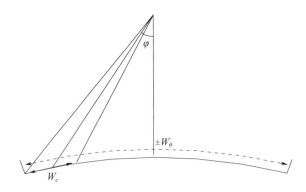

图 2-12 侧摆后的幅宽及可视范围示意图

$$W_c = R\left\{\arcsin\left[\frac{(H+R)\sin\left(\varphi+\frac{\text{FOV}}{2}\right)}{R}\right] - \arcsin\left[\frac{(H+R)\sin\left(\varphi-\frac{\text{FOV}}{2}\right)}{R}\right] - \text{FOV}\right\} \cdot \frac{\pi}{180}$$
$$(2-11)$$

式中:W_c 为侧摆 θ 角成像的对地幅宽(km);R 为地球平均半径,通常取 6371.004km;H 为卫星轨道高度(km);φ 为侧摆角的绝对值(°);FOV 为视场角(°)。

(3)GSD 及幅宽随卫星姿态变化仿真。

根据上述分析,对图像分辨率及幅宽随卫星姿态角变化的情况进行了仿真,结果如图 2-13 所示。

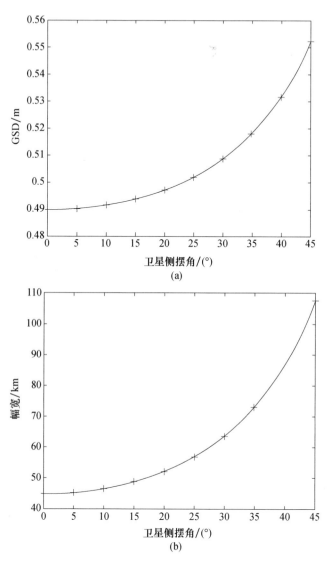

图 2-13　图像分辨率及幅宽随卫星姿态角变化情况
(a)分辨率随侧摆角变化情况；(b)幅宽随侧摆角变化情况。

可见，由于敏捷卫星成像过程中往往带有姿态变化，图像的 GSD、幅宽等几何尺寸随着卫星姿态角度的变化而改变。敏捷卫星成像方式灵活多变，在采用单轨多条带拼接或者多轨条带拼接成像模式时，得到的图像将由于姿态角的改变导致图像几何尺寸不同，无法直接进行拼接、镶嵌等处理，需要通过重采样等手段，先将多幅图像映射到相同的几何坐标下，然后再进行图像拼接、镶嵌及其后续处理。

2. 辐射质量

图像辐射质量是指遥感图像反映地表能量分布的能力。太阳光经过地面物体的反射进入相机,最终成像在探测器上,得到地面物体的遥感影像。进入相机入瞳处的能量(入瞳辐亮度)受当地太阳高度角、地面物体反射率、大气条件、卫星姿态角等方面的影响。

目前,多数卫星在轨成像模式较为简单,成像期间卫星姿态保持不变,卫星观测角及地面区域点光照条件相对稳定,相机入瞳辐亮度也相对较为稳定。

敏捷卫星通过其快速姿态机动能力,迅速改变遥感器的对地指向,实现短时间内对多个区域(多条带、多点)、多种模式的灵活成像。这些模式下卫星均可能需要在短时间内通过大姿态角对该区域进行成像。这种情况下,一方面,卫星观测角度剧烈变化;另一方面,由于区域点之间距离跨度较大,存在每一次成像时当地太阳高度角及区域地物反射率差异较大的可能。这些都会引起相机入瞳辐亮度的改变。

下面分别对敏捷模式下区域点太阳高度角变化以及卫星观测角变化引起的相机入瞳辐亮度的变化情况进行分析。

(1)区域观测点太阳高度角对相机入瞳辐亮度的影响分析。

对一天内敏捷卫星星下点对应的太阳高度角变化情况进行仿真(图2-14),可见一天内星下点太阳高度角在±72°范围内周期变化。

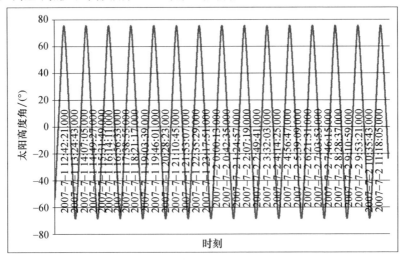

图2-14 一天内敏捷卫星星下点对应的太阳高度角变化情况(星下点)

鉴于敏捷卫星强大的姿态机动能力,极限情况下,考虑卫星采取侧摆+45°和俯仰+45°对区域一成像,数秒钟后卫星采取侧摆-45°和俯仰-45°对区域二成像的情况,计算得出两种情况下一天内当地太阳高度角变化情况及差异情况如图2-15和图2-16所示。

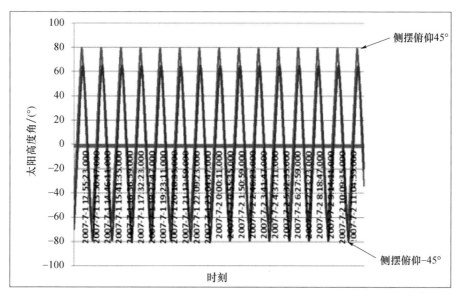

图2-15 侧摆俯仰45°/-45°成像太阳高度角一天

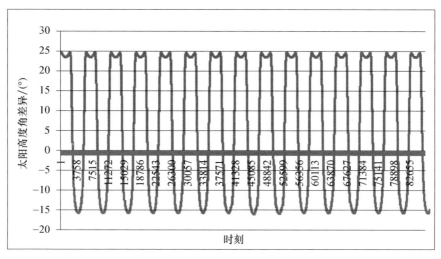

图2-16 太阳高度角差异一天

可见,上述对两个区域的极限成像情况下,两区域位置的太阳高度角一天内最大差异可达25°左右。

利用6S软件及Matlab等仿真软件,对相机入瞳辐亮度随太阳高度角的变化情况进行仿真,结果如图2-17所示。可见,当成像点太阳高度角较小时(如20°~40°区间),两次机动成像入瞳辐亮度相差较大(约35W/m²/sr/mic),当成像点太阳高度角较大时(如60°~80°区间),两次机动成像入瞳辐亮度相差略小(约20W/m²/sr/mic)。

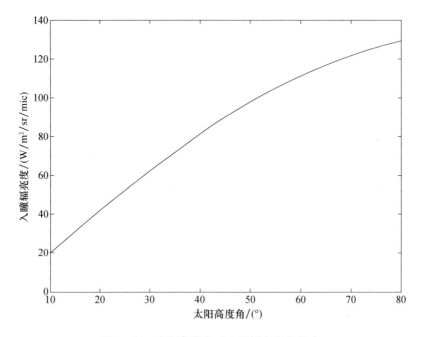

图2-17 太阳高度角对入瞳辐亮度的影响

(2)敏捷卫星观测角对相机入瞳辐亮度的影响。

通过6S软件,对典型地物条件下(太阳高度角30°,地面反射率0.3),卫星不同观测高度角下的相机入瞳福亮度进行仿真,结果如图2-18所示。

可见,相对太阳高度角的影响,卫星观测角对相机入瞳辐亮度的影响较小,典型地物条件下,由卫星观测角引起的相机入瞳辐亮度相差最大约为8W/m²/sr/mic。

综上所述,当敏捷卫星短时间内采取大姿态角对不同区域进行成像时,不能采用传统卫星短时间内使用同一组成像参数的方式,而需根据成像点的成像条件、卫星姿态机动条件等,分别进行相机成像参数的合理设置,以保证短时间内获取的多个图像质量均为最优。

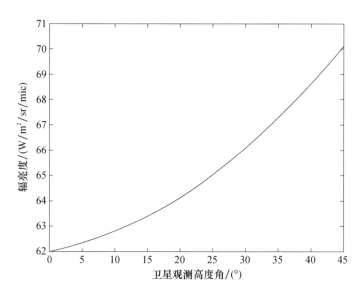

图 2-18 相机入瞳辐亮度随卫星观测高度角变化情况(典型地物)

2.2.3 敏捷卫星偏流角及积分时间

1. 偏流角

(1)偏流角定义。

敏捷卫星的相机固定安装在卫星上,通过轨通过卫星的推扫运动实现对地面区域的成像。对于沿轨方向推扫成像的相机而言,成像地物点存在一个与卫星飞行方向相反的速度 V_s,同时由于地面地物点随地球自转,存在速度 V_e,这两个速度的和速度 V 为地面地物点相对于相机的实际速度,这个实际速度与卫星推扫速度 V_s(即相机推扫速度)之间的夹角 β,即偏流角,如图 2-19 所示。

(2)侧摆情况下偏流角计算。

卫星侧摆成像时,假设星下点为 A,对应的在地球表面切线沿飞行方向反方向(成像方向)的速度为 V_{A1},侧摆后的成像地物点为 T,在地球表面的切线沿成像方向的分量为 V_{T1},沿垂直于 V_{T1} 的方向分量为 V_{T2},如图 2-20 所示。

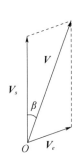
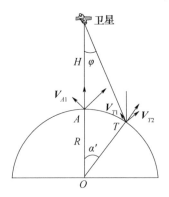

图 2-19 偏流角定义 　　图 2-20 卫星侧摆成像示意图

此时成像地物点与卫星相机间的物距 L 发生变化,即

$$\begin{cases} L = (R + H - R\cos\alpha')/\cos\varphi \\ \alpha' = \arcsin\left(\dfrac{R+H}{R}\sin\varphi\right) - \varphi \end{cases} \tag{2-12}$$

式中:φ 为卫星侧摆角度(°);α' 为侧摆后成像地物点与星下点对地心的张角(°);R 为地球半径(km);H 为卫星飞行高度(km)。

将成像地物点速度 V_{T1} 及 V_{T2} 转换到相机像面坐标系中,可得像面沿成像方向的速度分量 V_{P1},以及沿线阵方向速度分量 V_{P2},矩阵转换为

$$\begin{bmatrix} V_{P1} \\ V_{P2} \\ * \end{bmatrix} = \begin{bmatrix} 1 & 0 & 0 \\ 0 & \cos(-\varphi) & \sin(-\varphi) \\ 0 & -\sin(-\varphi) & \cos(-\varphi) \end{bmatrix} \begin{bmatrix} f'/L & 0 & 0 \\ 0 & f'/L & 0 \\ 0 & 0 & f'/L \end{bmatrix} \cdot$$

$$\begin{bmatrix} 1 & 0 & 0 \\ 0 & \cos(-\alpha') & \sin(-\alpha') \\ 0 & -\sin(-\alpha') & \cos(-\alpha') \end{bmatrix} \begin{bmatrix} V_{T1} \\ V_{T2} \\ 0 \end{bmatrix} \tag{2-13}$$

式中:f' 为焦距(km)。

简化式(2-13),可得

$$\begin{cases} V_{P1} = f' \cdot V_{T1}/L \\ V_{P2} = f' \cdot V_{T2} \cdot (\cos\varphi\cos\alpha' - \sin\varphi\sin\alpha')/L \end{cases} \tag{2-14}$$

则偏流角为

$$\beta = \arctan(V_{P2}/V_{P1}) \tag{2-15}$$

(3)俯仰机动下偏流角计算。

卫星俯仰成像时,假设星下点为 A,对应的在地球表面切线沿飞行方向反方向

(成像方向)的速度为 V_{A1},俯仰后的区域点为 S,在地球表面的切线沿成像方向的分量为 V_{S1},沿垂直于 V_{S1} 的方向分量为 V_{S2}。卫星俯仰成像示意图如图 2-21 所示。

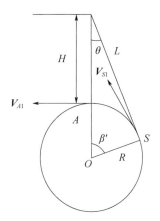

图 2-21 卫星俯仰成像示意图

此时成像地物点与卫星相机间的物距 L 发生变化,即

$$\begin{cases} L = (R + H - R\cos\beta')/\cos\theta \\ \theta' = \arcsin\left(\dfrac{R+H}{R}\sin\theta\right) - \theta \end{cases} \tag{2-16}$$

式中:θ 为卫星俯仰角度(°);β' 为卫星俯仰前后星下点与成像地物点对地心的张角(°);

将区域点速度 V_{S1} 及 V_{S2} 转换到相机像面坐标系中,可得像面沿成像方向的速度分量 V_{P1},以及沿线阵方向速度分量 V_{P2},矩阵转换为

$$\begin{bmatrix} V_{P1} \\ V_{P2} \\ * \end{bmatrix} = \begin{bmatrix} \cos(-\theta) & 0 & -\sin(-\theta) \\ 0 & 1 & 0 \\ \sin(-\theta) & 0 & \cos(-\theta) \end{bmatrix} \begin{bmatrix} f'/L & 0 & 0 \\ 0 & f'/L & 0 \\ 0 & 0 & f'/L \end{bmatrix} \cdot \begin{bmatrix} \cos(-\beta') & 0 & -\sin(-\beta') \\ 0 & 1 & 0 \\ \sin(-\beta') & 0 & \cos(-\beta') \end{bmatrix} \begin{bmatrix} V_{S1} \\ V_{S2} \\ 0 \end{bmatrix} \tag{2-17}$$

简化式(2-17),可得

$$\begin{cases} V_{P1} = f' \cdot V_{S1} \cdot (\cos\theta\cos\beta' - \sin\theta\sin\beta')/L \\ V_{P2} = f' \cdot V_{S2}/L \end{cases} \tag{2-18}$$

(4)敏捷卫星偏流角变化情况仿真。

根据以上模型,对偏流角在星下点及侧摆 45°情况下,一天内的变化情况进

行仿真,如图 2-22 和图 2-23 所示。

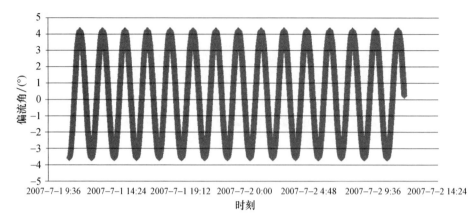

图 2-22　不同侧摆角下偏流角变化情况一天

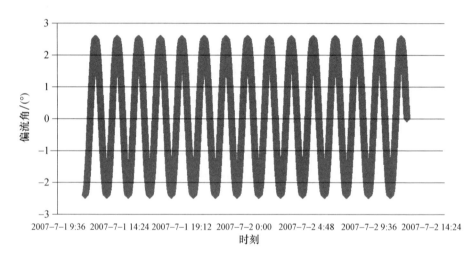

图 2-23　不同俯仰角下偏流角变化情况一天

根据卫星在不同侧摆角及俯仰角下的仿真结果,可得以下结论:在固定姿态角下,偏流角随卫星推扫运动呈周期变化;卫星无姿态机动时,偏流角变化范围为 -3.5°~+3.5°;敏捷卫星45°范围内姿态机动,偏流角的变化范围为 -6.1°~+6.1°。

由此可见,敏捷卫星的大姿态角机动对偏流角的影响非常明显。由于敏捷卫星通常选用信噪比较高的时间延迟积分 CCD(TDICCD)相机以获取高质量、高分辨率遥感图像,偏流角对 TDICCD 造成的像移会引起图像质量的下降,因此要求姿控系统的偏航角实时调节能力能够满足敏捷卫星较大范围偏流角调节的需求,以保证较高的图像质量。

2. 积分时间

理想的积分时间是地物在焦面上所成的像移动一行需要的时间。当满足理想积分时间条件时,像的移动速度和 TDICCD 电荷转移速度相同。如果积分时间不匹配,将在探测器上产生像移,导致系统 MTF 下降。

敏捷卫星的大角度姿态机动会引起边缘视场与中心视场的积分时间差异增大。因此,有必要研究敏捷卫星姿态机动引起的相机不同视场积分时间误差对成像质量的影响。

1) TDICCD 相机工作对积分时间的要求

TDICCD 由多行线阵 CCD 组成,是基于对同一成像地物进行多次曝光实现延时积分,增强光能收集以提高信噪比。它要求同一列上的每一个像元都对同一成像地物曝光积分,即要求 CCD 的行扫速率与景物的运动速率要严格同步,也就是要求经过 CCD 的 1 个行周期(曝光积分周期)时间,景物的像恰好移动 1 行。景物的像移动 1 行的时间即为积分时间。

2) 姿态角引起的积分时间误差对成像系统 MTF 的影响

卫星在推扫成像过程中,由于视场内各点到卫星的距离(摄影点斜距)均不同,引起各点对应速高比(即摄影点地速/摄影点斜距(V_g/L))也不同,导致视场内各点对应的理论积分时间不同,在卫星侧摆成像时这种变化尤为明显,如图 2 – 24 和图 2 – 25 所示。

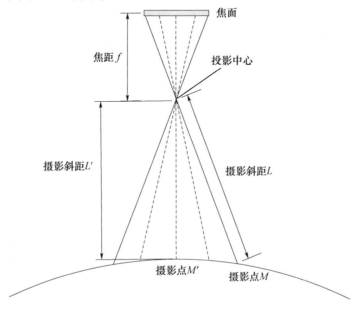

图 2 – 24 相机成像时视场内摄影斜距变化示意图

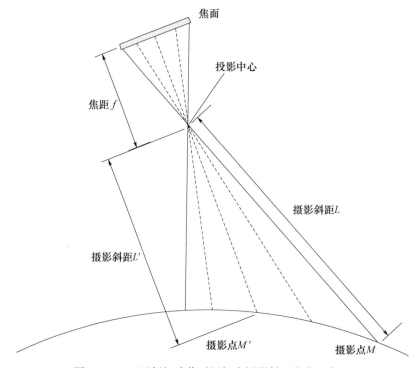

图 2-25 卫星侧摆成像时视场内摄影斜距变化示意图

(1) 卫星视轴斜距计算。

从光学系统成像原理来讲,速高比是被摄地物的移动角速度(相对卫星而言),因此速高比的高度应该是光学系统成像的物距,即物空间的物面到光学系统主点的距离,可以近似为视轴所对的成像点至卫星的距离。

卫星侧摆成像示意图如图 2-26 所示,φ 为卫星侧摆角,γ' 为卫星侧摆后地表成像点对卫星的高度角,R_e 为地球半径(这里假设地球为圆球),L 为侧摆情况下卫星沿视轴方向至地表成像点的斜距,H 为卫星到其星下点的垂直高度。

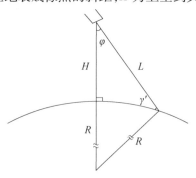

图 2-26 卫星侧摆成像示意图

通过三角运算关系,可得

$$\begin{cases} \dfrac{R}{\sin\varphi} = \dfrac{R+H}{\sin(\gamma'+90°)} = \dfrac{L}{\sin(180°-\varphi-90°-\gamma')} \\ L = (R+H)\cos\varphi - \sqrt{R^2 - (R-H)^2\sin^2\varphi} \end{cases} \quad (2-19)$$

式中:R_e 为地球半径(km);H 为卫星轨道高度(km);φ 为卫星侧摆角(°);γ' 为卫星侧摆后地表成像点对卫星的高度角(km)。

(2)相机摄影点地速的计算。

由于卫星在轨作圆周运动,同时地球本身有自转。因此,相机和被摄景物之间存在相对运动,速高比中的速度应是卫星地速与地球自转线速度的合速度,即相机相对于被摄景物的线速度。

设卫星轨道倾角为 i,卫星作圆周运动相对于惯性系的速度为 v_c,卫星星下点相对于惯性系的速度为 v_s,地球自转速度为 v_e,相机摄影点在 WGSP4 坐标系下的移动速度为 v_G,纬度为 Φ,开普勒常数 $\mu = 398613 \text{km}^3/\text{s}^2$,则有

$$\begin{cases} v_c = \sqrt{\dfrac{\mu}{R+H}} \\ v_s = \dfrac{R}{R+H} \times v_c \\ v_e = \dfrac{2\pi R}{24 \times 3600} \\ v_G = \sqrt{v_s^2 + v_e^2 - 2v_e v_s \cos\Phi \cos i} \end{cases} \quad (2-20)$$

(3)积分时间计算。

由式(2-19)和式(2-20)可得积分时间为

$$T_{\text{int}} = \frac{\text{GSD}_c}{v_f} = \frac{d}{f \times \left(\dfrac{v_f}{H}\right)} \quad (2-21)$$

式中:GSD_c 为中心视场地面像元分辨率;d 为 CCD 像元尺寸;f 为相机焦距。

由此可见,相机积分时间随着卫星姿态角的改变而改变,敏捷卫星成像过程中,对不同区域成像的卫星姿态角变化较大,因此积分时间变化也较大。

根据上述原理,通过对敏捷卫星积分时间进行仿真计算可得以下结论:①对相机同一视场角而言,卫星侧摆角度越大,所需要的积分时间越长,因此,相机设计时需考虑敏捷卫星大范围积分时间设计的需求;②同一侧摆角度下,相机边缘视场相对中心视场的积分时间变化随视场角的增大而增大。

卫星在轨通常采用探测器的中心点积分时间对所有像元的积分时间进行

统一设置,根据上述分析,由于敏捷卫星存在大姿态角成像的模式,此时边缘视场与中心视场积分时间存在较大差异,若完全采用统一积分时间设置,很可能造成图像边缘视场传递函数下降、图像质量明显不均匀的现象。

另外,通过对侧摆情况下不同视场积分时间不一致引起的传递函数下降问题进行计算,可知在卫星侧摆时,同一积分级数下,随着侧摆角度的增加,不同视场对应的积分时间与中心视场积分时间差距逐渐增大,从而引起传递函数下降,成像质量下降。积分级数越大,积分时间误差引起的传递函数下降越明显。

综上所述,敏捷卫星大姿态角成像时,侧摆角越大,需要的积分时间越长,在相机设计之初应对大范围积分时间设置进行分析考虑;不同视场角对应的积分时间差异较大,若只采用统一按照中心视场积分时间设置,必将引起边缘视场图像质量下降。因此,需对不同视场的积分时间进行单独设置,以保证全视场图像质量。

2.3 敏捷卫星热控

2.3.1 外热流

1. 卫星在宇宙空间的热平衡

根据能量守恒原理,一个物体在某种特定环境中的热平衡,就是在单位时间内周围环境施加于该物体的热量与物体本身所产生的热量之和,应等于该物体向环境排散的热量与物体本身的内能变化之和,这个热平衡条件决定了该时刻物体的温度水平。卫星在宇宙空间的热平衡温度也是如此,可表示为

$$Q_1 + Q_2 + Q_3 + Q_4 + Q_5 = Q_6 + Q_7 \qquad (2-22)$$

式中:Q_1 为太阳直射到卫星上的热流;Q_2 为地球及其大气层对太阳直射到地球的反射热流(又称地球反照);Q_3 为地球的红外辐射热流;Q_4 为空间背景辐射热流;Q_5 为卫星的内热源;Q_6 为卫星向宇宙空间辐射的热流;Q_7 为卫星内能的变化。

一般来讲,由于空间背景辐射很小,从热控角度考虑 Q_4 项可以忽略不计。敏捷卫星运行轨道为低地球轨道,轨道高度低于 2000km,外热流项 Q_1、Q_2、Q_3 为卫星在太空接受的主要热量来源,是影响卫星温度高低主要因素之一。卫星在轨道上运行时,阳照区和阴影区内,由于太阳辐射的影响,卫星温度会有较大的差异,而且在阳照区内卫星受照面和不受照面的温度也会有很大的不同。因

此,卫星热设计必须要考虑到多种因素的影响。

在实际的温度计算中,必须将卫星分成若干个节点,用软件进行计算。对于任意节点 j,其吸收的空间外热流一般可表示为

$$Q_{sj} = \alpha_s S\varphi_{1j} + \alpha_s R\varphi_{2j} + \varepsilon E\varphi_{3j} \qquad (2-23)$$

式中:S 为太阳常数;R 为地球表面对太阳的平均反射强度;E 为地球表面的平均红外辐射强度;φ_{1j}、φ_{2j}、φ_{3j} 为卫星外表面节点 j 相对于太阳、地球反照和地球红外辐射的几何角系数(内表面节点无此参数)。

S、R 和 E 一般工程上取为常数。φ_{1j}、φ_{2j} 和 φ_{3j} 为时间的函数,依赖于卫星的轨道参数、飞行姿态以及卫星的构型。轨道参数和飞行姿态由卫星的任务所确定。轨道参数在某些情况下允许有一定变化范围,如某些卫星的发射窗口、发射日期等可在一定范围内选取,但可选择的余地很小。这些参数随着卫星在轨飞行不断变化,从而卫星的温度也将随着飞行时间变化。α_s 和 ε 为卫星表面各种部件、组件的热物理性能,α_s 和 ε 取决于构成卫星的各种材料的性质和表面状态。在设计中根据需要有一定的选择余地,是热控系统设计的主要任务之一。

2. 卫星轨道空间辐射外热流

一般来说卫星外形是一个复杂的多面体,在同一时刻不是所有的外表面都能见到太阳或地球。要计算卫星表面吸收的外热流,必须把卫星表面分成若干个有限小平面,分别计算这些小平面吸收的外热流。其中:有些小平面只见太阳,只有太阳辐射;有些小平面只见地球,只接收地球反照和热辐射;有些小平面则有可能同时见到太阳和地球,接收 3 种外热流。上述情况在轨道运行的各个位置都会变化,这是因为在轨道上的每一时刻,这些小平面相对于太阳、地球的方位都在发生变化,其吸收的外热流也随之而变化。因此,卫星空间外热流计算极其复杂。实际计算时均采用相关的分析软件进行计算。

(1)太阳直接辐射热流。

入射到卫星表面的太阳辐射是卫星表面的主要外热流,对卫星各部分温度影响也最大。因此,计算到达卫星各个表面的太阳辐射热流是热设计的重要内容之一。太阳光线不是真正的平行光,在地球附近其发散角约 0.5°。在卫星热设计中,一般可将太阳光当成平行光处理。入射到卫星某一表面 A 上的太阳辐射为

$$Q_1 = SA\cos\beta_S \qquad (2-24)$$

式中:S 为太阳辐射强度,参照世界辐射测量(word radiometric reference,WRR)

基准,其平均值为1367W/m²,夏至为1322W/m²,冬至为1414W/m²;φ_1为太阳辐射角系数,令$\varphi_1 = \cos\beta_s$,其中β_s为阳光和受照表面法线方向的夹角,与卫星的姿态指向、卫星在轨道上的卫星以及该入射表面在卫星上的方位有关。

(2)地球反照热流。

地球反射太阳辐射简称地球反照。地球表面大气对阳光的反射与地表性质、云层分布等因素有关,而且差别很大。如云和白雪反射80%~90%的入射能量,而水和岩石大约只反射10%的入射能量。由于卫星轨道一般较高,飞行速度快,在外热流计算中通常使用平均反射率。同时假设地球为一漫反射体,对太阳辐射的发射遵循兰贝特定律,且各处反射均匀,反射光谱与太阳光谱相同。若反照率以平均反照率ρ表示,且取为常数,则地球表面对卫星上某一表面A的地球反照辐射热流为

$$Q_2 = SA\rho\varphi_2 \qquad (2-25)$$

式中:φ_2为地球反照角系数;φ_2代表卫星某一表面所能看到的地球受太阳光照射的部分,它取决于卫星的轨道高度,该表面相对地球的方位以及阳光与地-卫连线的夹角φ等。实际分析表明,地球反照热流在卫星吸收总的空间外热流中所占比例较小。因此,在多数情况下,可以利用φ_3来近似计算φ_2,即

$$\varphi_2 = \varphi_3 \cos\varphi \qquad (2-26)$$

式中:φ_3为地球红外辐射角系数。

(3)地球红外辐射热流。

太阳投射到地球的辐射能,部分被地球吸收,被吸收的能量又以红外辐射能的形式向太空排散。严格来讲,地球表面受照部位和非受照部位,受照时间长的部位和受照时间短的部位其红外辐射能是不同的。在要求不太严格的情况下,一般认为地球在轨道上运行时,处于热平衡状态,及地球向空间辐射的能量等于它从空间吸收的太阳辐射能。同时认为,地球是一个均匀辐射的热平衡体,即地球上任意一点的红外辐射强度相同。卫星上某一表面A受到的地球红外热流Q_3为

$$Q_3 = \frac{1-\rho}{4}SA\varphi_3 \qquad (2-27)$$

式中:φ_3为地球红外辐射角系数。

(4)外热流角系数的周期平均值。

卫星上的某一平面在轨道上不同位置(时刻)的外热流计算方法及主要公

式都是时间的函数。计算卫星各表面轨道周期平均外热流值,实际上归结为计算航天器各外表面的 3 个角系数 φ_1、φ_2 和 φ_3 的轨道周期积分平均值。

太阳辐射角系数为 φ_1,周期平均值为 $\overline{\varphi}_1$,有

$$\overline{\varphi}_1 = \int_0^1 \varphi_1 \mathrm{d}\left(\frac{\tau}{\tau_0}\right) \tag{2-28}$$

式中:τ 为卫星在轨道上飞行的时间;τ_0 为轨道周期。

地球反照角系数为 φ_2,周期平均值为 $\overline{\varphi}_2$,有

$$\overline{\varphi}_2 = \int_0^1 \varphi_2 \mathrm{d}\left(\frac{\tau}{\tau_0}\right) \tag{2-29}$$

地球红外辐射角系数为 φ_3,周期平均值为 $\overline{\varphi}_3$,有

$$\overline{\varphi}_3 = \int_0^1 \varphi_3 \mathrm{d}\left(\frac{\tau}{\tau_0}\right) \tag{2-30}$$

3. 敏捷卫星外热流的特点

敏捷卫星是每个轨道周期内把对日、对地姿态转换,以及成像时频繁的滚动、俯仰姿态变化作为正常姿态要求的卫星。复杂的姿态及多种成像模式使整星外热流的变化情况相对复杂,外热流变化幅度大。

传统三轴稳定卫星采用 $+Z(+X)$ 轴长期对地推扫模式工作,在运行过程中无较大姿态调整情况,外热流不存在突变的过程,其在轨运行情况如图 2 - 27 所示。

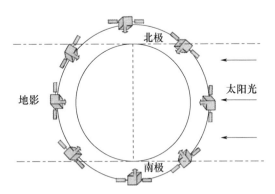

图 2 - 27 传统低轨遥感卫星在轨运行情况

敏捷卫星运行姿态的主要特点如下:

(1)敏捷卫星典型在轨运行情况如图 2 - 28 所示。可以分为 4 段,其中 CD 段为地影区,DA 段位于地球北极上空,AB 段相机对地成像,BC 段位于地球南极上空。

(2) 通常情况下卫星只在阳照区 AB 段实现对地成像,成像时间不超过 15min;在 DA 段与 BC 段相机指向冷空,在地影区(CD 段)卫星指向地球,均不成像。

(3) 在 A、B 两位置处,卫星据用户需求通过指令转换卫星指向;在 C、D 两位置处,根据地影范围卫星自主进行卫星指向转换;载荷正常工作下,AB 段和 CD 段三轴稳定,+Z 轴指向地心,DA、BC 段 -Z 轴指向太阳。

(4) 卫星在一个轨道周期内需要经历 4 次大的姿态调整。

(5) 在降轨段,相机光轴对地并根据拍摄任务需要可以实现相机光轴相对于星下点偏离 45°范围内的大角度快速机动。

(6) 由于其他原因引起的安全模式需要,卫星进入整轨道圈对日定向运行模式(-Z 对日)。

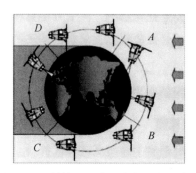

图 2-28 敏捷卫星典型在轨运行示意图

4. 敏捷卫星外热流举例

以典型敏捷卫星在轨运行模式为例,介绍敏捷卫星外热流的分析计算。

卫星轨道参数如下:轨道类型为太阳同步轨道。轨道平均高度为 690km。偏心率为 0。轨道倾角为 98.156°。降交点地方时为 10:30am。

卫星主要成像工作模式如下:①光照区载荷工作期间对地定向,载荷不工作时对日定向,阴影区对地定向,飞行姿态示意图如图 2-29 所示;②一轨成像最长 15min,具体成像时间长短根据任务而定;③成像期间,卫星姿态根据任务需要而定,可在俯仰和滚动轴方向 ±45°范围内机动。

外热流作为卫星热控设计的重要依据,在热控分系统中占据重要地位,需要根据阳光与轨道面夹角的大小和太阳辐射强度确定高低温外热流工况,如表 2-4 所列。

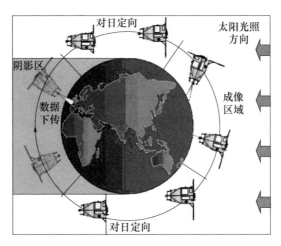

图 2-29　卫星飞行姿态示意图

（1）卫星正常飞行姿态。

根据任务需求，降交点地方时为 10∶30am 的轨道，相机成像需太阳高度角大于 15°，因此成像时段选在卫星出阴影 16min 为光照区 +Z 轴对地定向，三轴稳定 25min 的起始点。具体姿态为：

① 阴影区 +Z 轴指向地球，三轴稳定。

② 光照区进阴影前 23min 及出阴影后 16min 为 -Z 轴指向太阳。

③ 光照区日下点区域，+Z 轴指向地球，三轴稳定。

（2）卫星全姿态捕获模式。

-Z 轴指向太阳。

（3）卫星姿态机动模式。

① 阴影区 +Z 轴指向地球，三轴稳定。

② 光照区进阴影前 23min 及出阴影后 16min 为 -Z 轴指向太阳。

③ 光照区日下点附近，+Z 轴在 45°半锥角范围偏转。

从图 2-30 和图 2-31 可以看出，无论是对地对日姿态还是安全模式下，光照区 -Z 面均受太阳直照，外热流极大，而阴影区没有太阳热流，外热流很小。因此，受太阳直照面不宜做散热面。

除受太阳直照面外，其他面在光照区对太阳定向阶段，没有太阳直照热流，仅有较小的太阳反照热流和地球红外热流。如果有效载荷可见光相机光照区成像时段要求阳光的地面高度角不小于 15°，那么在三轴稳定对地定向阶段，对天面即 -Z 面太阳直照外热流较大，对地面 +Z 面红外热流比较大，向阳面

($-Y$面)在三轴稳定对地定向时段阳光和轨道面的夹角不变。因此,外热流保持恒定不变,$\pm X$面根据三轴稳定对地定向不同的时间段不同而不同,但是,$\pm X$面热流正好相反,即当$+X$面太阳热流高时,$-X$面的太阳热流就小,反之亦然。但是对一个轨道周期而言,由于三轴稳定对地定向的时间较短,最长仅占轨道周期的1/4。因此,三轴稳定对地定向姿态的外热流变化对卫星的影响比较小。

由此可以判断,除太阳直照面外,其他表面均适宜作卫星的散热面。外热流工况如表2-4所列。

表2-4 外热流工况

工况	姿态	姿态机动	降交点地方时	太阳辐射强度	日期
1	$-Z$对日	无	10:30	最小 1322W/m²	6月2日
2	阳照区$-Z$对日定向16min; 成像时$+Z$对地定向25min; 阳照区$-Z$对日定向23min; 阴影区$+Z$对地定向34min	无	10:30	最大 1412W/m²	2月9日
3	阳照区$-Z$对日定向16min; 成像时$+Z$对地定向25min; 阳照区$-Z$对日定向23min; 阴影区$+Z$对地定向34min	绕$+X$轴$-45°$滚动	10:30	最大 1412W/m²	2月9日
4	阳照区$-Z$对日定向16min; 成像时$+Z$对地定向25min; 阳照区$-Z$对日定向23min; 阴影区$+Z$对地定向34min	绕$+X$轴$+45°$滚动	10:30	最大 1412W/m²	2月9日
5	阳照区$-Z$对日定向16min; 成像时$+Z$对地定向25min; 阳照区$-Z$对日定向23min; 阴影区$+Z$对地定向34min	绕$+Y$轴$-45°$俯仰	10:30	最大 1412W/m²	2月9日
6	阳照区$-Z$对日定向16min; 成像时$+Z$对地定向25min; 阳照区$-Z$对日定向23min; 阴影区$+Z$对地定向34min	绕$+Y$轴$+45°$俯仰	10:30	最大 1412W/m²	2月9日

续表

工况	姿态	姿态机动	降交点地方时	太阳辐射强度	日期
7	阳照区 $-Z$ 对日定向 16min；成像时 $+Z$ 对地定向 25min；阳照区 $-Z$ 对日定向 23min；阴影区 $+Z$ 对地定向 34min	半锥角 45°，法线和 X 轴 315°	10∶30	最大 1412W/m²	2月9日
8	阳照区 $-Z$ 对日定向 16min；成像时 $+Z$ 对地定向 25min；阳照区 $-Z$ 对日定向 23min；阴影区 $+Z$ 对地定向 34min	半锥角 $+45°$，法线和 X 轴 225°	10∶30	最大 1412W/m²	2月9日
9	阳照区 $-Z$ 对日定向 16min；成像时 $+Z$ 对地定向 25min；阳照区 $-Z$ 对日定向 23min；阴影区 $+Z$ 对地定向 34min	半锥角 45°，法线和 X 轴 45°	10∶30	最大 1412W/m²	2月9日
10	阳照区 $-Z$ 对日定向 16min；成像时 $+Z$ 对地定向 25min；阳照区 $-Z$ 对日定向 23min；阴影区 $+Z$ 对地定向 34min	半锥角 45°，法线和 X 轴 135°	10∶30	最大 1412W/m²	2月9日

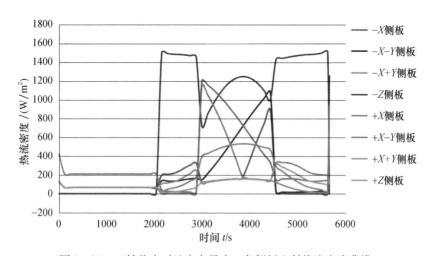

图 2-30　三轴稳定对地定向最小 β 角侧板入射热流密度曲线

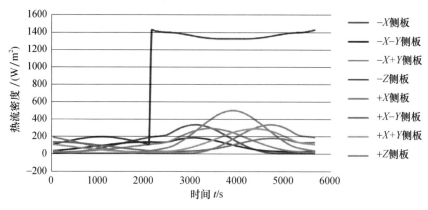

图 2-31　-Z 对太阳侧板外热流密度曲线

2.3.2　热控技术

卫星研制过程中,通常根据卫星的总体任务、飞行轨道、姿态、总体构型、载荷热耗及其对温度的具体要求,综合运用多种热控制技术,实现星上仪器设备、结构部件等的温度控制。

按照使用中控制方式划分,卫星热控制技术一般可以分为被动热控制技术和主动热控制技术。被动热控制技术的主要特征是开环控制,在控制过程中被控对象的温度等控制目标不用于反馈,一般是利用材料或设备自身的物理特性,如热辐射特性、导热系数等,控制进入和排出系统的热量,使卫星设备的温度控制在规定的范围内。而主动热控制技术的功能实现中则需要将温度等目标参数用作反馈,一般是根据被控对象的温度变化,按要求对温度进行调节,可以是有源控制,也可以是根据设备对温度的敏感特性进行无源控制。

被动热控制技术是卫星热控制的基础,任何卫星都不可避免地采用一种或多种被动热控技术。该技术主要依靠合理的卫星总体布局,选取不同热控硬件,正确组织卫星内外的热交换过程,保证卫星的结构部件、仪器设备在高低温运行工况下都不超过允许的温度范围。该技术的优点是技术简单、工作可靠(无运动部件)、使用寿命长,其中可靠性高的优点对于卫星的应用尤为重要。因此,被动热控制技术是卫星热控制技术的首选。

卫星在轨运行时,受到的空间热流变化很大,在考虑到寿命初期和寿命末期卫星表面的涂层性能的退化,其接收的空间热流变化更大,加上星上仪器设备因工作模式不同,如果发热量的变化也大,仅采用被动热控技术,无法将仪器设备的温度控制在所要求的范围内。随着卫星技术的发展,有些精密设备要求将工作温度控制在较小的范围内,甚至近于恒温。在这些情况下,必须采用控制能力更高的主动热控制技术。

多数卫星热控制系统的技术特征通常以被动控制为主,主动热控制为辅。一般将热控涂层、热管、多层隔热组件、导热填料等导热强化产品,隔热垫等导热一致产品,相变储能装置等产品归为被动热控制技术。而将电加热器、泵驱动流体回路、可变热导热管、环路热管、热开关、百叶窗、制冷机等产品归为主动热控制技术。

敏捷卫星整星的热控制主要解决3个方面的需求:一是整星在每一圈轨道内运行模式的周期变化以及在成像区域大角度快速姿态机动,造成的外热流变化;二是运行周期内设备工作模式变化较大,频繁切换的开关机状态引起温度变化的需求;三是高分辨率相机为保证成像质量所需要的温度稳定性控制需求。这3个特点对热控分系统提出了更高的温度适应性要求和温度均匀性要求。

敏捷卫星和传统卫星相比有根本差异,主要有以下热控制特点:

(1)构型与以往传统卫星完全不同,因此外热流的变化和其他卫星不同。

(2)由于平台采用以控制力矩陀螺为姿态执行机构的大功耗设备,并且承载高分辨率相机,导致整星热耗大幅增加。

(3)卫星运行姿态复杂,是每个轨道周期内把姿态变化和滚动、俯仰姿态机动作为正常姿态要求的卫星,复杂的姿态模式使整星外热流的变化更加复杂。

(4)相机的高精度必然对相机的热设计提出更高的要求,相机和平台相互间影响必须给予高度关注。

2.4 敏捷卫星能源

2.4.1 光照条件

敏捷卫星具有在±45°范围内进行滚转、俯仰姿态机动的能力,为满足卫星姿态快速机动并快速稳定的要求,一般选择固定太阳电池阵。成像时,太阳电池阵随着姿态的对地定向而无法完全充电;不成像时,太阳电池阵对日定向进行完全充电。

敏捷卫星轨道为太阳同步轨道,以高度690km、降交点地方时10:30am为例,太阳光与轨道平面的夹角在1年内的变化范围为10.18°~19.87°,如图2-32所示。轨道全年光照时间的比例约为64.2%,如图2-33所示。最长阴影时间为2096.078s,最短阴影时间为2054.330s,如图2-34所示。

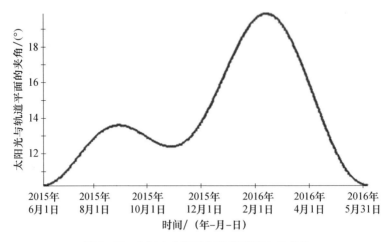

图2-32　1年内太阳光与轨道平面夹角变化

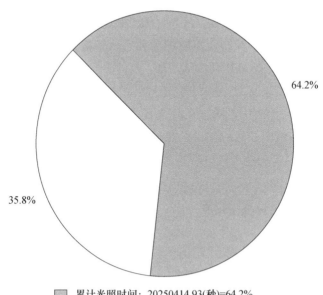

图2-33　1年内光照时间比例

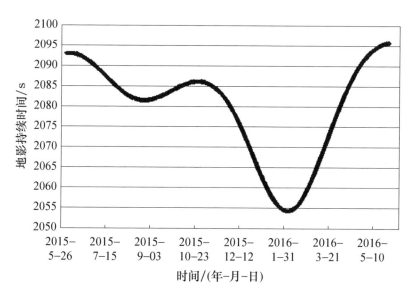

图 2-34　1 年内地影时间变化历程

2.4.2　能源平衡

1. 卫星典型工作模式

敏捷卫星典型工作模式如下。

模式 1（对地成像+实时传输）：相机和数传（不包括固存）在数据接收区内同时工作，边侦察边传输，在光照区进行。

模式 2（对地成像+近实时传输）：相机和数传（包括固存）在数据接收区内同时工作，边侦察边传输，在光照区进行。

模式 3（对地成像+数据记录）：相机在数据接收区外工作、同时固态存储器进行数据记录，在光照区进行。

模式 4（数据回放）：数传、固态存储器在数据接收区内工作，在光照区或地影区均可进行。

模式 5（对地成像+数据记录+数据回放）：在一圈轨道中，数传、固态存储器在境外记录数据，回到境内将记录下来的数据回放，记录在光照区进行，回放可在地影区进行。

在上述 5 种典型工作模式下，对电源系统的功耗需求如表 2-5 所列。

表 2-5 不同载荷工作模式下的整星功耗需求

载荷工作模式	模式名称	整星功耗需求（假设值）/W	工作时间
模式 1	对地成像 + 实时传输	1375	在光照区累计工作 15min
模式 2	对地成像 + 近实时传输	1440	在光照区累计工作 15min
模式 3	对地成像 + 数据记录	1226	在光照区累计工作 15min
模式 4	数据回放	1036	在地影区累计工作 15min
模式 5	对地成像 + 数据记录	1226	在光照区累计工作 15min
	数据回放	1036	在地影区累计工作 15min

2. 能量平衡

1）分析模型

能源平衡分析的输入为卫星轨道参数、太阳电池阵参数、蓄电池组参数、电压控制器参数等，输出包括太阳电池阵功率、蓄电池组充放电电压、蓄电池组当前电量、能量平衡结果等。

(1) 卫星轨道参数包括轨道周期 T_{orbit}、地影时间 T_{umbra}、太阳光线与太阳电池阵法线夹角 β_s 等。

(2) 太阳电池阵参数包括电池片面积、标准条件下的单体太阳电池开路电压 V_{oc}、标准条件下的单体太阳电池短路电流 I_{sc}、标准条件下的单体太阳电池最佳工作点电压 V_{mp}、标准条件下的单体太阳电池最佳工作点电流 I_{mp}、太阳电池转换效率 η 等。

(3) 蓄电池组参数包括蓄电池组初始容量 Q_{bat}、最大充电电流限制 I_{cmax}、串联单体数 N_{bat}、单体电池恒流转恒压电压门限值 V_{change}、充放比系数 f_{ad} 等。

(4) 电压控制器参数包括母线电压 V_{bus}、放电调节器效率 η_{BDR}、充电调节器效率 η_{BCR}、太阳电池阵隔离二极管和供电线缆压降之和 $V_{dioline}$、蓄电池组供电线路损耗因子 η_{line}。

2）太阳电池阵输出功率计算

根据不同时期太阳阵 I-V 曲线的方程，可以得到不同时期太阳电池阵工作电压点的输出功率，即在母线上的可利用功率。

太阳电池阵可利用功率为

$$P_{SA}(n)(t) = V_{bus} \times I_{op1}(n)(t) \quad (2-31)$$

太阳电池阵可利用电流为

$$I_{SA}(n)(t) = I_{op1}(n)(t) \quad (2-32)$$

式中:$I_{op1}(n)(t)$为I-V曲线上太阳电池阵工作电压箝位点V_{op1}处的电流值。

$$V_{op1} = V_{bus} + V_{dioline} \qquad (2-33)$$

式中:V_{bus}为母线电压(V);$V_{dioline}$为太阳电池阵隔离二极管和供电线缆压降之和(V)。

3)蓄电池组充放电电流计算

(1)放电电流计算。

蓄电池组的放电电流取决于蓄电池组的放电功率、放电调节器效率、供电线路损耗因子、电压等因素。

在阴影区,蓄电池组放电电流为

$$I_d(n)(t) = \frac{P_{load}(n)(t)}{\eta_{BDR}\eta_{line}V_{bat}} \qquad (2-34)$$

式中:$P_{load}(n)(t)$为第n圈轨道的负载功率需求随时间变化的数据;η_{BDR}为放电调节器效率;η_{line}为蓄电池组供电线路损耗因子;V_{bat}为蓄电池组放电电压。

在光照区,蓄电池组需补充供电时,放电电流为

$$I_d(n)(t) = \frac{P_{load}(n)(t) - P_{SA}(n)(t)}{\eta_{BDR}\eta_{line}V_{bat}} \qquad (2-35)$$

(2)充电电流计算。

锂离子蓄电池的充电遵循先恒流、再恒压的充电控制方式,即:锂离子蓄电池先按预设的充电电流进行恒流充电,在充电过程中,蓄电池组电压会随之上升;当电压达到预设的转阶段门限时($V_c(n)(t) = N_{bat}V_{change}$),此时刻为充电转阶段时刻,定义为$t_{change}(n)(f_{change}(n))$,即维持当前电压不动,进行恒压充电,充电电流会以指数规律减小,直至将蓄电池充满。

① 恒流充电电流值的计算。计算太阳电池阵输出功率在满足负载功率需求外的剩余功率,可为蓄电池组充电的最大充电电流为

$$I_{avail}(n)(t) = (I_{SA}(n)(t) - P_{load}(n)(t)/V_{bus})\eta_{BCR} \qquad (2-36)$$

根据预先设定的最大充电电流限制为I_{cmax},若$I_{avail}(n)(t) > I_{cmax}$,则蓄电池组充电电流$I_c(n)(t) = I_{cmax}$;若$I_{avail}(n)(t) < I_{cmax}$,则蓄电池组充电电流$I_c(n)(t) = I_{avail}(n)(t)$。

② 恒压充电电流值的计算。在恒压充电阶段,充电电流按指数规律减小,模型为$I_c(n)(t) = I_c(n)(t_{change}(n)(f_{change}(n)))e^{\frac{0.015}{I_c(n)(t_{change}(n)(f_{change}(n)))} \cdot t_1}$,其中$t_1$从0开始计时,有$t = t_{change}(n)(f_{change}(n)) + t_1$。

4)蓄电池组当前电量计算

蓄电池组当前电量$Q_{current}(n)(t)$的计算方法为

$$Q_{\text{current}}(n)(t) = Q_{\text{current}}(n)(t) + Q_{\text{charge}}(n)(t) - Q_{\text{discharge}}(n)(t) \quad (2-37)$$

充电电量 $Q_{\text{charge}}(n)(t)$ 的计算方法为

$$Q_{\text{charge}}(n)(t) = Q_{\text{charge}}(n)(t) + I_c(n)(t)t_0/f_{\text{ad}} \quad (2-38)$$

放电电量 $Q_{\text{discharge}}(n)(t)$ 的计算方法为

$$Q_{\text{discharge}}(n)(t) = Q_{\text{discharge}}(n)(t) + I_d(n)(t)t_0 \quad (2-39)$$

式中: f_{ad} 为充放比系数; t_0 为计算时长。

比较 $Q_{\text{charge}}(n)(t)$ 和 $Q_{\text{discharge}}(n)(t)$,当 $Q_{\text{charge}}(n)(t) = Q_{\text{discharge}}(n)(t)$ 时,表示蓄电池已充满,此时刻为充电终止时刻,定义为 $t_{\text{end}}(n)(f_{\text{end}}(n))$,并将充电终止次数 $f_{\text{end}}(n)$ 加 1,同时将 $Q_{\text{charge}}(n)\{t_{\text{end}}(n)[f_{\text{end}}(n)]\} = 0$,$Q_{\text{discharge}}(n)(t_{\text{end}}(n)(f_{\text{end}}(n))) = 0$,$Q_{\text{current}}(n)(t_{\text{end}}(n)(f_{\text{end}}(n))) = Q_{\text{bat}}$,$Q_{\text{bat}}$ 为蓄电池组初始容量。

3. 能量平衡结果

电源分系统的能量平衡结果体现在每圈轨道的蓄电池组当前电量、放电深度等参数上。根据蓄电池组当前电量,可知在下一圈进影前,蓄电池组是否被充满,根据放电深度,可知对蓄电池组的使用是否在正常范围内。

蓄电池组放电深度的计算方法为

$$\text{DOD}(n)(t) = [Q_{\text{bat}} - Q_{\text{current}}(n)(t)]/Q_{\text{bat}} \quad (2-40)$$

给出蓄电池组当前电量、放电深度,即为能量平衡的输出结果。

经过对卫星工作模式分析,模式 3 与模式 4 包含在模式 5 中,因此,计算时只考虑模式 1、模式 2、模式 5 共 3 种。经计算,电源分系统能满足单圈能量平衡。电源分系统能量平衡分析结果如表 2-6 所列。

表 2-6 电源分系统能量平衡分析结果

工作模式	地影区功耗/时间/(W/min)	光照区功耗/时间/(W/min)	放电电量/Ah	需充电电量/Ah	可充电电量/Ah	放电深度/%	供电方式	是否平衡
模式 1	764/34.9	1375/15; 764/47.6	22.36	22.81	24.56	14.9	短期负载工作时联合供电	是
模式 2	764/34.9	1440/15; 764/47.6	23	23.46	24.56	15.3	短期负载工作时联合供电	是
模式 5	764/19.9; 1036/15	1226/15; 764/47.6	23.45	23.92	24.56	15.6	短期负载工作时联合供电	是

2.5 敏捷卫星测控

2.5.1 敏捷模式对导航定位的影响

卫星装载多种高精度仪器,需要在星上具有精密轨道确定和轨道预报能力,因此卫星常配备星载导航定位设备,以满足卫星在轨实时高精度定位、高精度时间同步等需求。例如传统三轴稳定对地定向姿态卫星,可利用 GNSS 接收机等导航设备获得优于 $10m(1\sigma)$ 精度的实时定位数据和更高精度的实时滤波定位数据,满足卫星图像定位精度对轨道测量的误差分配指标。

目前,全球导航卫星系统(GNSS)除了美国的 GPS,还有俄罗斯的 Glonass、欧盟的 Gallieo 以及中国的北斗导航系统。GNSS 迅速地发展,避免了导航用户对单一系统的过度依赖,形成了多系统兼容共用的格局。敏捷卫星采用星载 GNSS 接收机作为导航定位设备。GNSS 接收机通过 GNSS 接收天线,接收导航卫星系统发送的信号,并对该信号进行解调、解算,输出高精度定位定轨信息、时间信息、原始测量数据信息及积分时间信息给星上相关分系统,从而完成卫星定位、定轨、授时、图像辅助分析等功能。

敏捷卫星根据其运行模式需要做大角度、快速的姿态机动,将对使用导航定位系统造成不利影响:一是大角度的姿态机动,会造成可见的导航卫星数量和编号发生快速变化;二是快速连续的机动,会造成射频信号能量的快速起伏变化,从而造成信噪比的突变,影响导航接收设备的环路跟踪性能。这两个不利影响将导致星载导航设备在部分时间不定位,以及位置、速度精度不满足指标要求,需要重新研究适应于敏捷卫星的星上导航定位技术。

常用的星上导航定位系统有实时定位和外推两种工作模式。实时定位模式可输出原始位置速度数据和精度更高的滤波数据;非定位时,外推模式可基于轨道动力学模型输出外推数据。

由于星载导航设备天线的辐射方向图为准半空间球状方向图,在敏捷卫星典型运行模式下,卫星存在姿态机动,特别是在轨道阳照区以及出影后、进影前,卫星会进行快速、大角度姿态机动,导航卫星覆盖会发生急剧变化,甚至会发生无足够可视星进行定位解算的情况。

非定位原因详细分析如下。

(1)可视星不足4颗:由卫星姿态变动导致的卫星可视导航卫星理论上小

于 4 颗接收机将无法正常定位。

(2) 4 颗星解算误差大导致非定位：在接收机可用星为 4 颗时，由于可用星数量较少，经常出现导航卫星几何布局差导致几何精度因子(GDOP)值过大，进而造成接收机定位解算误差大的情况。由于在接收机设计中通常会对 GDOP 值的最大值及解算本地钟钟差的最大值做出限制，因此在 4 颗星解算的情况下，有可能出现由于解算误差大引起的非定位情况。

(3) 快速换星导致可用星小于 4 颗：在很短的时间内，接收机可视星座发生连续变化，会导致接收机不能适应星座的重新组合，原捕获的导航卫星已丢失但新进入视野的导航卫星还不能马上捕获，导致接收机可用导航卫星数不足 4 颗而非定位。接收机的定位模块从搜索导航卫星到捕获后实现可用，需要的时间分配可表示为

$$总时间 = 搜索时间 + 信号同步时间 + 收齐星历时间$$

由于信号搜索以一定步长进行频点搜索，每个频点均需花费时间；信号同步时间包括比特同步和帧同步的时间；收齐星历包括星历解算、存储的时间。

对传统导航设备进行仿真测试，使用测试时长为一天的模拟敏捷卫星姿态机动工况的仿真场景，测试结果如表 2-7 所列。从表 2-7 可以看出，传统导航设备在敏捷卫星姿态机动工况场景下的定位模块数据精度不满足指标要求，滤波解算模块的数据精度虽然满足指标要求，但位置精度较为接近指标上限。

表 2-7 传统导航设备定位精度测试结果

数据类型	定位模块(1σ)		滤波解算模块(1σ)	
	指标要求	测试结果	指标要求	测试结果
位置精度/m	≤10	20.7	≤7	6.57
速度精度/(m/s)	≤0.2	1.19	≤0.05	0.017

通过以上分析可以看出，敏捷模式对导航设备的工作环境造成了不利影响，也对导航设备的功能性能提出了新的要求，即通过设备改进，缩短非定位时长，提高数据输出精度，进而提升敏捷卫星的性能。

2.5.2 敏捷模式对测控通信的影响

卫星测控是用无线电的方法对卫星进行跟踪测轨、遥测和遥控的简称，是及时了解和掌握星上情况并保证卫星在轨正常工作的主要手段。

一般情况下，中低轨道卫星由于与地面测控网直接联系的时间受到限制，

在地面站可见弧段内,完成遥测信息传输、遥控指令传输以及轨道测量的任务需要采取一些特殊措施。一种解决方法是在地面测控站作用范围以外的大量轨道段,要求卫星上有自主测控能力或者星上有遥测信息存储回放以及遥控数据和指令的延时执行能力。另外一种解决方法是将地面测控站的一部分功能搬到空间,实现天基测控。

除实现原有测控功能外,敏捷卫星测控系统有不同于传统卫星测控系统的特点,如测控天线大半张角,测控天线组阵干扰抑制,测控设备数字化、一体化、小型化等。

地面测控站接收卫星信号的强度与卫星仰角有着很大的关系。当卫星以三轴稳定对地定向姿态运行时,卫星的 $+Z$ 轴指向地心,则地面站至卫星的地心角 β_a 为

$$\beta_a = 90° - E - \arcsin\left(\frac{R_E}{R_E + h}\cos E\right) \qquad (2-41)$$

最大作用距离(斜距) R 为

$$R = (R_E + h)\left(\frac{\sin\beta_a}{\cos E}\right) \qquad (2-42)$$

卫星对地天线的最大半张角为

$$\theta = 180° - 90° - E - \beta_a \qquad (2-43)$$

假设卫星轨道高度 $h = 645\text{km}$,经计算,地面站不同仰角下的星地距离与卫星对地天线的半张角计算结果如表 2-8 所列。

表 2-8 卫星作用距离和卫星对地面站半张角计算结果

地面站仰角 $E/(°)$	地球半径 R_E/km	卫星的轨道高度 h/km	卫星地面站的地心角 $\beta_a/(°)$	卫星与地面站间的距离 R/km	卫星对地心和地面站的半张角 $\theta/(°)$
5	6378	645	20.2	2434	64.8
3	6378	645	21.9	2623	65.1
0	6378	645	24.8	2946	65.2

由表 2-8 可知,地面站天线仰角 E 为 5°、卫星不发生侧摆等姿态机动时,天线对地面站的最大半张角为 64.8°。

敏捷卫星典型在轨运行模式是:每圈轨道南北极卫星 $-Z$ 轴对日定向;阳照区 $+Z$ 轴在对地定向基础上,偏离星下点姿态机动;阴影区 $+Z$ 轴对地定向。为保证卫星在阳照区姿态机动时的测控需求,天线对地半张角 θ 应在姿态机动范围内满足辐射增益要求,即假设卫星在偏离星下点 ±45°范围内姿态机动时,

测控天线的最大半张角应为 64.8°+45°=109.8°。

为了使卫星在整轨对日定向姿态下或姿态异常时具有星地测控通信链路，卫星的测控天线需要设计为全向天线。具体实现时，往往通过 2 副以上测控天线进行组阵，以实现测控天线全向波束。而多副测控天线组阵时，电磁信号的合路会出现干涉效应，具体表现为测控天线阵在干涉区域的天线方向图剧烈抖动；干涉区域指向地面测控站时，上、下行测控链路信号出现波动。

敏捷卫星测控系统具有需要快速跟踪与通信的特点。由于敏捷卫星一般运行在中低轨道上，过境时间一般只有几分钟到十几分钟，地面站的跟踪通信时间很短。假如轨道高度为 645 km，卫星在地面某一点的最大连续观测时间约为 10 min，这就要求敏捷卫星测控站必须具有快速跟踪和测控通信的能力。当敏捷卫星组成多星星座时，卫星相继过境的间隔更短，因此要求测控系统具有更快的响应速度。

2.6 敏捷卫星数传

2.6.1 数传模式

敏捷卫星具有大范围、快速姿态机动的能力，在较大的角度范围内成像，使得相机的积分时间有较大的范围，数传分系统工作模式应该适应这种积分时间大范围动态变化的特点。结合图像压缩算法，综合考虑图像压缩比的取值，满足相机大积分时间动态变化的需求。考虑地面数据接收站的可见性和数据传输实时性要求，数传分系统的工作模式分为两种：一种是对数据传输实时性要求较高的情况，可采用实时传输或近实时传输的模式；另一种是对数据传输实时性要求较低的情况，可采用记录结合回放的模式。同时，实时传输和记录模式还应考虑多条带成像时条带拼接与控制等典型敏捷任务模式。各种工作模式可以根据在轨应用的实际情况适时选用。下面对记录模式、回放模式、近实时传输模式和实时传输模式的应用情况进行具体分析。

(1)近实时传输模式和实时传输模式都可以解决数据传输实时性的问题。两者的不同之处在于：近实时传输模式将处理后的数据经固存缓存后再送往后端调制模块，而实时传输模式不经固存缓存直接将处理后的数据送往后端调制模块。采用近实时传输模式的原因是任务对图像质量要求较高，采用的图像压缩比较小，待传输的数据总量已经超出了数传通道传输的能力。而实时传输模式用于任务对图像质量要求相对较低,采用的图像压缩比相对较大,待传输的数据总量在数传通道传输能力范围内。

(2)记录模式和回放模式主要是针对传输实时性要求不高或无法进行实时传输的情况进行设计的。由于不存在实时传输的限制,记录模式适用的图像压缩比范围较宽。回放模式可以将固存中的数据全部或选择部分下传至地面数据接收站。

2.6.2　敏捷机动对天线指向及跟踪能力需求

星载数传分系统的 X 频段数传发射天线一般有地球匹配波束天线(也称赋形天线)、机械转动点波束天线和相控阵天线 3 种类型。低轨敏捷卫星成像幅宽较窄,图像分辨率较高,结合地面用户对图像信息实时获取的需求,数传发射天线的传输带宽一般在 800Mbit/s 以上,天线波束的覆盖范围一般在 ±100° 以上,而地球匹配波束天线的传输带宽和增益无法满足星载敏捷任务的要求,机械转动点波束天线和相控阵天线都可以应用在敏捷卫星上。

高分辨率敏捷卫星可以实现同轨多区域、同轨多条带拼接、同轨多角度立体和同轨短时间动态监视等成像模式。要求敏捷卫星具有大范围、快速姿态机动能力的技术特征,对数传天线的指向和跟踪能力提出了更高的要求。

数传天线的指向能力,是指天线波束角覆盖的范围。敏捷卫星机动能力强,其俯仰和滚动方向都会有较大角度的姿态调整,要求数传天线波束覆盖范围要适应卫星姿态变化。因此,在数传天线原有地球覆盖范围的基础上,还要外扩卫星姿态调整的角度,使天线波束的覆盖范围适应敏捷任务的需求,满足用户对数据实时获取的要求。

数传天线的跟踪能力,是指天线跟踪地面数据接收站,使天线的波束始终指向和覆盖地面数据接收站的能力。敏捷卫星的任务特点给数传天线的跟踪能力提出了新的要求。为了满足敏捷卫星大范围、快速姿态机动的要求,数传天线应具备快速转到预定角度和低速跟踪地面数据接收站的能力。因此,可以通过设计天线预置模式和天线跟踪模式来满足敏捷任务姿态机动与数据传输的需求。在天线预置模式下,数传天线以最大角速度快速转动至指向任务安排的地面数据接收站位置的角度,满足卫星快速机动后数据传输的需求。在天线跟踪模式下,数传天线以较小角速度实时跟踪地面数据接收站,使天线波束实时指向地面数据接收站,满足卫星实时数据传输的需求。由于敏捷卫星的大范围、快速姿态机动的能力,同时数传天线受限于卫星构型布局,存在天线转动范围受限的情况,在同一次数据传输任务中存在天线切换后接力传输的情况。

敏捷卫星数传天线的快速转动和低速跟踪能力,需要与卫星的姿态机动能力设计匹配,才能实现卫星的实时传输模式或者近实时传输模式。仿真分析模型则需要考虑以下输入条件或假设:

(1) 卫星的姿态机动能力。
(2) 卫星的姿态机动稳定时间。
(3) 天线的最大转动速度。
(4) 天线的最大转动范围。
(5) 在姿态机动稳定时间内,数传天线可以跟踪地面站,但不允许进行预置。

而当以下3个约束中任意一个不满足时,可以判断实时传输不可行。

(1) 时间约束。

当两次区域点成像任务之间的姿态机动时间不足以完成数传天线的预置时,实时传输不可行。对于一次条带间姿态机动过程,设机动开始时间为 T_1,数传天线转角为 (X_1, Y_1),机动结束时间为 T_2,数传天线转角为 (X_2, Y_2),当数传天线预置时间 t 超过 $(T_2 - T_1 -$ 姿态机动稳定时间$)$ 时,判断为无法完成实时传输。其中,$t = \text{Max}(|X_2 - X_1|/$数传天线最大转动速度$, |Y_2 - Y_1|/$数传天线最大转动速度$)$。

(2) 数传天线转动范围约束。

在数传天线预置或对地面站的跟踪过程中,当数传天线转角超出其转动范围,实时传输不可行。对一次大区域的条带拼接成像任务,设各条带成像起始时间和结束时间分别为 $t_0, t_1, \cdots, t_n$,对应的数传天线转角为 $\{x_0, y_0\}, \cdots, \{x_n, y_n\}$,设 $X_{\max} = \text{Max}(x_0, \cdots, x_n)$,$X_{\min} = \text{Min}(x_0, \cdots, x_n)$,$Y_{\max} = \text{Max}(y_0, \cdots, y_n)$,$Y_{\min} = \text{Min}(y_0, \cdots, y_n)$。当 $X_{\max} >$ 数传天线 X 轴最大转角或 $X_{\min} <$ 数传天线 X 轴最小转角时,超出数传天线 X 轴转动范围,将无法进行实时传输。当 $Y_{\max} >$ 数传天线 Y 轴最大转角或 $Y_{\min} <$ 数传天线 Y 轴最小转角时,超出数传天线 Y 轴转动范围,将无法进行实时传输。

(3) 地面站天线跟踪范围约束。

地面站接收天线无法全程跟踪整个成像任务过程时,实时传输不可行。第一个条带观测起始时刻 t_0 和最后一个条带观测结束时刻 t_n 地面站接收天线指向卫星的仰角应不小于 5°,否则地面站无法保证能够跟踪卫星,无法进行实时传输。以运行在 645km 轨道高度上的敏捷卫星为例,当成像区域位于北半球中低纬度地区时,分析结果如下。

例1:对一个需要侧摆20°的4条带拼接实时传输任务,分析结果如图2-35所示。

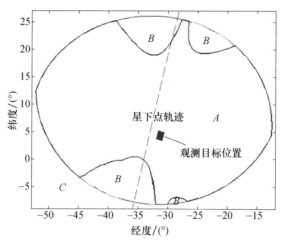

图2-35 4条带拼接(侧摆20°)实时传输分析结果

当地面站位于A区时,卫星按照动作序列,可以进行单天线单站实时传输;当地面站位于B区时,条带间的3次姿态机动过程至少有1次不满足时间约束;当地面站位于C区时,地面站天线无法全程跟踪卫星,不满足地面站天线跟踪范围约束。

例2:对一个需要侧摆20°的同轨立体实时传输任务,分析结果如图2-36所示。

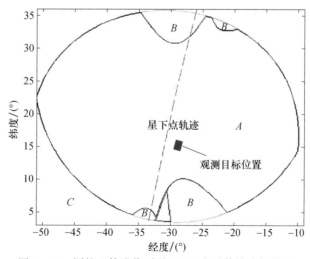

图2-36 同轨立体成像(侧摆20°)实时传输分析结果

A、B、C区域的定义同上。

第 3 章
敏捷卫星总体设计

3.1 运行模式

3.1.1 可选运行模式

由于在成像期间需要完成快速姿态机动及稳定,控制系统采用控制力矩陀螺(CMG)作为执行机构。为抑制 CMG 的力矩噪声,实现高稳定度以及姿态机动到位后快速达到稳定度要求的指标,控制系统将控制带宽提高(如 1Hz)。同时,为减小太阳翼挠性对控制系统稳定度和稳定时间的影响,要求太阳翼基频提高(如 5Hz 以上)。由于太阳同步轨道遥感卫星常用的单轴驱动太阳电池阵基频通常低于 1Hz,这一条件导致单轴驱动太阳翼跟踪对日、星体对地三轴稳定的整圈轨道运行模式不能在敏捷卫星上使用。因此,设计合理的卫星运行模式,以及选择适应于该运行模式的卫星构型,成为实现敏捷机动和高分辨率成像的重要环节。

卫星运行模式设计的主要驱动因素包括:保证当圈电源平衡;卫星在太阳同步轨道阳照区段成像;在地影区三轴稳定相机光轴对地定向或者惯性定向;在靠近南北极段太阳电池阵对日定向充电。

卫星构型设计的主要驱动因素包括:从光机系统的承力设计适应性考虑,高分辨率相机采用立式安装方式;太阳电池帆板采用固定安装。

综上所述,有两种构型及各自对应的运行模式适用于敏捷类卫星。用户可根据实际卫星姿态机动及稳定能力、电源提供能力、星地通信能力、星敏感器视场条件、相机视场条件等多方面综合比较,选择敏捷卫星的构型及其运行模式。

方案一:构型主要特点为太阳翼法线与相机光轴平行,如图 3-1 所示。相应的卫星在一个轨道圈的正常运行模式如图 3-2 所示。

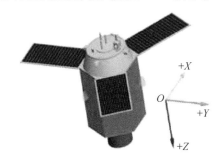

图 3-1　方案一构型

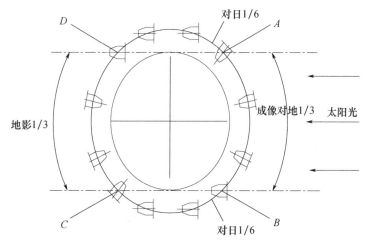

图 3-2　方案一的正常运行模式

方案二：太阳翼法线与相机光轴垂直，如图 3-3 所示。相应的卫星在一个轨道圈的正常运行模式如图 3-4 所示。

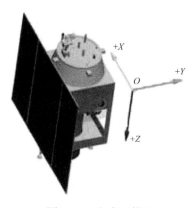

图 3-3　方案二构型

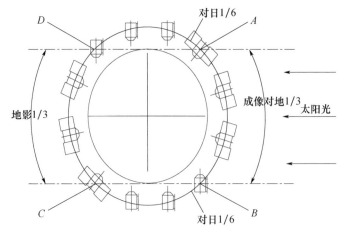

图 3-4 方案二的正常运行模式

两种构型方案的比较如表 3-1 所列。

表 3-1 两种运行模式和构型方案的比较

比较项目	方案一	方案二
姿态指向	AB 段:三轴稳定对地,成像期间可以保证相机光轴在偏离星下点内快速指向,带偏流角修正; BC 段/DA 段:太阳翼法向(星体 $-Z$ 轴)指向太阳,相机视场对冷空间,对日惯性定向; CD 段:三轴稳定对地定向	AB 段:三轴稳定对地,成像期间可以保证相机光轴在偏离星下点快速指向,带偏流角修正; BC 段/DA 段:太阳翼法向(星体 $-Y$ 轴)指向太阳,相机视场不离开地球圆盘,对日跟踪姿态; CD 段:三轴稳定对地定向
姿态确定	两方案基本相同	
姿态转换点	姿态转换点处的姿态机动角度不同,但是各转换点处机动时间均比较宽裕,两方案基本相同	
相机热控	相机视场在 BC 段和 DA 段见冷空间,每圈轨道外热流周期性变化较大,对高精度温控有一定影响	相机视场始终不离开地球圆盘,每圈轨道外热流周期性变化较小,对高精度温控影响较小
供电能力需求	AB 段太阳翼能供电	AB 段太阳翼基本不能供电
太阳翼机构	单个基板尺寸较大,满足展开状态高基频需要刚性支撑杆	$+Y$ 面电池阵基板只能单面散热,对日定向温度将达到110℃以上,导致发电效率降低,由于星体尺寸小,基板面积大,两边展开式基板展开状态高基频同样需要刚性支撑杆

续表

比较项目	方案一	方案二
星敏感器视场	两种构型对星敏感器安装基本满足要求	
星地测控	成像大角度姿态机动可能出现S天线组阵干涉区对地	
导航接收机	在各姿态转换点可见导航卫星信号变化较大	在各姿态转换点可见导航卫星信号变化较小
布局设计和总装设计	箱板式,内部设备分推进舱、平台电子舱和相机舱,6块侧板	箱板式,内部设备分推进舱、平台电子舱和相机舱,4块侧板

3.1.2 典型运行模式

综合比较上述各方面的影响因素,考虑方案二的太阳电池阵基板面积较大,并且在热控方面代价较大,故对于质量小于1000kg的卫星可优选方案一。以下给出方案一对应的典型运行模式设计。

1. 入轨段

卫星对日定向,依次展开太阳翼、解锁转动部件(如数传天线),CMG启动。

2. 正常运行轨道圈

星上相机、数传、姿态控制、电源、热控分系统按照运行弧段切换工作模式,协同工作。

在没有接到姿态机动成像指令时,如图3-5所示,有如下运行要求。

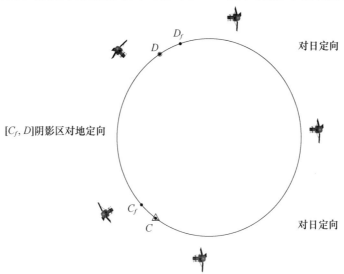

图3-5 没有姿态机动成像指令时的正常在轨运行阶段及要求
(图中卫星按照顺时针方向运行)

(1)点机动:当卫星位于出地影点(D_f)之前的 D 点时刻自主启动,根据角度最短路径机动方式,在规定时间内(对应轨道上[D,D_f]区间),实现从阴影区对地定向到对日定向的重定向机动控制并稳定。出地影时刻必须建立三轴稳定对日定向姿态。

(2)C 点机动:卫星进入地影点(C 点)时刻自主启动,根据角度最短路径机动方式,在规定时间内(对应轨道上[C,C_f]区间),实现从对日定向到对地定向的重定向机动控制并建立三轴稳定对地定向姿态。

(3)阴影区[C_f,D]区间:保持三轴稳定对地定向姿态。

(4)阳照区[D_f,C]区间:保持三轴稳定对日定向姿态。

若在阳照区[D_f,C]区间,接到姿态机动成像指令时,如图 3-6 所示,按如下要求运行。

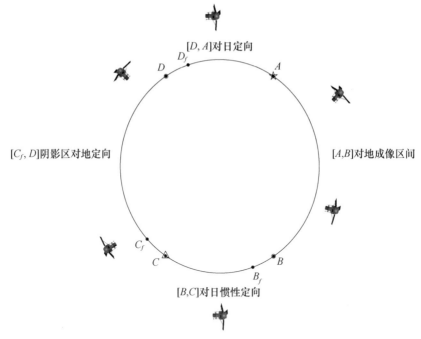

图 3-6 有机动成像指令时的正常在轨运行阶段及要求
(图中卫星按照顺时针方向运行)

(1)X 天线角度预置:控制计算机根据星务发送的任务姿态、天线编号、地面站编号以及 X 天线的预置开始时间,计算并控制 X 天线进行角度预置和跟踪。

(2)成像机动:控制计算机依据星务发送的任务姿态计算三轴控制姿态,按照角度最短路径实现成像扫描姿态的重定向机动控制。轨道区间$[D_f,C]$内首次接到星务成像机动指令的时刻定义为 A 时刻。

(3)成像扫描:每次成像机动完成之后,维持机动后稳定的三轴对成像区域定向姿态,并修正偏流角,保证 TDICCD 相机推扫成像,直到收到下一个成像区域机动指令或对日定向指令。同时根据星务有(无)指令控制(不控制)X 天线跟踪指向地面站。

(4)B 点机动:接收到星务发送的转入对日定向指令时(此时定义为 B 点)转入,或者未接收到星务发送的转入对日定向指令,但卫星已经到达强制转对日点时自动转入,根据角度最短路径机动方式,在规定时间内(对应图 3-6 中 $[B,B_f]$ 区间),实现从成像扫描姿态到对日定向的重定向机动控制,并建立对日定向姿态。

3.2 成像模式

敏捷卫星具有大范围、快速姿态机动能力,这为多模式成像提供了实现的基础。高分辨率敏捷卫星的成像模式主要有以下 5 种。

(1)同轨多区域成像模式。
(2)同轨多条带拼接成像模式。
(3)同轨多角度立体成像模式。
(4)同轨同一区域多角度成像模式。
(5)沿任意航迹成像模式。

完成上述成像模式对卫星的姿态机动能力有相应的要求,在这 5 种成像模式中:沿任意航迹成像模式对平台的要求最高,需要平台具备在姿态机动过程中成像的能力,要同时实现对姿态和姿态角速度的精确控制;同轨多条带拼接模式、同轨多角度立体成像模式和同轨同一区域多角度成像模式,均要求卫星沿俯仰轴方向的姿态机动范围大且速度快;同轨多区域成像模式主要以大角度姿态机动为主,为了提高覆盖范围,要求卫星沿滚动轴方向的姿态机动范围大且速度快。

3.2.1 同轨多区域成像模式

在该模式下,卫星根据成像指令,在姿态机动可覆盖范围内对所需要的区域进行成像,成像条带长度可根据需要进行设置。

设计同轨多区域成像模式的目的是提高卫星快速响应能力,应对各种突发事件和紧急任务需求,同时也满足用户对多个小区域图像的需求。同轨多区域成像模式如图3-7所示。

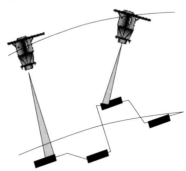

图3-7　同轨多区域成像模式

3.2.2　同轨多条带拼接成像模式

同轨多条带拼接成像模式是敏捷卫星特有的成像模式之一。在该模式下,卫星根据成像指令,对可覆盖范围内具有一定宽度和长度的区域,利用俯仰和滚动方向的姿态机动进行若干次准平行且图像间有一定搭结的成像。

设计同轨多条带拼接成像模式的目的是满足用户对大幅宽图像的需求,其成像模式如图3-8所示。

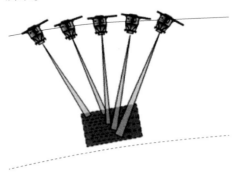

图3-8　同轨多条带拼接成像模式

3.2.3　同轨多角度立体成像模式

同轨多角度立体成像模式是敏捷卫星特有的成像模式之一。在该模式下,卫星根据成像指令,对可覆盖范围内指定长度的区域,利用俯仰和滚动方向的姿态机动,从不同的角度进行2次或3次成像,形成立体像对。

设计同轨多角度立体成像模式的目的是满足用户对立体成像和测绘制图的需求,其成像模式如图3-9所示。

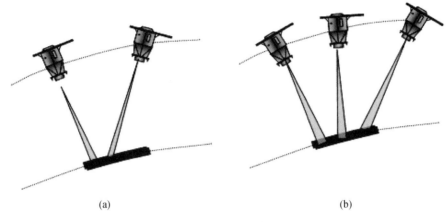

图3-9 同轨多角度立体成像模式

(a)前后立体成像;(b)前中后立体成像。

3.2.4 同轨同一区域多角度成像模式

同轨同一区域多角度成像模式是敏捷卫星特有的成像模式之一。在该模式下,卫星根据成像指令,对可覆盖范围内指定长度的区域,利用俯仰和滚动方向的姿态机动,从不同的角度进行多次成像。

设计同轨同一区域多角度成像模式的目的是满足用户对短时间内动态监视的需求,其成像模式如图3-10所示。

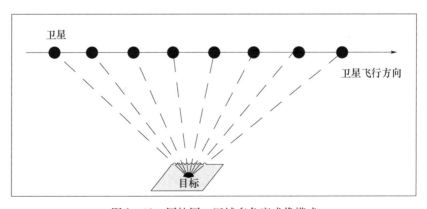

图3-10 同轨同一区域多角度成像模式

3.2.5 沿任意航迹成像模式

沿任意航迹成像模式是敏捷卫星特有的成像模式之一,包括沿斜条带成像、垂直航迹成像、反向推扫成像、沿曲线成像等。在该成像模式下,成像区域与卫星星下点轨迹不再平行,而是成一定夹角、垂直甚至反向。对任意航迹成像,要求卫星具备动态成像能力,即在姿态机动过程中能够实时调整相机光轴指向,并保持高姿态指向精度,实现动中成像。

设计沿任意航迹成像模式的目的是实现对非航迹(偏离星下点轨迹)区域及曲线区域的高分辨率动态成像。例如,对河流、海岸线、公路等曲线区域的观测,可以提高卫星的观测范围及观测时效性,并具有多功能、高效率的特点。沿任意航迹成像模式如图 3-11 所示。

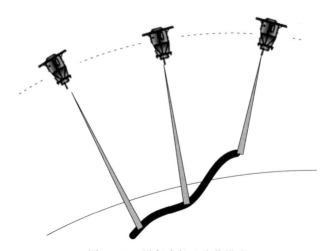

图 3-11 沿任意航迹成像模式

3.3 姿态控制

飞轮和控制力矩陀螺作为常见的角动量交换装置,一直是卫星控制系统执行机构的首选。相对而言,飞轮具有重量轻、功耗低的优点,但其输出力矩相对较小,一般应用于机动性能要求不高或者惯量较小的卫星中;而控制力矩陀螺通过框架转动迫使飞轮的角动量改变方向,从而极大的放大输出力矩,成为敏捷卫星理想的执行机构,但其质量和功耗相对较大,在应用中需要通过操纵律设计解决构型奇异问题。

以 CMG 作为执行机构的敏捷卫星控制系统典型框图,如图 3-12 所示。

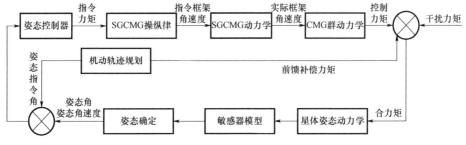

图 3-12 敏捷卫星控制系统典型框图

3.3.1 动力学与运动学模型

由 CMG 进行控制的刚性系统的动力学模型,即

$$I_x \ddot{\varphi} + (I_y - I_x - I_z)\omega_0 \dot{\psi} + 4\omega_0^2(I_y - I_z)\varphi - \omega_0 h_z = T_{cx} + T_{dx} \quad (3-1)$$

$$I_y \ddot{\theta} + 3\omega_0^2(I_x - I_z)\theta = T_{cy} + T_{dy} \quad (3-2)$$

$$I_z \ddot{\psi} - \omega_0(I_y - I_z - I_x)\dot{\varphi} + \omega_0^2(I_y - I_x)\psi + \omega_0 h_x = T_{cx} + T_{dz} \quad (3-3)$$

式中:I_x, I_y, I_z 为卫星三轴转动惯量;φ, θ, ψ 为三轴欧拉角;ω_0 为轨道角速度;h_x, h_y, h_z 为 CMG 相对星体的动量矩在星体坐标系的三轴分量;T_{dx}, T_{dy}, T_{dz} 为三轴环境干扰力矩;T_{cx}, T_{cy}, T_{cz} 为三轴控制力矩,且有 $\boldsymbol{T}_c = -\dot{\boldsymbol{h}}$。

在大角度机动的情况下,由于用欧拉角描述姿态运动会导致奇异,因此这里用四元数描述星体的姿态运动,将欧拉角表示成相对轨道系的四元数。

首先,按照滚动-偏航-俯仰的转序计算姿态矩阵 $\boldsymbol{A}$ 为

$$\boldsymbol{A} = \boldsymbol{A}_{1-3-2}(\varphi, \psi, \theta) = \boldsymbol{R}_y(\theta)\boldsymbol{R}_z(\psi)\boldsymbol{R}_x(\varphi) \quad (3-4)$$

式中:$\boldsymbol{R}_x(\varphi), \boldsymbol{R}_y(\theta), \boldsymbol{R}_z(\psi)$ 分别为绕滚动、俯仰、偏航轴转动的坐标转换矩阵。

由 $\boldsymbol{A}$ 得到星体相对轨道坐标系的四元数 $\boldsymbol{q}$ 为

$$q_4 = \pm \frac{1}{2}(\mathrm{tr}\boldsymbol{A} + 1)^{\frac{1}{2}} \quad (3-5)$$

$$\hat{\boldsymbol{q}} = \frac{1}{q_4}\begin{bmatrix} A_{yz} - A_{zy} \\ A_{zx} - A_{xz} \\ A_{xy} - A_{yx} \end{bmatrix} \quad (3-6)$$

设相对轨道坐标系的规划四元数为 $\boldsymbol{q}_r$,则有

$$\begin{cases} e_x = 2(q_{r1} - q_1) \\ e_y = 2(q_{r2} - q_2) \\ e_z = 2(q_{r3} - q_3) \end{cases} \quad (3-7)$$

3.3.2 点对点机动轨迹规划

对于结构上近似刚体的小卫星,采用大力矩飞轮和 CMG 群均能获得较高的转动速度,但为了达到敏捷成像的要求,留给姿态机动后稳定的时间较短,若对机动过程中的绕某特征主轴的角速度进行精细规划,可缩短机动过程所需时间,并为机动到位后的稳定过程提供较好的初始条件。这里提出基于欧拉轴 - 角方式,对沿特征主轴的机动角速度进行三段式规划,设计出机动过程的四元数轨迹,实现对三轴大角度机动的跟踪控制。

1. 特征主轴的计算

设机动起始点相对轨道系的四元数为 $\boldsymbol{q}_0$,区域成像点相对轨道系的四元数为 $\boldsymbol{q}_t$,则此次姿态机动的特征主轴四元数 $\boldsymbol{q}_{bt0}$ 为

$$\boldsymbol{q}_{bt0} = \boldsymbol{q}_0^{-1} \boldsymbol{q}_t = (-q_{01}\boldsymbol{i} - q_{02}\boldsymbol{j} - q_{03}\boldsymbol{k} + q_{04})(q_{t1}\boldsymbol{i} + q_{t2}\boldsymbol{j} + q_{t3}\boldsymbol{k} + q_{t4}) \quad (3-8)$$

特征主轴矢量为 $\hat{\boldsymbol{q}}_{bt0}$,沿特征主轴所需转动欧拉角为 $\chi_m = 2 \cdot \arccos(\boldsymbol{q}_{bt04})$。

将此次机动的特征主轴在本体系中表示为

$$\begin{cases} i_x = q_{bt01}/\sin(\chi_m) \\ i_y = q_{bt02}/\sin(\chi_m) \\ i_z = q_{bt03}/\sin(\chi_m) \end{cases} \quad (3-9)$$

2. 角速度轨迹规划

不考虑稳定过程,为实现时间最优控制,应采用 Bang - Bang 控制,但考虑到要尽量缩短机动到位后的稳定时间,以及系统受陀螺的测量范围和执行机构最大角动量包络限制,采用改进的 Bang - Bang 控制:将卫星沿特征主轴的机动过程规划为加速、匀速、减速三段,规划出的沿特征主轴机动的欧拉角和角速度如图 3 – 13 所示。

卫星机动的实际角加速度为 $a = \text{sgn}(\chi_m) \times a_{\max}$,$\alpha_{\max}$ 为根据执行机构能力确定的最大角加速度。

姿态机动的规划角速度轨迹的转折时间点如下。

(1) $t_1 = t_m + t_r$;t_r 为加速时间,可根据最大角加速度和陀螺测量量程等综合确定。

(2) $t_2 = t_1 + (|\chi_m| - |a| \cdot t_r^2)/(|a| \cdot t_r)$;若 $t_2 > t_1$,则有匀速运行段,此时有 $t_3 = t_2 + t_r$;否则,有 $t_3 = t_m + 2\sqrt{\left|\dfrac{\chi_m}{a}\right|}$。

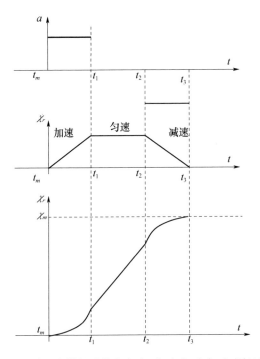

图 3-13 沿特征主轴的欧拉角角度、角速度、角加速度轨迹示意图

t_m—姿态机动开始时刻;t_1—姿态机动加速结束时刻;

t_2—匀速运动结束时刻;t_3—机动结束时刻。

根据以上转折点和匀加速运动规律,可得期望角速度 $\dot{\chi}_r$ 和角度 χ_r 的表达式。采用改进 Bang – Bang 控制的轨迹规划,可实现时间、能量的最优。

3. 目标四元数计算

令规划后的相对初始四元数 $\boldsymbol{q}_0$ 的机动四元数为 $\boldsymbol{q}_m$,则有

$$\boldsymbol{q}_{m1} = i_x \cdot \sin\left(\dfrac{\chi_r}{2}\right); \boldsymbol{q}_{m2} = i_y \cdot \sin\left(\dfrac{\chi_r}{2}\right); \boldsymbol{q}_{m3} = i_z \cdot \sin\left(\dfrac{\chi_r}{2}\right); \boldsymbol{q}_{m4} = \cos\left(\dfrac{\chi_r}{2}\right)$$

可得姿态机动过程中的规划四元数 $\boldsymbol{q}_r$ 及规划目标角速度 $\boldsymbol{\omega}_r$ 分别为

$$\boldsymbol{q}_r = \boldsymbol{q}_0 \cdot \boldsymbol{q}_m = (q_{01}\boldsymbol{i} + q_{02}\boldsymbol{j} + q_{03}\boldsymbol{k} + q_{04})(q_{m1}\boldsymbol{i} + q_{m2}\boldsymbol{j} + q_{m3}\boldsymbol{k} + q_{m4}) \quad (3-10)$$

$$\boldsymbol{\omega}_r = \begin{bmatrix} i_x & i_y & i_z \end{bmatrix}^\mathrm{T} \cdot \dot{\chi}_r \quad (3-11)$$

3.3.3 敏捷机动控制律设计

由于 CMG 提供力矩的能力比较充分,在设计绕欧拉主轴的快速机动时,以陀螺测量角速率的量程和需要的最小机动角速度为依据,设计了机动路径。为了满足快速机动的要求,在姿态机动阶段,构建了具有快速跟踪能力的前馈控制和高带宽的 PD 控制器,而在稳态运行时采用 PID 控制器,统一的控制器设计为

$$T_c = K_p e + K_d \omega_{BT} + K_i \int_0^t e \mathrm{d}t + T_r \qquad (3-12)$$

式中:K_p 为三轴比例控制系数矩阵;K_d 为三轴微分控制系数矩阵;K_i 为三轴积分控制系数矩阵。

对姿态机动过程所需力矩进行前馈补偿,前馈补偿力矩 T_r 为

$$T_r = \begin{cases} [i_x \quad i_y \quad i_z]^T \cdot a \cdot J & \text{加速段} \\ 0 & \text{匀速段} \\ -[i_x \quad i_y \quad i_z]^T \cdot a \cdot J & \text{减速段} \end{cases} \qquad (3-13)$$

式中:J 为星体转动惯量阵。

在不考虑系统时延的情况下,姿态机动到位后,卫星姿态稳定度主要取决于太阳翼挠性振动对卫星本体的耦合作用以及系统噪声水平。考虑到敏捷小卫星平台太阳翼的基频在 5Hz 以上,基本可以不考虑太阳翼挠性振动的影响,此时噪声对稳定度的影响开始凸现。因此在稳定控制阶段 $t > t_3$ 时设计了能够平滑噪声的一种新型逻辑微分控制律,构成稳定控制器。

设计的快速机动快速稳定智能切换控制器为

$$u(k) = u_d(k) + u_{PD}(k) + \omega^\times(k)J\omega(k) + \omega^\times(k)h(k) + J\dot{\omega}_r(k)$$

$$(3-14)$$

式中:$u_d(k)$ 为新型逻辑微分控制律;$u_{PD}(k)$ 为常规 PD 控制律;$h(k)$ 为卫星角动量矢量;$\omega(k)$ 为卫星角速度矢量;$\omega^\times(k)$ 为角速度矢量 $\omega(k)$ 的叉乘表示;$\omega^\times(k)J\omega(k) + \omega^\times(k)h(k)$ 为非线性反馈项;$\dot{\omega}_r(k)$ 为规划的姿态角加速度;$J\dot{\omega}_r(k)$ 为前馈补偿项。

新型的逻辑微分控制律 $u_d(k)$ 的具体形式为

$$u_{d,i}(k) = \frac{K_{d0}}{|V_k|^{\lambda_1} + C_2} \dot{e}_i(k) \qquad (3-15)$$

$$V_k = e_i(k) + aV_{k-1}, V_0 = 0 \qquad (3-16)$$

式中:下标 $i=1,2,3$,分别表示卫星的滚动、俯仰和偏航轴;常数 $K_{d0}>0$;常数 $C_2>0$;常数 $\lambda_1 \geqslant 0$;a 为衰减因子,$0<a<1$,对旧的数据进行指数级遗忘。

3.3.4 控制力矩陀螺群奇异分析与操纵律设计

由于小卫星平台受质量、功耗的限制,通常配置 4~5 个单框架控制力矩陀螺(SGCMG)。由于控制力矩陀螺群构型限制和控制力矩陀螺个数的限制,可能出现构型奇异。当陀螺群处于某些框架角组合时,各陀螺的输出力矩矢量在同一平面内或在同一方向,而使得在垂直于该平面或该方向上无法提供要求的力矩,称此时的框架角组合为奇异框架构型。

4 个 SGCMG 构型中,一般以金字塔构型为最优。典型的 4 个控制力矩陀螺的安装构型图如图 3-14 所示。

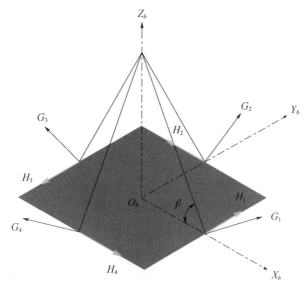

图 3-14 控制力矩陀螺的安装构型图

对于金字塔构型安装的 CMG 群,其框架轴分别垂直于金字塔的 4 个侧面,为获得对称的角动量体和包络面,并使其沿星体三轴的角动量相等,要求 $\beta=53.13°$,为提高滚动和俯仰通道的机动能力,β 角可适当减小一些。

采用数值法,并根据显奇异和隐奇异的两个判据,绘制金字塔构型的显奇异和隐奇异的奇异角动量分布图。由于构型的对称性,ε_i 中正负号个数相同的奇异角动量超曲面图的形状相同仅方向不同。角动量分布图如图 3-15 所示。

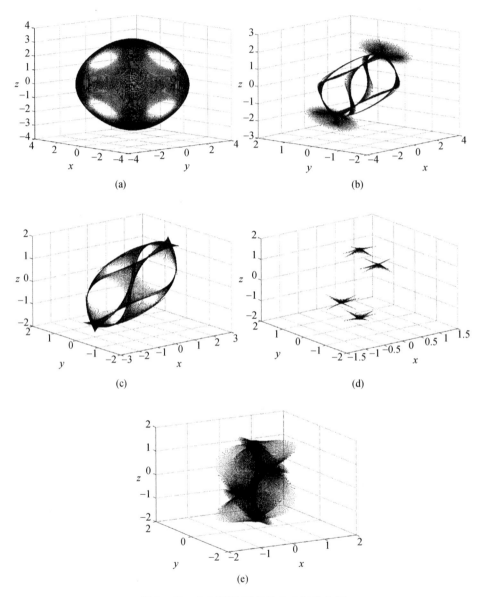

图 3-15 金字塔构型奇异角动量分布图

(a) PC 构型 $\varepsilon_{i|++++|}$ 显奇异图；(b) PC 构型 $\varepsilon_{i|-+++|}$ 显奇异图；(c) PC 构型 $\varepsilon_{i|-+++|}$ 隐奇异图；
(d) PC 构型 $\varepsilon_{i|--++|}$ 显奇异图；(e) PC 构型 $\varepsilon_{i|--++|}$ 隐奇异图。

系统中采用鲁棒伪逆操纵律,可以避开框架"锁死"现象,设计 CMG 群的框架角速度 $\dot{\boldsymbol{\delta}}_e$ 为

$$\dot{\boldsymbol{\delta}}_e = -\boldsymbol{C}^{\mathrm{T}}\left[\boldsymbol{C}\boldsymbol{C}^{\mathrm{T}} + \lambda(\boldsymbol{I}_{3\times3} + \boldsymbol{E}_3)\right]^{-1}\frac{\boldsymbol{T}_c}{h} \qquad (3-17)$$

式中:C 为陀螺群的雅克比矩阵。

令各单框架控制力矩陀螺的转子角动量相等,记为 h。其中

$$\boldsymbol{E}_3 = \begin{bmatrix} 0 & \varepsilon_3 & \varepsilon_2 \\ \varepsilon_3 & 0 & \varepsilon_1 \\ \varepsilon_2 & \varepsilon_1 & 0 \end{bmatrix}$$

式中:$\varepsilon_j(j=1,2,3)$ 为适当选择的小量,λ 为需要设计的标量参数。由于引入权系数 ε_j,鲁棒伪逆控制律含小量力矩误差,但在奇异点处仍有可控性,在非奇异处,ε_j 可为零,当 $\det(\boldsymbol{C}\boldsymbol{C}^{\mathrm{T}})$ 趋向于零时,则 ε_j 增大。

3.3.5 数学仿真实现情况

仿真条件:设敏捷卫星平台沿滚动轴和俯仰轴的转动惯量为 $600 \mathrm{kg \cdot m^2}$,采用固定式太阳翼,整星基频 5~10Hz。

敏感器和执行机构的主要性能指标如下。

(1)星敏感器:光轴指向测量误差小于 $3''(3\sigma)$。

(2)陀螺:量程 $-6 \sim +6(°)/\mathrm{s}$,零偏稳定性 $0.01(°)/\mathrm{h}$,角度随机游走系数小于 $0.0005(°)/\sqrt{\mathrm{h}}$。

(3)CMG 力矩噪声 $0.003\mathrm{Nm}(3\sigma)$;执行机构引入 0.1s 时延。

(4)控制周期为 0.1s。

考虑 CMG 群角动量的限制以及高精度陀螺量程的限制,对基于机动过程角速度规划的姿态快速机动进行了试验验证,最大角速度限定为 $3.2(°)/\mathrm{s}$,能够实现机动范围大于 $\pm45°$(沿俯仰和滚动轴),$5°$ 时回转时间小于 10s,$30°$ 时回转时间小于 20s,$45°$ 时回转时间小于 25s。

进行 25s 滚动轴机动 $45°$ 的仿真结果如图 3-16 和图 3-17 所示。

仿真结果表明:设置合理的轨迹规划与控制参数,所设计的快速机动与快速稳定控制器可以实现预定的机动能力。

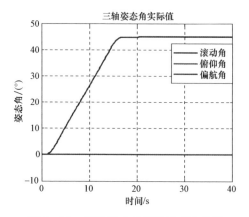

图 3-16　三轴姿态角实际值变化曲线

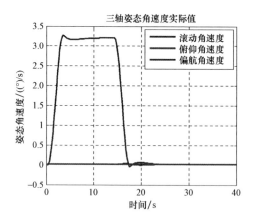

图 3-17　姿态角速度实际值变化曲线

3.3.6　姿控分系统设计

根据卫星在轨的各项功能要求,控制分系统不仅具备大角度快速机动和快速进入稳定工作状态的能力,而且还需要在卫星成像时保持较高的姿态指向精度和高稳定度。同时还要完成在 1 个轨道周期内实现对日定向、对地定向等多种工作模式的执行与切换,并且满足各工作模式下的姿态控制指标和时间方面的要求。

控制分系统组成框图如图 3-18 所示。

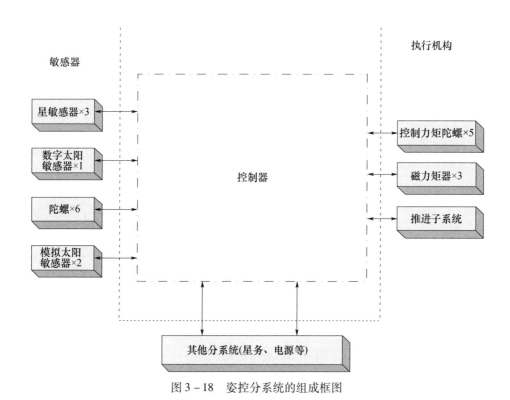

图 3-18 姿控分系统的组成框图

1. 星敏感器

星敏感器用于敏感空间恒星辐射,测定观测轴(光轴和横轴)在惯性空间的矢量方向,提供卫星的姿态信息。具有恒星捕获、图像识别、姿态计算等功能。

(1) 视场:20°×20°。

(2) 测量精度:沿光轴方向小于 $3''(3\sigma)$;绕光轴方向小于 $24''(3\sigma)$。

(3) 动态跟踪能力:不小于 3.0°/s。

在星敏感器安装时,3 个星敏感器的光轴(Z_{ST}轴)指向如图 3-19 所示,X_b、Y_b、Z_b 为星体坐标系。

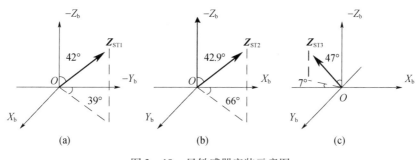

图 3-19 星敏感器安装示意图

2. 陀螺

陀螺用于测量卫星本体相对惯性空间的运动角速度,应用于卫星全部工作模式,提供长期姿态基准,由陀螺组合件和陀螺线路组件组成。

在陀螺安装时,6个陀螺沿锥面等角度安装,锥面与 Z 轴夹角为 54.7°,如图 3-20 所示。

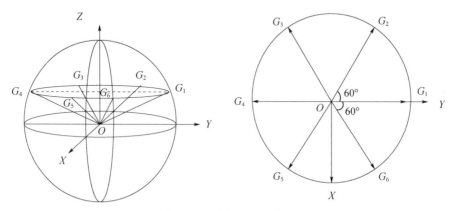

图 3-20 陀螺安装示意图

3. 数字太阳敏感器

数字太阳敏感器用于测量太阳矢量相对于卫星本体的方位,可提供卫星姿态信息。控制分系统包括 2 个太阳敏感器探头,由集成太阳电池、码盘、柱面镜、机体和安装架等组成。

(1)视场:($\pm 62°$)×($\pm 60°$);

(2)精度:$\pm 32°$ 视场内,不大于 0.05°;$\pm 32°$ ~ $\pm 62°$ 视场内,不大于 0.1°。

4. 模拟太阳敏感器

模拟太阳敏感器用于测量太阳矢量相对于卫星本体的方位,与数字太阳互为备份。模拟太阳敏感器由机械刀口板、光缝板、光电池组合件等组成。

(1)视场:($\pm 45°$)×($\pm 45°$);

(2)精度:$\pm 4°$ 视场内,不大于 1°;其他视场范围,不大于 2°。

5. 磁力矩器

磁力矩器通过电流时产生磁矩与地磁场作用可产生力矩,用于对控制力矩陀螺角动量进行卸载,最大磁矩 $50 A \cdot m^2$。

在磁力矩器安装时,3 个磁力矩器分别沿星体的 3 个轴平行安装。

6. 控制力矩陀螺

控制分系统采用 5 个 $15 N \cdot m \cdot s$ 的控制力矩陀螺(CMG),用于姿态的快速机动,最大输出力矩为10Nm。CMG由高速转子和低速框架组成。CMG产品极性示意图如图3-21所示。

图3-21中,H为高速转子的角动量矢量,G为低速框架转速正方向,其正方向定义为垂直安装支架,从安装支架穿过转子中心,指向转子的另一端面。从高速转子向低速框架电机看,低速框架电机的输出轴逆时针转动时定义为低速框架转速的正方向,低速框架具有0°~360°正、反两个方向连续转动能力。

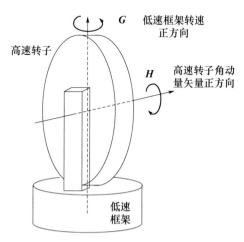

图3-21 CMG产品极性示意图

在CMG安装时,选用5个CMG组成陀螺群,5个CMG的框架轴沿五棱锥的棱边安装,底面呈正五边形,框架角零位时角动量平行于底面,如图3-22所示。

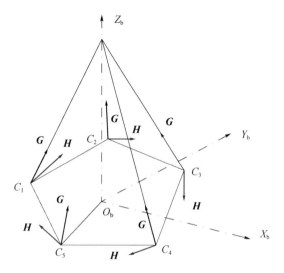

图3-22 CMG群五棱锥构型示意图

7. 推进子系统

推进子系统组成示意图如图 3-23 所示,采用无水肼作为燃料。

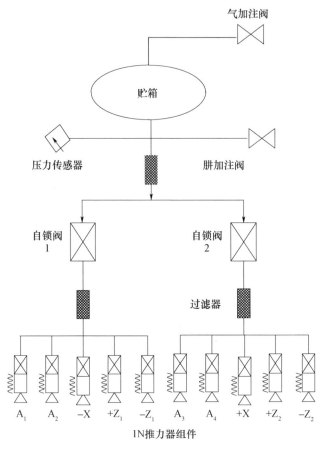

图 3-23 推进子系统组成示意图

推进子系统配置如下:

(1)贮箱(1个)。

(2)1N 推力器(10个)。

(3)自锁阀(2个)。

(4)气加注阀(1个)。

(5)肼加注阀(1个)。

(6)过滤器(3个)。

(7)压力传感器(1个)。

3.4 构型及力学设计

3.4.1 卫星构型设计

1. 卫星总体需求与整星构型设计的关系

(1) 卫星运行模式与整星构型设计的关系。

区别于传统的光学成像卫星,高分辨率敏捷卫星依靠平台的敏捷姿态机动能力,实现多模式成像,具有多功能的特点。卫星在成像期间需要完成快速姿态机动及稳定,控制系统采用 CMG 作为执行机构,为抑制 CMG 的力矩噪声,实现高稳定度以及机动到位后快速达到稳定度要求的指标,控制系统将控制带宽提高到 1 Hz。同时,为减小太阳翼挠性对控制系统稳定度和稳定时间的影响,要求太阳翼基频在 5 Hz 以上。

目前,太阳同步轨道遥感卫星常用的单轴驱动太阳电池阵基频通常低于 1 Hz,这一条件导致单轴驱动太阳翼跟踪对日,星体对地三轴稳定的整圈轨道运行模式不能在敏捷卫星上使用。因此,卫星选用带有刚性支撑的太阳翼确保太阳电池阵展开时刚度比较大,消除太阳翼转动对成像和控制系统的影响。

(2) 高精度姿态测量技术与整星构型设计的关系。

高分辨率敏捷卫星的大角度姿态机动,对卫星的姿态确定装置提出了很高的要求。姿态测量装置必须采用高精度的星敏感器和动态性能良好的陀螺联合,才能满足姿态机动对控制测量的要求。

敏捷卫星配置高精度星敏感器。星敏感器一方面用作姿态控制的姿态敏感器,同时也作为有效载荷的重要组成部分,用于高精度确定测量相机光轴指向。因此,在构型设计中将星敏感器与相机进行了一体化安装设计,减少相机与星敏感器的过渡环节,同时也把热变形对敏感器和相机一致性的影响降到最小。

(3) 采用 CMG 进行大角度姿态机动与整星构型设计的关系。

高分辨率敏捷卫星成像模式决定了平台必须能提供大范围快速姿态机动能力。为了实现快速姿态机动,除了选择轻小型星上设备,采用紧凑构型布局设计和整星布局设计优化,以尽量减小整星转动惯量外,还必须考虑采用大力矩姿态控制执行部件。

为了适应卫星快速姿态机动要求,综合考虑动量效益、奇点损失率等多种因素,同时考虑到整星质量和功率承受能力,如选用 5 个 CMG 组成陀螺群,5 个

CMG 的框架轴沿五棱锥的底边安装,底面呈正五边形。为了保证 CMG 群的独立性和整体性,敏捷卫星采用推进舱与电子舱的两舱设计思路,将 CMG 组件布局于推进舱可以实现与有效载荷相机的相对远距离安装,使得扰动源到相机成像部分的力传递特性较为间接,减小微振动对卫星成像质量和姿态测量精度的影响。

(4)当圈能量平衡与构型设计的关系。

卫星采用大容量锂离子电池与大面积的电池阵实现当圈能量平衡,保证卫星每圈都可以执行需要的成像任务,以提高卫星的应用效能。

综合考虑大面积太阳电池阵需求和星敏感器视场的需求,整星电子舱构型选择六棱柱,将太阳电池阵分解为 3 个间隔 120° 的太阳电池阵,实现 3 个太阳翼与 3 个星敏感器间隔布置。

2. 卫星总体构型设计

1)构型布局设计原则

设计考虑到一般原则如下:

(1)构型设计应与运载能力和星箭接口方面兼容。

(2)卫星结构形式应受力合理,传力路径尽可能短。

(3)构型设计要有利于设备正常工作,并使各设备之间的机电热相互兼容。

(4)构型设计应保证质心位置在星体中心并尽可能低,以保证整星刚度较高。

(5)从构型布局的角度尽可能减小卫星剩磁和电磁干扰。

(6)构型布局设计应保证总装测试的方便可靠,可操作性及可检验性(如电连接器插拔方便)。

2)卫星坐标系

参考运载火箭纵轴的定义,给出了卫星纵轴的定义,即在星体上,过星箭分离面中心,垂直于星箭分离面,以指向星体内部为正的一条轴线。根据敏捷卫星高分辨率相机对卫星构型的约束,有效载荷的承力方式决定了相机立式安装于卫星平台,因此选择卫星纵轴对地。

3)卫星舱段划分

根据卫星总体需求及各个分系统仪器设备的接口需求,卫星采用推进舱、平台舱和有效载荷舱的构型方案。

4)推进舱外形

设置独立推进舱具有如下优点:

(1)控制分系统主要执行机构和推进子系统的质量和体积已占整星的相当大比重,独立后不致造成质量、体积的浪费。

(2)提高推进系统的整体性、密封性和可靠性。

(3)独立推进舱便于管路焊接,实现推进舱与电子舱总装操作并行,以缩短研制周期。

(4)CMG组件布局于推进舱可以实现与有效载荷相机的相对远距离安装,使得扰动源到相机成像部分的力传递特性较为间接,减小微振动对卫星成像质量和姿态测量精度的影响。

(5)推力器组件对卫星的羽流污染影响相对小。

3.4.2 整星结构设计

敏捷卫星结构设计要满足总体构型布局设计和热设计要求。卫星结构应保证卫星能够承受在组装、停放、起吊、翻转、运输、试验、发射和在轨工作时所规定的各种环境载荷,而不产生有害的位移和变形,不影响卫星任务的完成。

1. 结构设计要求

1)功能要求

敏捷卫星结构分系统在地面试验、发射阶段和在轨运行阶段主要功能如下:

(1)保持卫星星体的外形和内部空间。

(2)为整星全部仪器设备提供安装界面和空间,并承受其载荷。

(3)满足各仪器设备视场、布局要求及安装面精度要求。

(4)保证卫星方便地停放、翻转、安装、总装、操作、测试和运输。

(5)确保卫星与运载的安装接口要求。

(6)承受运载火箭主动段飞行的各类载荷和各种空间环境作用力。

(7)在地面环境、发射阶段和空间运行寿命期限内有足够的强度、刚度和结构精度。

2)结构布局要求

结构设计必须满足其要求,包括零、部、组件划分,可拆装要求以及给定的尺寸要求。

3)强度要求

强度要求项目包括:

(1)各设备安装结构的支撑连接强度(尤其是相机)。

(2)各设备安装板板间连接强度要求。

(3) 舱段的支撑连接强度要求。

(4) 整星起吊点的强度要求。

(5) 整星的连接强度要求。

4) 刚度要求

为避免与运载火箭频率发生耦合,要求卫星一阶横向频率不小于运载提出的横向频率要求(一般为10Hz左右),一阶纵向频率不小于运载提出的纵向频率要求(一般为30Hz左右)。

2. 结构设计原则

结构设计应遵循以下原则:

(1) 继承性。

采用经过飞行验证的产品和工艺是降低研制风险的有效途径。公用舱或成熟的大部件(如承力筒等主承力结构)应尽可能考虑按"三化"要求研制。

(2) 简单化。

设计中应尽可能考虑采用简单结构形式,部组件之间简单的装配关系和简单的传力路线有利于进行结构应力、应变及动力响应分析;有利于简化试验工况,提高试验验证的精确性;有利于生产、装配和检验,机构设计应便于运动学仿真。

(3) 互换性。

在不影响性能情况下,应尽可能采用相同的零件和组件,减少产品的类型和规格,简化生产工艺,特别对复合材料,减少模具,提高生产效率,便于分析和试验验证。

(4) 制造性。

设计中应尽可能采用成熟材料及生产工艺,生产过程的检验要求应易于实现。

(5) 可靠性。

设计中的不确定因素的考虑通过合理地选择安全系数或安全裕度来实现。

3.4.3 整星传力设计

1. 传力设计

敏捷卫星均采用模块化的舱段设计方案,一般由三舱段组成:独立推进舱、平台服务舱和有效载荷舱。其中:推进舱采用铝合金加筋的锥壳结构型式,内部连接有变形镁合金整体机械加工而成的肼瓶支架,肼瓶支架用于承载平台的推进系统(如贮箱、管路等),推进舱锥壳作为平台主传力部件,支撑平台服务舱与电子舱;平台服务舱采用板箱式传力结构,其主承力形式采用"艹"形的隔板式结构,通过6个主承力接头与推进舱相连,平台的仪器设备大部分布置于服务舱的隔板、底板及平台顶板上,部分布置于外侧壁板内部;平台顶板同时也是有效载荷舱的底板,用于支撑有效载荷和部分电子设备,有效载荷舱视型号工程需要决定是否采用外侧壁板与之组成封闭式舱体;太阳电池阵布置于平台服务舱/有效载荷舱的两侧,沿纵轴对称布置,发射时压紧于卫星侧壁板上。

结合敏捷卫星的构型布局,其特点主要有:

(1)传力路径合理清晰,主传力路径为平台电子舱顶板(有效载荷舱底板)→平台隔板→平台电子舱底板→上法兰→锥壳→下法兰(对接环),载荷由蜂窝夹层板向锥壳传递时主要通过6个主承力接头完成。

(2)采用模块化舱段设计,平台分推进舱、公用电子舱和载荷舱,模块界面清晰,具有良好的力学性能和继承性,既能适应一定规模的遥感相机,对多任务遥感也具有良好的适应性,同时也适用于中型微波天线类载荷,具有良好的通用性和可扩展性。

(3)大部件/设备的布局合理,贮箱由肼瓶支架布置于推进舱内,形成独立模块,太阳电池阵布置于星体两侧,有效载荷布置于载荷舱底板,各大部件/设备基本不共用同一支撑,有效避免了频率耦合共振情况的发生。

2. 主传力路径

根据敏捷卫星的构型布局,卫星受到横向或纵向惯性载荷作用时整星的传力路径相同。整星的主传力路径较明确,即有效载荷舱结构→平台舱结构→推进舱结构。卫星受到横向或纵向惯性载荷作用时整星的传力路径相同,敏捷卫星传力路径如图3-24所示。

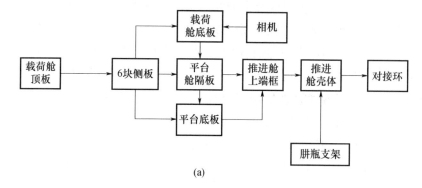

(a)

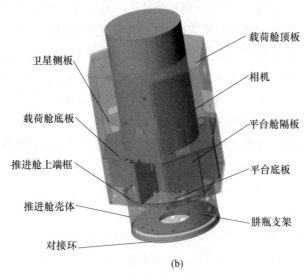

图 3 – 24 敏捷卫星传力路径
(a)传力路径说明；(b)传力路径示意。

从图 3 – 24 可以看出,结构分系统的载荷主要通过平台舱隔板和推进舱壳体传递到星/箭对接面上。由于相机与平台舱隔板、平台舱隔板与推进舱的连接点较少,在惯性载荷作用下,这些连接点的载荷必然很大,所以平台舱隔板与相机的连接强度、平台舱隔板与推进舱的连接强度需要重点校核和设计。

另外,由于载荷舱顶板和肼瓶支架的跨距较大、安装的设备质量大,会导致这两个部件的局部刚度较低,需要从系统级层面进行加强。

3.4.4 整星频率分配与分析

运载火箭从起飞到入轨的整个期间产生复杂而严重的动态环境。1971 年美国 NASA 一项研究指出,卫星损伤的原因有 41% 可直接归咎于发射过程中的振动与声学载荷,另有 25% 的损伤原因虽然未知,但不能排除上述振动的影响。为了保证卫星能够承受可能遇到的动力学环境,除了需要对发射过程中的动力学环境进行尽可能准确的动力学环境预示,还需要对卫星频率进行合理设计与分配,避免在发射过程中产生星箭动力学耦合、卫星局部动力学耦合,激起卫星主次结构共振响应,其后果是结构破坏,局部失稳,承力件出现断裂,或者局部动力响应过大,引起陀螺、动量轮、火工品、导管及电子元器件等敏感组件发生故障。

敏捷卫星具有高精度控制能力、大范围姿态机动能力、灵活的轨道机动能力,以及高度集成的星务管理能力、高效电源能力,构型布局相对复杂,性能要求高,低频段的模态频率分布较多,在国内的小卫星领域没有相关的成熟经验可供借鉴。

整星频率设计和分配主要是对卫星整体结构以及星上载荷、太阳翼、肼瓶支架等质量较大部组件的固有频率进行设计和分配,使各个大部件与卫星结构频率能够相互错开并保持一定的距离,避免星上大部件之间以及与卫星结构出现固有频率接近甚至重合,从而降低卫星在运载火箭内受到振动载荷激励时星上部件或整星结构由于动力学耦合共振而发生失效的风险。整星频率设计和分配,主要是通过整星结构以及星上大部件的有限元建模与模态分析方法进行实现,通过整星有限元模型的模态分析结果获取卫星结构、大部件以及局部结构组件的主要模态频率、振型和模态质量占比,从而为整星频率设计提供参考数据。因此,整星频率分配分析主要包括整星模态频率设计、整星有限元建模以及模态分析结果验证等方面的工作。

1. 整星频率设计

理论和试验研究表明,对结构与星上大部件进行合理的频率设计,可以保证结构具有平稳的传递特性,避免动力学耦合而出现产生共振响应,从而在要求的频率区间内结构动力学响应处于合理水平。

对质量小于1000kg的敏捷卫星来说,通常可以采用CZ-2系列的中小型运载火箭进行发射,为了保证在发射过程中不产生星箭动力学耦合、卫星局部动力学耦合不与运载耦合,卫星频率设计要求如下。

(1)整星一阶频率:横向大于12Hz,纵向大于30Hz。

(2)太阳翼:收拢状态平行长边方向一阶频率应大于90Hz,垂直板面方向一阶频率应在35~40Hz。

(3)遥感相机:三方向一阶频率在45~50Hz。

(4)肼瓶支架:纵向一阶频率在50~55Hz。

(5)一般大质量设备:10~80kg带支架设备一阶固有频率应大于120Hz;80~120kg带支架设备一阶固有频率应大于110Hz;不带支架组件上述质量范围其一阶固有频率应大于130Hz。

2. 敏捷卫星频率设计结果

通过对整星主传力的分析设计,确定了影响整星力学特性的主要部位,结合整星构型布局设计,对整星的频率进行统一规划,在保证整星刚度满足运载要求的前提下,合理分配整星局部和星上大部件的频率,既保证了整星的动态传递特性,也避免了星箭、卫星本身的动力学耦合。卫星整星频率及星上大部件频率设计结果如表3-2所列。

表3-2 敏捷卫星频率设计结果

项目	分析频率/Hz	要求值/Hz
整星横向一阶	17~19	≥12
整星纵向一阶	50~60	≥30
肼瓶支架纵向一阶	52~54	50~55
太阳电池阵一阶	35~37	35~40
	90~95	≥90
相机	42~45	40~50

3. 敏捷卫星模态特性分析

根据整星设计,可以建立详细的有限元模型进行模态特性分析。建模时各部件简化如下:

(1)电子舱与推进舱:为典型板壳组合结构;所有结构板简化为复合材料板壳元;圆锥壳、上下端框、肼瓶支架等简化为板壳元;圆锥壳的纵向桁条、平台底板内埋的加强环、载荷舱底板内埋加强梁简化为梁单元。

(2)仪器设备:电子舱中的各个仪器设备(除相机外)用其质心位置处的集中质量元模拟,由于仪器设备的刚度未知,所以假定仪器设备刚度较大,用刚性MPC把集中质量元与仪器板相应的螺钉位置处固连。

(3)遥感相机:有限元模型由相机工程研制单位提供,相机沿光轴方向和垂直光轴方向的基频一般均大于90Hz。

(4)太阳电池阵:太阳翼由 $+X$ 向、$-X+Y$ 向和 $-X-Y$ 向3个电池阵组成,在卫星发射及动力飞行阶段,太阳翼呈收拢状态压紧于卫星侧壁,承受载荷。太阳翼模型由板壳元和梁单元组成,通过侧板上的压紧点与星体固连。

(5)肼瓶及燃料:把每个肼瓶及其中的燃料用集中质量元模拟,集中质量元的质量等于肼瓶及其中燃料的总质量,用MPC与肼瓶支架相连。

3.4.5 微振动抑制设计

高分辨率敏捷卫星在轨成像期间,星上活动部件引起的微振动会影响相机镜头的抖动响应,影响图像质量,有必要开展卫星在轨的微振动抑制设计工作。微振动是指航天器在轨运行期间,由于装载设备(如动量轮等高速转动部件、太阳翼驱动机构等步进部件、红外相机摆镜等摆动部件)的正常工作造成的航天器整体和(或)局部幅度较小的往复运动。

微振动的主要特点如下：

(1)微小性。微振动能量很小，与发射段力学环境造成的振动相比，微振动导致的应变至少小1个量级，一般在0.01~0.0001，很少造成结构破坏。

(2)固有性。微振动是微振动源正常工作引起的，而非故障或其他原因造成，是微振动源固有特性。除非不使用该微振动源，否则微振动的影响就始终存在。

(3)宽频性。微振动频率范围很宽，覆盖从刚体运动(0Hz)到数千赫兹范围。由于低频部分可通过姿态控制系统抑制，高频部分能量很小。因此，微振动主要研究范围是从姿态控制系统带宽到有效载荷能够敏感的上限。

(4)难控性。微振动幅值较小，频段很宽，姿态控制系统难以测量，主要频段也无法控制。此外，由于微振动频段很宽，无法通过一种减/隔振手段对其进行控制，需要多种手段组合才能达到预期效果。

由于微振动幅值小，对大部分航天器不会产生明显影响，通常予以忽略，但对光学遥感卫星将严重影响相机指向精度、稳定度及分辨率等重要性能指标。光学敏捷遥感卫星星上各种运动机构，特别是主执行机构的CMG等在正常工作时会产生微振动，成为干扰卫星在轨稳定度的主要源头，从而影响空间相机的成像质量。因此，敏捷卫星特别关注颤振抑制设计。

对卫星平台应用的设备进行微振动源识别，可能出现扰动的微振动源主要包括CMG、数传天线驱动机构和机械陀螺等。对CMG、数传天线驱动机构和机械陀螺进行微振动测试结果比较，CMG的扰动幅值远高于其他振源，为星上主要扰动源。数传天线的扰动幅值高于机械陀螺产生的扰动。

CMG的微振动特性比较复杂，为了掌握CMG处于在轨工作状态下对于外界的扰振力和力矩输出情况，可以对CMG进行单机微振动测量试验。试验中，将CMG固定安装在微振动测力平台上，让CMG加电达到在轨运行状态，测量此时CMG对于微振动测力平台的扰振力和力矩输出时域曲线，随后对时域曲线进行傅里叶频谱分析，获取CMG扰振力和力矩的频域曲线，作为抑制微振动设计的参考。

按照减振原理的不同，减振措施和方法通常可以分为结构的刚化、附加阻尼处理、动力吸振和阻尼减振等。结构刚化方法主要是通过提高结构的刚度，增大结构件的固有振动频率，使之和激励解除耦合。对于尺寸较大的结构件，尽管通过增厚或者增粗结构尺寸,能够提高结构的刚度,但同时结构的质量也大幅增长。因此,当结构的固有频率提高到一定程度后,随着刚度的增加,结构的固有频率增长很慢,同时附加质量也要大幅增加。附加阻尼处理技术是通过某种方式将高阻尼材料添加到结构中,增大结构的模态阻尼比,有效抑制共振区附近动态响应。其显著特点是对结构的模态频率和振型影响较小,特别适合结构的事后修改,主要用于梁、板和薄壳结构的弯曲振动减振。动力吸振方法是在敏感设备上安装一个质量-弹簧单元,将敏感设备的振动能量转移到质量-弹簧单元,达到降低敏感设备的振动响应。其特点是,将敏感设备上的一个共振峰变成两个共振峰,一般通过增加弹簧单元的阻尼达到压低共振峰值,这个阻尼值有一个最佳值。工程结构一般模态比较密集,实际应用时一般是将一系列不同频率的动力吸振器安装于振动结构上,对理论计算要求较高。阻尼减振方法是比较简单、成熟而又高效的一种减振方法,其原理是在设备的安装基座等部位安装弹性体单元,使传递到设备(运动减振)或者基础(力减振)的高频应力被阻隔,特别适合应力传递通道比较单一的结构部件。

传递通道比较单一,主要是为了降低 CMG 转动传递到卫星高分辨率相机的扰动能量,属于运动减振的范畴,因此采用隔振器进行减振的方法是合理的。安装了隔振器的系统,可以简化为一个典型的弹簧-阻尼系统。对于运动减振,其传递率(设备位移幅值与基座位移幅值之比)为

$$T = \sqrt{\frac{1+(2\xi\lambda)^2}{\sqrt{(1-\lambda^2)^2+(2\xi\lambda)^2}}} \qquad (3-18)$$

式中:$\lambda = \dfrac{\omega}{\sqrt{\dfrac{k}{m}}}$;$\xi = \dfrac{c}{2m\omega_n}$;$\omega_n = \sqrt{\dfrac{k}{m}}$;$m$ 为设备质量;c 为隔振器的阻尼系数,表征隔振器耗散能量的能力;k 为隔振器的刚度系数,表征隔振器储能的能力;ω_n 为系统(设备+隔振器)的固有角共振频率;ω 为外界激振力角频率。

以频率比 ω/ω_n 为横坐标,传递率 T 为纵坐标,做出无量纲传递率随频率比的变化曲线,如图 3-25 所示。

由图 3-25 可以看出:当激振力的频率大大小于系统的固有频率时,振动是 1∶1 传递到设备上;当频率比接近 1 时,即激振力频率接近系统固有频率时,系统进入共振区,其传递率及放大率与系统的阻尼有关;当阻尼比为 0 时,系统传递率和放大率均为∞,随着阻尼的增大,其传递率和放大率不断减小;而当频率比大于 1.414 以后,系统进入减振区,传递率开始小于 1。

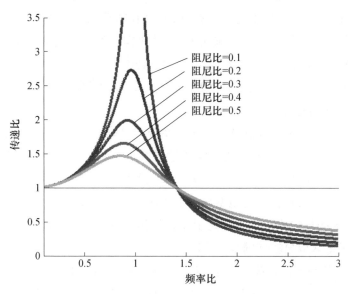

图 3-25 传递率随频率比变化曲线

根据传递率随频率比的变化曲线可知,减振系统的设计本质上主要是根据外界激振力的频率特性对系统进行频率设计和阻尼设计,频率设计的目的是使减振系统的固有频率低于激振力中能量较高的频率,以实现减振功能。对于单自由度系统,隔振器质量可以忽略不计,主要提供刚度 k 和阻尼 c。由 $\omega_n = \sqrt{\dfrac{k}{m}}$ 可知,频率设计实际上就是对隔振器进行刚度设计;阻尼设计的目的是控制系统的共振传递率。

根据上述隔振原理,将 CMG 支架增加隔振垫,实现 CMG 扰振源与卫星平台支架的抑制微振动设计,并将相机和平台之间采用阻尼桁架设计,实现相机与平台抑制微振动设计。

3.5 整星信息流设计

3.5.1 信息传输设计

整星信息流设计负责完成卫星的遥控数据上行、遥测数据下行、图像数据信息传输、在轨运行调度和综合信息处理工作。它对星上各任务模块的运行进行高效可靠的管理和控制,监视全星状态,协调整星的工作,配合有效载荷实现各种在轨控制和参数重新设置,以实现预定的功能和任务要求。同时监测在轨异常状态,配合地面对星上进行遥操作,实现在轨重构。它采用星上网络和内嵌式下位机组成系统。星上网采用 CAN 总线作为整星实时现场总线,将星上分散的各功能模块连接起来,构成功能密集、配置灵活的集散系统结构,实现星上信息交换和共享,实时地完成星上任务运行管理和控制。

1. 遥控上行通道

卫星的遥控任务涉及到整星多个分系统,是地面对卫星进行遥控操作的唯一通道。当卫星正常运行时,地面站通过遥控向卫星上注入各种作业指令或数据,对卫星实行控制和管理;当卫星某分系统和星上设备有故障时,地面站通过遥控向卫星发送遥控指令实施系统重组或注入星上程序代码,运行卫星抢救程序,遥控指令和数据注入的执行是卫星在轨运行和生存的基本要素之一,是地面站对卫星采取应急措施的唯一手段。

卫星遥控上行信息流经过的设备包括测控分系统接收天线、测控分系统应答机、遥控单元、星务中心计算机、星上 CAN 总线以及接收端的下位机节点。如图 3-26 所示,上行遥控 PCM 信号由应答机送入遥控单元,遥控单元对其进行校验和分析后,对于直接命令由遥控单元立即以 OC 型信号发送。对于各种长度的数据型间接指令和其他上注数据通过三线接口送入中心计算机,由中心计算机校验数据、分析发送地址后,按两种方式处理数据:①自主执行中心计算机的自身指令;②将其他下位机的指令通过星上 CAN 总线发送出去。为保证遥控任务的可靠完成,各设备和信息通路均采用冗余备份的方式,同时遥控数据的传送均采用校验,确保遥控信息通路的安全和数据的正确性。

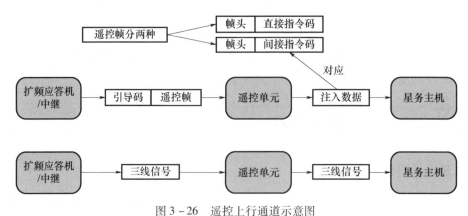

图 3-26 遥控上行通道示意图

2. 遥测下行通道

卫星在轨运行期间,地面对星上各系统和设备的工作状态信息和卫星运行状态的信息的获取,都要依靠遥测任务来实现,它是地面对卫星在轨工作情况进行了解的唯一方式。

1)遥测信息流通道

整星所有遥测参数分别由各分系统下位机采集,形成数据块,存入各下位机内存缓冲区。星务中心计算机按照不同的实时遥测采样周期,通过星上串行通信网络将各下位机的遥测汇集到中心计算机遥测数据缓冲区,进行数据处理和格式编排后形成遥测帧,再继续传送至应答机发回到地面测控站。因此,下行遥测信号需要经过的设备包括各下位机节点、星上总线网络、星务中心计算机、遥控单元、应答机以及测控天线等。遥测数据流图如图3-27所示。

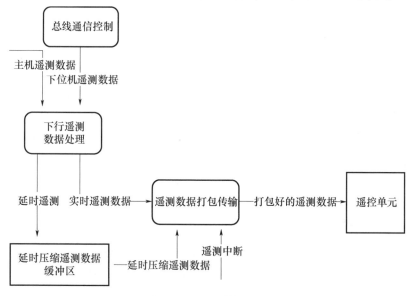

图 3-27　遥测数据流图

2)实时遥测采集设计

星务中心计算机周期性采集各下位机的遥测参数,采集后直接组帧下传的遥测成为实时遥测。根据采集的频率,可分为速变和缓变遥测。速变遥测参数采集周期可以为0.5s、1s,缓变遥测参数采集周期可以为8s、16s或32s。

3)延时遥测采集设计

延时遥测是为解决在有限的测控弧段中仍然能够观察测控弧段以外时间卫星工作状态的需求而设计的。其原理是通过设置抽样比,实现对遥测数据包进行压缩。根据地面用户观察测控弧段以外时间遥测压缩的精细度来遥控设置压缩比例(1∶1~255∶1)。例如,以测控弧段时间10min为前提,压缩比设

置为 45∶1，则可完整下传该测控弧段开始之前 3h 的所有延时遥测数据，各遥测的抽样间隔为

$$抽样间隔 = 压缩比 \times 实时遥测采集周期 \qquad (3-19)$$

同时，延时遥测还可以为卫星各分系统观察非测控弧段时间各关键部件工作状态，进行定制式设计，目的是既能提高延时遥测的精细度，又要保证采集到非测控弧段时间全部时段的延时遥测。如果某些分系统关键部件遥测包数据量较大，在提高抽样频次的情况下，需要舍弃其他关注度不高的下位机遥测，仅保留整星关键的遥测进行抽样采集和组合，实现对关键部件速变遥测以 8∶1 比例，抽样采集测控弧段开始前 2h 开始的工作状态，方便了用户的使用。

3.5.2 总线传输设计

卫星内部的串行数据总线网络设计是星上多机通信管理的基础，关系到整星的运行灵活性和运行效率。遥控及数据注入功能、遥测功能、时间管理功能等几乎所有业务功能的实现都需要总线通信。

星上网络采取二级总线结构，简化一级总线结构，减少二级总线设备对平台的影响，降低整星的风险。平台各设备直接连接在一级 CAN 总线网络上，载荷设备连接在二级 CAN 总线上，如图 3 - 28 所示。

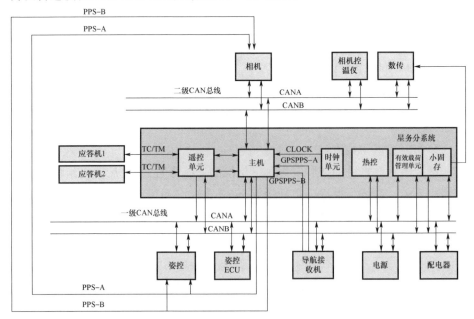

图 3 - 28 整星总线拓扑结构图

电源下位机属于电源分系统;姿控下位机、姿控应急控制单元(ECU)下位机属于控制分系统;应答机、导航接收机属于测控分系统;配电器下位机属于总体电路分系统;数传下位机属于数传分系统;相机、相机控温仪属于载荷分系统。

在 CAN 总线通信设计上,既要保证所有设备各自与主机的周期通信,也要保证姿控分系统与主机在 1s 内的严格分时通信,同时还要兼顾不同分系统之间在总线上以广播方式共享数据。总线通信功能分解如图 3-29 所示。

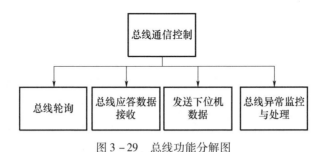

图 3-29 总线功能分解图

3.5.3 高精度时间管理设计

高精度星上时间管理系统,对于卫星在轨正常工作,观测数据的定位、分析和处理是十分重要的。特别是敏捷卫星的高敏捷特性,对整星时间同步精度的要求更高。为此专门设计了星上导航接收机和星务中心计算机协同工作产生以 UTC 时间为基准的星上时间方式,并结合高精度秒脉冲和 CAN 总线时间广播,实现整星以 UTC 标准时间为基准的高精度时间管理系统。

1. 时间生成

在卫星发射阶段,由于导航接收机还没有开机,所以星上时间由星务中心计算机依靠时钟单元或者内部时钟累计计时。当卫星加电时,星时自动清零,然后开始重新计时;当接收到星箭分离信号时,星时自动清零,然后开始重新计时。

卫星在轨运行期间,星上导航接收机和星务中心计算机协同工作产生以 GNSS 解算出的 UTC 时间(UTC 累计秒)为基准的星上时间,主要过程如下:星务计算机上电软件默认允许 GNSS 校时,在导航接收机处于定位状态时,导航接收机解算出 GNSS 时间信息。在每个 GNSS 时的整秒时刻,导航接收机向星务中心计算机发出一个与 UTC 标准时间误差小于 1μs 的高精度秒脉冲。

星务中心计算机内部时间是以内部时钟或时钟单元为基准累计形成的,在轨运行时绝大部分时间使用时钟单元。时钟单元采用恒温控制技术,确保输出频率的稳定,输出40kHz的方波信号。星务中心计算机对接收到的40kHz方波信号进行计数,以此实现内部守时并生成内部秒脉冲。

2. 时间修正

星务中心计算机每次收到导航接收机发出的秒脉冲时,通过内部的秒脉冲校准电路和软件算法调整计时偏差,使GNSS时与星务中心计算机时两者误差保持在微秒级。

3. 时间分发

为了保证各分系统的时间同步,在星务中心计算机完成校时后,每个UTC整秒时刻通过总线向时间用户输出秒脉冲。星务中心计算机在发出秒脉冲后,向CAN总线主动发送时间基准广播,供各分系统校正时间。

各分系统单机通过内部计数器的累加形成自身的星上时间,在接收到秒脉冲后,将内部计时的秒值加1,同时也要判断总线上广播的星务时间基准其秒值是否与内部计时一致,相等则说明时间计数正确,否则根据星务时间基准广播中的秒值修正内部计时,从而完成自身星上时间的修正和同步。秒脉冲与时间基准广播的综合应用,实现了各分系统单机的对时、守时及用时功能,避免了总线传输的时间精度误差。

3.5.4 控制信息流设计

对于敏捷卫星,需要重点考虑以下控制信息流设计。

1. 控制分系统内部闭环控制

控制分系统实时采集陀螺、太阳敏感器、星敏感器等控制传感器信息,进行运算后,发送控制命令和信息,对CMG、推进装置等进行闭环控制,保证卫星姿态、轨道状态。

2. 控制分系统与导航接收机间信息接口设计

为了在卫星快速姿态机动过程中仍然保证处于定位状态,导航接收机需要使用姿态数据,用于导航卫星预报和速高比计算。所需要的姿态信息有两种:一种是对姿态机动的目标姿态及对应时间数据的预估;另一种是每秒实时测量的姿态数据。这两种数据的来源均为姿控分系统。

另外,导航接收机还需给控制分系统发送轨道信息(位置和速度)、导航时间信息,以保证整星的信息同步和时间同步。

3. 控制分系统图像辅助数据下传

为了获取更高精度的图像处理结果,地面图像处理系统需要卫星成像时的高精度姿态数据。因此,还需要考虑相关数据的存储及下传。

与控制分系统相关的图像辅助数据主要包括带高精度时标的星敏感器测量数据和陀螺测量数据,星敏感器数据的时标为同一采样周期内星敏感器曝光时刻,陀螺数据的时标为控制计算机读取陀螺组原始测量数据的时刻。

控制计算机以等间隔方式获取上述两类数据后,以广播的方式发送给相机,由相机将数据实时写入图像数据中,随图像数据一起存储和下传。

3.5.5 图像数据流设计

敏捷卫星的图像数据是由有效载荷全色相机和多光谱相机按照任务规划的要求获取原始图像数据。原始图像数据经过数据传输与处理分系统(简称数传分系统)处理后,发送至地面数据接收站。为了提高数据传输的能力,敏捷卫星采用频率极化复用的方式传输数据,即采用两个传输通道,一个通道采用左旋极化传输,另一个通道采用右旋极化传输。数传分系统双通道传输数据,需要将有效载荷 CCD 的全色和多光谱 4 个谱段图像数据均衡分配,并从两个通道传输。

数传分系统在传输图像数据之前,需要对原始图像数据进行处理。图像数据处理过程包括图像压缩、AOS 格式编排、信道编码和数据加扰。然后将处理后的图像数据经调制、功率放大后向地面数据接收站发送。数传分系统由压缩编码器、数据处理器、固态存储器(简称固存)、调制器、功率放大器(简称功放)以及数传天线构成。其中,压缩编码器实现对图像数据进行压缩处理的功能,数据处理器实现 AOS 格式编排、信道编码和数据加扰等功能,固存实现数据记录与数据回放的功能,调制器实现数据调制的功能,功放实现功率放大的功能,数传天线实现无线信号发射功能。数传分系统组成框图如图 3-30 所示。

图像数据流是按照数传分系统的工作模式进行设计。数传分系统的模式包括实时传输模式、记录模式、回放模式和近实时传输模式。图像数据流设计如下:

(1)实时传输模式图像数据流设计:有效载荷原始数据→图像数据压缩处理→AOS 格式编排→信道编码处理→数据加扰处理→数据调制→功率放大→数传天线无线发射。

(2)记录模式图像数据流设计:有效载荷原始数据→图像数据压缩处理→AOS 格式编排→将数据记录到固态存储器(简称固存)中。

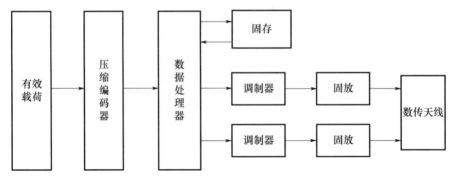

图 3-30 数传分系统组成框图

(3)回放模式图像数据流设计:回放固存记录的数据→信道编码处理→数据加扰处理→数据调制→功率放大→数传天线无线发射。

(4)近实时传输模式图像数据流设计:有效载荷原始数据→图像数据压缩处理→AOS 格式编排→固存记录数据→固存回放数据→信道编码处理→数据加扰处理→数据调制→功率放大→数传天线无线发射。

3.6 测控设计

3.6.1 测控分析

1. 卫星测控系统的功能和作用

卫星测控系统是用来对运行状态中的卫星进行跟踪、测量监视,并传递遥控信息的系统。它由星载测控系统和地面测控系统两部分组成。其中,星载测控系统的功能包含跟踪测轨、遥测、遥控3个方面:跟踪测轨是配合地面测控系统完成对卫星的测角、测距和测速;遥测是将由星务采集的卫星内部的各项技术参数和物理量经调制后通过射频信道传送至地面站,经地面解调处理还原出相应参数和数据,供地面人员对卫星状态进行分析判断;遥控是卫星接收地面站发来的指令和数据,经解调、译码后分别送星载相应系统去执行。上述3项功能在卫星测控系统中形成一个统一体,其中跟踪测轨和遥测完成对卫星的数据采集,而遥控完成对卫星的控制。地面测控系统的功能包括对卫星下行载波进行捕获和跟踪,对卫星进行上行遥控和数据注入,接收下行遥测并进行数据处理和显示,以及通过测角、测距和测速来完成卫星的轨道测量等多项任务。

卫星测控系统的主要作用体现在以下方面：

(1) 对卫星进行跟踪测轨,进行遥测和遥控,确保其按照正常状态运行。

(2) 对卫星上的设备仪器进行控制,使其完成规定操作和实现预定功能。

(3) 必要时对故障卫星实时安全控制,保障发射场和航区的安全。

(4) 为应用系统提供数据,对地面指挥系统进行监视,并显示信息。

2. 全球卫星导航系统的功能和作用

利用大量中轨道卫星星座构成的全球高精度卫星式导航定位系统,能实时给出从地面到近地球轨道空间内高速飞行体的三维位置、三维速度和时间信息。利用这一能力,可为航天测控网提供性能卓越、使用方便的高精度测定轨能力,还能完成测控网的一些其他保障能力,如高精度时间、频率同步等。

星载 GNSS 接收机子系统通过导航接收天线,接收导航卫星系统发送的信号,并对该信号进行解调、解算,输出定位信息、定轨信息、时间信息、原始测量数据信息等,通过软件设计,还可以附加提供速高比及积分时间信息给星上相关分系统,从而完成卫星定位、定轨、授时、提供图像辅助数据等功能。具体作用体现在以下方面：

(1) 接收导航卫星的导航信号,能够连续不断地解调解算出满足精度要求的卫星定位、定轨信息(可以是实时、滤波或者外推定位、定轨),并响应星务中心计算机的轮询,以遥测数据或者广播数据形式通过星上总线发向星上用户。

(2) 接收导航卫星的导航信号,解调解算出时间信息,并把该时间信息转换成 UTC 时间等全星统一格式,同时响应星上中心计算机的轮询,以遥测数据或广播数据形式通过星上总线发向星上用户。

(3) 通过硬件接口输出整秒时刻对应的秒脉冲信号(1Hz),发送给星上需要使用秒脉冲的设备;同时响应星上中心计算机轮询控制,输出与当前秒脉冲对应的整秒时间数据。

(4) 接收导航卫星的导航信号,解调出原始测量信息并响应星上中心计算机的轮询,以遥测数据形式通过总线发向星务分系统。

(5) 接收整星姿态广播数据,携带数字高程数据,具有速高比、积分时间计算和输出功能,为星上载荷分系统提供辅助数据。

3. 测控分系统组成

卫星的测控分系统通常由应答机、GNSS 接收机、天线等设备组成,如图 3-31 所示。为提高分系统的可靠性,设备通常设计为备份方式。图 3-31 所示的测控分系统有 2 台测控应答机、2 台 GNSS 接收机、2 台测控天线网络盒、4 根测控天线、2 根导航天线、1 台导航信号放大器(可包含双通道)及相应高频电缆。

卫星在轨正常工作情况下,2 台测控应答机的接收机均处于开机状态,1 台测控应答机的发射机处于开机状态、1 台测控应答机的发射机处于关机状态;1 台 GNSS 接收机处于常开机状态。2 台测控应答机的发射机切换依靠指令执行,GNSS 接收机 1、GNSS 接收机 2 的开/关机依靠指令执行。应答机的天线对天面安装 2 个,对地面安装 2 个,构成准全向收发天线方向性图。2 副 GNSS 接收机天线均安装在对天面,互为备份。

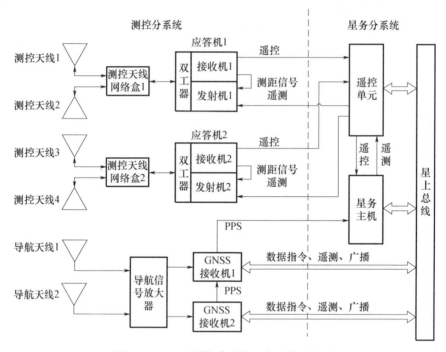

图 3-31　卫星测控分系统组成及接口框图

3.6.2　测控分系统设计

1. 统一载波测控体制简介

微波统一测控系统按其载波频率划分,可分为 S 频段和 C 频段。低轨卫星星地链路设计一般采用统一 S 频段测控体制。在统一载波测控体制中,遥测副载波和测距信号对统一的下行载波进行相位调制,形成下行信号;遥控副载波和测距信号对统一的上行载波进行相位调制,形成上行信号。具体过程如下:

(1)在下行链路中,星上将遥测信号变换成脉冲编码信号(PCM 信号),然后用 PCM 信号对副载波进行调相,此过程称为相移键控(PSK),于是得到 PCM-PSK 信号;PSK 信号再对载波调相,从而得到 PCM-PSK-PM 信号。测距信号由一组正弦波信号(测距音)直接对载波调相。

(2)在上行链路中,地面系统对遥控信号进行编码,形成 PCM 信号,再用 PCM 信号对副载波进行调相,形成 PSK 信号,PSK 信号再对载波调相,从而得到 PCM-PSK-PM 信号。测距信号由一组正弦波信号(测距音)直接对载波调相。

遥测、遥控信号对各自的副载波调制的目的是便于信道的频率划分。接收系统收到复杂的调制信号后,先对载波解调,再经过各副载波滤波器将各信道的信号区分开,最后由各信道的副载波解调器对副载波解调后得到各自的基带信号。除遥测、遥控、测距功能外,下行链路中经过各副载波调相后残留的载波分量可以实现多普勒测速、角跟踪及测角功能。因此,微波统一测控系统实现了跟踪测轨(包括测距、测速、测角)、遥测和遥控 3 种功能的综合。当卫星过境时,测速、测距都要采用相干工作方式。

统一载波应答机与测控天线、星务分系统以及地面测控分系统协同完成以下功能:

(1)向地面测控台站发射 S 频段或 C 频段引导信标信号。

(2)接收星务分系统发送的遥测 PSK 信号,并向地面测控台站发送调制后的遥测信号。

(3)接收地面站发送的遥控信号和向卫星注入的数据,并输出解调后的 PSK 信号给星务分系统。

(4)转发地面台站发送的测距信号和双向相干多普勒测速信号。

以下行信标及遥测传输功能为例介绍统一载波应答机的功能。图 3-32 为卫星在遥测下行信号的传输示意图。星务主机打包卫星的遥测信号(PCM 码流)传输至遥控单元;遥控单元对 PCM 信号进行 PSK 调制,生成遥测副载波信号,传输至应答机;应答机对遥测副载波信号进行 PM 调制,生成射频信号,经天线向外辐射。信号流向如图 3-32 中点划线所示。下行载波未被调制时,下行信号在频率域上的分布示意图如图 3-33 所示。图 3-33 中,残余遥测载波可用作卫星下行信标信号、多普勒频移测量(测速信号)、地面天线角跟踪信号等;地面测控系统在捕获遥测载波后,解调遥测副载波信号,恢复卫星的遥测信息。

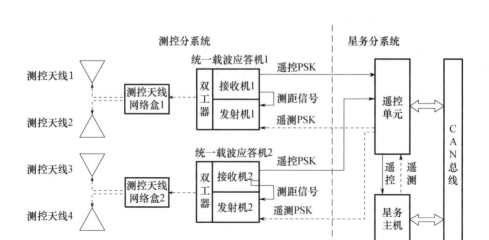

图 3-32 遥测下行信号传输示意图

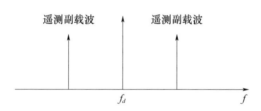

图 3-33 下行信标信号及遥测副载波信号频谱分布

2. 适应敏捷卫星的导航设备设计

敏捷卫星姿态存在机动,特别是在轨道阳照区以及出影后、进影前,卫星会进行快速、大角度姿态机动,导航卫星覆盖会发生急剧变化,甚至会发生无足够可视星以进行定位解算的情况。

为使导航接收机具有连续定位能力,敏捷卫星的导航接收机可以进行选星预报功能、星历拼接和预存星历的机制等适应性设计。其中选星预报功能可以根据敏捷卫星所处的空间位置和卫星姿态信息,提前预估导航天线指向的天区,并根据已有的定位情况获得该天区的导航卫星信息,将导航卫星信息预置在接收机的信号接收通道,以节省导航信号搜索捕获资源,加快导航卫星信号的捕获及解算速度。

星历拼接和预存星历机制可以进行优化设计,例如在导航卫星不可用后对星历信息不进行清除,当导航卫星再次被捕获后仅对星历进行校验后即可立即使用,节省了星历信息解算及收集的时间,加快了敏捷卫星对导航卫星信号的捕获时间。经过软件测试,验证了星历拼接和预存星历机制可提高导航接收机的连续定位能力。

(1)导航卫星捕获跟踪以及比特同步、帧同步后,初始导航电文接收时间由最少耗时为430s缩短为7s。同时,只要接收到时间间隔小于2h,且没有发生新旧交替的子帧电文数据,就可获得可用的导航卫星星历数据,不会发生因无法连续接收子帧电文数据而无法获得可用的导航卫星星历数据的情况。

(2)导航卫星在短暂失锁后,只要已有的导航卫星星历数据仍未失效,重新完成捕获跟踪以及比特同步、帧同步后,该颗导航卫星立即可用,参与定位解算。

由于敏捷卫星的运行模式特点,采用传统遥感卫星设计的导航接收机在一个轨道周期内会频繁出现非定位情况,并且由于频繁的非定位情况导致导航卫星信号原始观测量累积不足,进而导致出现无法确保定轨滤波和轨道外推功能及性能的情况。因此敏捷卫星导航接收机除了需要设计连续定位能力,也需要设计高精度定轨能力,即导航接收机能够在无法连续定位、获得长时间有效导航信号观测数据的情况下,解算得到满足精度要求的滤波定位结果和轨道外推结果。

为此,敏捷卫星导航接收机通常需要设计精密定轨滤波算法。导航接收机直接解算的位置、速度数据存在不相互关联的缺点,而利用卫星轨道动力学特性,可以通过选用合适的滤波算法将卫星在相邻时刻的位置、速度状态联系起来,滤除掉定位解算中的误差成分,使得导航接收机数据处理结果更加平滑、准确。

3.7 供配电设计

3.7.1 供配电分析

1. 供配电分系统的功能

供配电分系统负责卫星在地面测试和在轨飞行过程中产生、储存和管理电能,以满足星上用电负载的供电需求,直至卫星寿命终止。供配电分系统由电源子系统和总体电路子系统构成。电源子系统由发电设备、储能设备、电源控制设备组成,总体电路子系统由配电设备和电缆网组成。

电源子系统主要完成电能的产生、储存、变换和调节,其具体任务描述如下:

(1) 在卫星综合测试和各种试验期间,为星上设备提供一次电源。

(2) 在卫星发射主动段,为星上设备提供一次电源。

(3) 在轨运行期间,利用太阳电池阵发电,对星上设备供电和对电池组充电。

(4) 地影期电池组释放能量,对星上设备供电。

(5) 为太阳翼展开、天线展开等提供能源。

总体电路子系统负责全星电子设备的配电和太阳翼解锁火工品、数传天线解锁火工品等起爆驱动,其具体任务描述如下:

(1) 实现对星上各分系统设备的一次电源分配与控制。

(2) 为太阳翼展开、数传天线等解锁火工品提供电气接口和激励电路。

(3) 对一次电源实施有限、可恢复的过流和欠压保护。

(4) 为全星提供电气单点接地。

2. 供配电分系统任务分析

敏捷卫星由于承载高分辨率相机载荷以及高性能姿态调节执行机构,一般负载功耗大、工作模式复杂,对电源分系统的供电能力要求比较高,地影时蓄电池组放电量比较大,光照时需要大电流补充充电才能满足能量平衡。可以采用三结砷化镓太阳电池阵、大容量锂离子电池组、S^4R 调节电路等先进技术。S^4R 分流调节电路集分流与充电于一体。S^4R 充电时热耗低,效率高,适应大电流充电,S^4R 工作在充电模式时,太阳电池阵通过开关管与蓄电池组连接,充电开关管只有一级处在调整状态,调整范围为一级太阳电池阵功率,其他开关管处在导通或截止状态。

3.7.2 供配电分系统设计

1. 电源子系统配置

电源子系统由电源控制器、太阳电池阵、蓄电池组 3 部分组成,是整星能源的提供者,以满足卫星在整个寿命期间、各种工作模式下的功率需求。

电源控制器对整星电能进行调节与控制,包括调节母线电压,对蓄电池组进行充电控制与放电控制,以及为一次电源提供遥测、遥控接口及信号变换等,同时完成电源系统智能化管理。主要由 S^4R、放电调节电路(BDR)、MEA、BEA、均衡、二次电源及电源下位机等模块组成。

2. 电源子系统工作原理

电源子系统拓扑结构如图 3-34 所示。电源子系统采用全调节模式，即无论是卫星在发射的主动段，还是卫星在轨运行期间，电源子系统均为星上设备提供 29.5V±1V 稳定的电源电压。卫星发射主动段及阴影期，蓄电池组经 BDR 给母线供电，满足整星用电需求，母线电压稳定在 29.5V±1V 范围内。在光照期，太阳电池阵为星上负载供电同时为蓄电池组充电，当出现短期大功率负载而方阵输出功率不能满足负载需求时，蓄电池组放电供负载使用，此时处于联合供电模式。

卫星在轨期间，为避免蓄电池组过放，增加蓄电池组过放保护电路，当蓄电池组电压低于一定值时，蓄电池组接入母线开关被断开，设计上采用软件和硬件同时控制，软件在前，硬件在后，以阻止蓄电池组进一步过放。此时充电功能并未断开，太阳电池阵可以通过旁路二极管对蓄电池组充电。

为使电池组不被过充，对锂离子蓄电池组的充电应进行限压控制，通过分流太阳电池阵多余能量使母线电压保持恒压状态，当母线电压达到恒压设定值时，分流器将多余的能量分流掉，以保证电池组在限压状态下充电，防止电池组过充。同时蓄电池组的恒压值可以在轨调整，有 4 档可调，如分别对应电池电压为 28V、28.7V、29.05V 及一节单体电池失效对应的电池电压为 24.5V，在轨可根据蓄电池组的使用状态进行调整。蓄电池组的恒流段充电电流大小可上注修改，根据上注不同的 D/A 值（范围 0~5V），保证充电电流调节范围可变。

电源控制器对蓄电池组采取的是 S^4R 恒流恒压充电模式。当充电电压达到恒压值后（可以利用电源下位机进行上注，调节恒压电压值），进入恒压充电阶段，此后充电电流逐步减小，当充电电流减小到一定数量时，认为电池组已充满，终止充电。同时设计电量计控制，在第一次蓄电池组充满电后，电量计开始工作，累计充电电量与放电电量，当充电电量与放电电量相等时，即终止充电。两种充电终止方式为热备份方式。采用 S^4R 技术的二阈全调节母线电源系统如图 3-34 所示。

3. 总体电路子系统配置

总体电路子系统由以下部分组成：

(1) 配电器（含火工品起爆控制电路、一次电源供配电电路、配电器下位机、遥测采集电路等）。

(2) 电缆网（含各型电连接器、脱落插座、分离开关、星表插座等）。

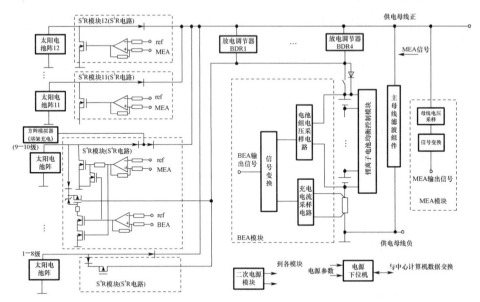

图 3-34 电源子系统框图

4. 总体电路子系统工作原理

敏捷卫星采用分散和集中相结合的供配电体制,由配电器向平台各分系统设备及载荷设备提供 +29V 直流电,各设备需要的二次电源由嵌入在其设备内部的 DC/DC 模块产生。

配电器负责整星分系统级或设备级的一次电源供配电。由电源子系统输出的火工品母线、一次电源母线全部接入配电器,两条母线相互隔离。按设备分类划分为星务、测控供电区、姿控供电区、载荷供电一区(数传分系统)和载荷供电二区(相机分系统)等四个长期供电区和一个包括太阳翼解锁器、天线解锁器的短期供电区。配电器对姿控供电区、载荷供电一区和载荷供电二区进行分系统级的通断电控制,星务、测控供电区的电子设备采取直通供电,不进行控制。分系统在设备级需要的开/关机或主备切换控制,其控制开关安装在设备内部。为确保可靠性,供电开关和供电线等都采用冗余设计,控制指令也采取冗余措施。各路一次电源进入设备后,由嵌入到设备内部的 DC/DC 变换器将一次电源变换为设备需要的二次电源。

卫星各分系统设备间的低频信号传递由分布于卫星的低频电缆网实现。总体电路子系统组成框图如图 3-35 所示。

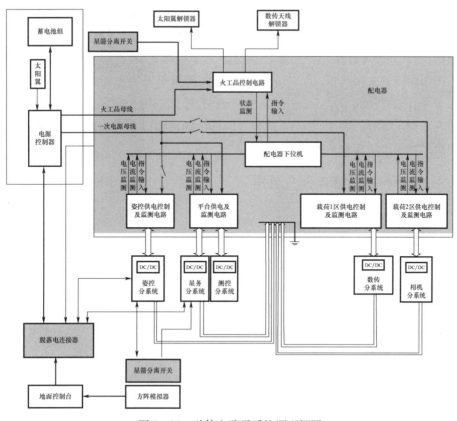

图 3-35 总体电路子系统原理框图

3.8 热控设计

3.8.1 热特性分析

敏捷卫星的特点是高精度、高敏捷、高自主、长寿命、高可靠。主要热特点如下：

(1) 敏捷卫星整星热耗和同类其他遥感卫星相比大幅增加，这是热控制设计需要面临的一个严峻问题。主要体现在：①为满足高敏捷，高精度的要求，姿控分系统配备多个控制力矩陀螺，整星长短期热耗增加较大；②由于敏捷卫星的载荷工作特点，载荷平均工作时间和不间断连续工作及加电时间和同类遥感卫星相比有明显增加。

（2）整星外热流变化复杂，主要体现在：①卫星运行姿态复杂。在每个轨道周期内首次把姿态变化和滚动、俯仰作为正常姿态要求的卫星；复杂的姿态及滚动、俯仰多种运行模式使整星外热流的变化异常复杂，外热流变化大。②卫星采用固定翼太阳帆板，结合其飞行姿态，太阳帆板对侧板的红外加热热流远大于带有摇臂架的卫星。③外热流分析表明，敏捷卫星光照区长时间受太阳直照表面给予足够的关注，特别是舱板之间的红外加热以及受照面为高吸收辐射比涂层对整星温度水平的影响。

3.8.2　热控制设计原则与思想

1. 热控制设计原则

敏捷卫星热控制设计原则如下：

（1）采用成熟、可靠、有效的热控制技术，保证热控分系统高质量、高可靠。

（2）优化热控方案，选取有效、稳定的散热面，选用成熟、有效、可靠的热控措施，采用综合性能较优的热控设计。

（3）以被动热控（热控涂层、隔热和导热材料、热管等）为主，必要时辅以电加热等主动热控。

（4）充分利用卫星的资源，特别是电能和星务资源，提高热控的调节能力。

（5）加强热分析计算，充分发挥热分析计算在热控分系统研制中的作用，特别是在多方案的设计、分析、比较，优化热控方案中的作用，提高热控设计水平。

2. 设计思想

1）热源分类散热面设计方法

针对敏捷卫星快速机动导致局部散热面外热流随时剧烈变化无法有效散热问题，热控分系统首次提出热源分类散热面设计方法，根据热源不同特点进行分类，采取不同的传热设计和散热面设计技术，使热耦合设计和隔热设计有机结合，提高系统的鲁棒性，有效解决敏捷卫星频繁姿态机动下有效散热问题，保证整星所有设备温度维持在指标范围内。

2）多级热衰减技术应用

整星除散热面外，其余部分采用隔热性能优良的多层隔热组件包覆，减少外热流波动对整星温度水平的影响。受太阳直照的舱板多层尽量选用低吸收发射比的面膜，减少太阳直照的外热流对卫星温度水平的影响。为防止受太阳直照的舱板外热流影响整星的温度水平，在推进剂贮箱外布置多层隔热屏，通过多级热衰减减少倒灌至推进舱热量。

3）独立控温设计

对温度范围有特殊要求的设备,进行独立控温设计,如推进剂贮箱、管路、蓄电池等。采用温度反馈电加热控制技术,同时采取相应的隔热技术,减少星内其他设备及结构温度波动对其影响,通过其附近的散热面,确保其温度指标满足要求。

4）一体化热耦合设计

敏捷卫星在轨长加电设备大多安装在平台舱和推进舱,整星寿命期内设备温度变化缓慢。载荷设备大多安装在载荷舱,在轨均为短期工作,且短期工作时整星峰值热耗大,载荷设备的温度波动剧烈,因此有必要进行整星一体化热耦合设计,有效降低载荷设备最高温度,减少瞬态工作设备温度波动,大大降低载荷舱的热补偿功率,节约能源。

3.8.3 敏捷卫星热控设计

1. 散热面的选择和设计

敏捷卫星一大特点是每个轨道周期内姿态变化频繁,且在成像期间进行大角度频繁姿态机动,因此外热流具有变化剧烈且频繁的特性。针对这一特性,除长时间受照射不适于作为散热面的舱板外,在其余各个舱板布置一定大小的散热面,增加整个系统的热鲁棒性,应对姿态机动所带来的影响。整星平台舱和载荷舱散热面选用涂层稳定性好的铈玻璃镀银二次表面镜。

推进舱散热面由于布置在圆柱曲面上,考虑到热控实施的工艺性,以低吸收发射比的漆类热控涂层作为推进舱散热面。在推进舱散热面设计时,应注意如下方面:

(1)控制力矩陀螺本体安装在推进舱内,使推进舱的内热源增加。

(2)推进舱底部在光照区长期受正照或近似正照,太阳热流大,形成对推进舱的热量倒灌。

(3)关注太阳翼和平台底板对推进舱散热面红外加热的影响。

(4)运行模式造成的$-Z$面设备由于受太阳直照导致的高温对推进舱以及整星温度的水平的影响不可忽略。

2. 隔热设计

卫星各面在绕地球每一圈的运行中,外热流均有大小不同的变化;季节变化时卫星各面的外热流也有大小不同的变化。为了将外热流的变化对舱内温度的影响减少到最小,最有效的方法是在除散热面以外的部位,包覆多层隔热材料。

舱内需要隔热或者独立热控制设计的设备均包覆多层隔热组件,例如肼管路、肼瓶舱内部分、蓄电池组、相机安装面等。

综合考虑质量和隔热效果的优化设计,舱内多层隔热组件采用 5~10 单元,舱外多层隔热组件采用 15 单元。

3. 舱内等温化设计

敏捷卫星的设备安装在导热性能不良的蜂窝夹层结构板上。平台舱内部采用平行隔板式的结构,将空间分成若干个封闭小舱,而卫星内部的热量是通过卫星外壁板散热面向空间排热,因此会出现部分设备与舱板散热面角系数非常小甚至没有的情况。将这些仪器设备的热耗排散出去,又不能产生较大的温差,是热控分系统需要解决的问题。

采用舱内等温化设计是解决上述问题的最有效办法。等温化设计的主要途径如下:

(1)采用预埋热管的方法改善舱内仪器设备之间的换热,以减小仪器设备之间的温差。敏捷卫星设备布置集中且热功耗变化大,部分安装在舱内中心区域的设备和舱板散热面的角系数非常小,散热渠道不通畅。为保证设备温度尽量均匀,避免不同设备温度差异过大,在设备布置比较集中且热耗大的部位,以及对温度均匀性和温度波动要求比较高的相机安装面等部位,预埋适当数量的热管,确保舱内设备均有较好的散热通道,温度水平尽量保持稳定。

(2)采用设备表面以及结构板星内表面喷涂高发射率涂层,增加设备间以及设备和结构板之间的热辐射,减小卫星内部的温差。

(3)加强有热源设备与安装面之间的热传导,减小设备和结构板之间的温差,如在设备安装时涂抹导热脂等。

舱内等温化设计的优点是能减小因个别仪器设备热功耗发生变化时产生的温度波动。当仪器设备进行调换时,也不会因热功耗或仪器尺寸不同,而带来较大的温度变化。

4. 卫星各仪器设备结构表面的热控涂层

一般情况下,星内有热源仪器设备表面均要求喷涂高发射率热控涂层,如黑色阳极氧化或喷涂黑漆/白漆,要求涂层半球发射率 $\varepsilon_h \geqslant 0.85$。

星外受太阳正照的表面选用太阳吸收发射比低的热控涂层,减少太阳吸收热流,保证设备温度满足指标要求。例如,数字太阳敏感器正面粘贴 F46 镀银二次表面镜;星敏感器遮光罩前段喷涂白漆;模拟太阳敏感器则要求铝光亮阳极氧化。

敏捷卫星在轨运行的姿态决定了卫星对接环在光照区会长时间受太阳直照,其表面的热控涂层的吸收发射比对敏捷卫星的温度水平有较大的影响。鉴于目前的工艺特点,其表面热控涂层为磷酸阳极化,需对其表面光学热特性进行检测,并评估其对整星温度水平的影响。

5. 仪器与结构板间热设计

(1)所有穿过或连接卫星的螺栓、螺钉,均使用钛合金材料制造。

(2)对温度水平要求较高以及对温差有特殊要求的设备,尽量进行隔热设计,减少卫星温度波动的影响,如在设备与安装板之间加垫一定厚度的隔热材料进行隔热。

(3)发热量大的电子设备与安装板之间加导热硅脂增强接触传热,如电源控制器、固放等。

(4)舱外仪器设备与舱内结构之间应采用隔热连接,如采用非金属支架或垫一定厚度隔热垫块。

6. 主动热控措施

为提高热控分系统的可靠性,在热控设计时,适当采取了以电加热为主的主动热控措施。

在舱内安装恒温控制的电加热器,不仅可恒温控制,而且可通过遥控指令进行控制和改变控温范围。

对温度及温差有特殊要求的设备,如蓄电池、肼瓶管路、星敏感器、相机安装面等设备,采取主动控温措施。

热功耗变化很大的舱段,如载荷舱载荷工作和不工作热耗相差数百瓦,需要进行补充加热,通过卫星可靠性。

3.8.4 热控分系统组成和热控产品介绍

1. 热控分系统的组成

敏捷卫星热控分系统组成如图 3-36 所示。

2. 热控涂层

敏捷卫星使用的热控涂层主要包括:

(1)散热面选用低太阳吸收比、高发射率的热控涂层,如铈玻璃镀银二次表面镜(OSR)、铝箔光亮阳极氧化薄膜、白漆。

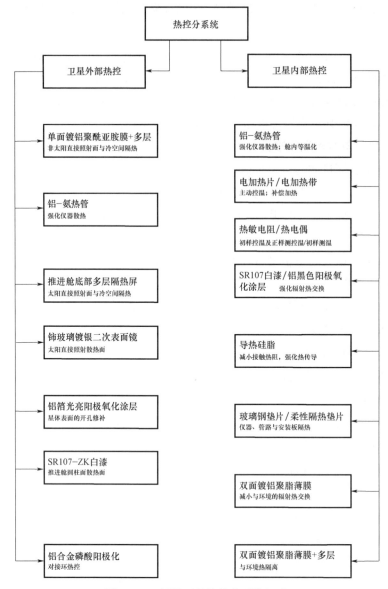

图 3-36 敏捷卫星热控分系统组成

(2)舱内需要等温化设计的部位使用白漆或者黑漆,需要等温化仪器表面喷涂黑漆或者黑色阳极化处理。

(3)多层隔热组件面膜采用导电型聚酰亚胺镀铝二次表面镜,F46 镀银二次表面镜,或者聚酰亚胺渗碳膜。

3. 多层隔热组件

敏捷卫星外表面的多层隔热组件为 15 单元多层隔热组件,卫星内部的多层隔热组件为 5~10 单元多层隔热组件。

多层面膜根据受太阳照射的情况不同而不同,受太阳直照的表面选用低吸收发射比的材料如 F46 镀银二次表面镜,不受太阳照射的表面面膜可以选择 F46 镀银二次表面镜,聚酰亚胺镀铝二次表面镜等材料。

4. 热管

热管是敏捷卫星热控制设计的重要手段,一般分为预埋和外贴两类。预埋热管根据结构板厚度、需要的传热量、是否需要弯曲、使用温度范围及热控分系统的质量等因素,选择不同类型的双孔热管,增加热控设计的可靠性。常用的预埋热管管型有 Ω 型热管、矩形热管等。外贴热管使用较多的是 Ω 型单孔热管,部分双孔热管也被用作外贴热管。

5. 电加热片和电加热带

主动热控的电加热采用聚酰亚胺薄膜电加热片/电加热带。锂蓄电池、贮箱、+Z 侧板,相机安装面等粘贴电加热片采用单组分室温硫化硅橡胶粘贴固定。肼管路缠绕电加热带加热,加热片和加热带最高工作温度为 125℃。

6. 测温元件

敏捷卫星使用的测温元件为热敏电阻,布置在仪器、热管及重要的结构板上。根据测温部位温度的不同,选择不同类型的热敏电阻。

7. 热控传导材料

导热硅脂,接触面导热增强填料,接触传导系数 $500 \sim 1000 W/(m^2 \cdot ℃)$。

玻璃钢,制作导热热隔离垫片,导热系数 $0.3 W/(m \cdot ℃)$。

钛合金,制作隔热支架、隔热螺栓或螺钉,导热系数 $5.44 W/(m \cdot ℃)$。

3.8.5 热仿真分析

1. 概述

在热控制设计阶段,热仿真分析是技术状态确定的最重要技术手段。在热控设计验证阶段,用地面热平衡试验修正热模型并进一步延伸飞行性能,热分析在被检验的同时也是一个重要的验证手段。

针对敏捷卫星飞行状态下对日对地模式切换,且成像期间在空间角范围内对任意多个组合区域成像的特点,热控分系统创造性地提出并开发了卫星全空间任意指向组合的动态外热流分析技术,分析并获取卫星机动前后及机动过程的姿态动态函数,并将该姿态动态函数嵌入轨道拼接技术之中,构建包涵卫星所有动态机动信息的轨道外热流分析模型,首次实现了任意机动过程内及任意机动组合条件下的外热流精确分析,突破了传统卫星只能进行机动前后分析的局限,为该类卫星精确热分析奠定了基础。

2. 热网络方程

热网络方程为

$$c_i M_i \frac{\mathrm{d}T_i}{\mathrm{d}t} = \sum_j E_{ij}(T_j^4 - T_i^4) + \sum_j D_{ij}(T_j - T_i) + q_{in} + q_{orbit} \quad (3-20)$$

式中:c_i 为节点 i 热容;M_i 为节点 i 质量;T_i 为节点 i 温度;t 为时间;E_{ij} 为节点 i 和节点 j 之间的辐射热导;D_{ij} 为节点 i 和节点 j 之间的线性(传热)热导;q_{in} 为内热源;q_{orbit} 为轨道外热流。

式(3-20)中,左边是节点的内能变化速率,右端依次是流入节点的所有辐射传热速率、流入节点的所有线性热导传热速率、节点自身发热功率、吸收的外热流。

3. 热分析计算工况选择

高/低温工况定义是选择卫星正常飞行极端外热流和星内热源极端内热源组合作为计算工况的依据。选择整星散热面吸收最小外热流且星内设备工作在最小功耗模式时为低温工况,选择整星散热面吸收最大外热流且星内设备工作在最大功耗模式时为高温工况。

由于敏捷卫星成像区大角度姿态机动,会导致侧板外热流短时间剧烈变化对安装在其上的设备的高低温和整星高低温工况不一致,在热分析选择上也需考虑这方面的情况。

1) 外热流选择

根据敏捷卫星散热面设计结合 1 年内阳光与轨道面夹角(β 角)的变化情况,选择卫星散热面吸收总外热流最小值为整星的低温工况,选择吸收总外热流最大值为整星的高温工况。如果敏捷卫星受晒面包含有较大面积金属性质的涂层,如敏捷卫星对接环位于受晒面,选取外热流极端工况是需要综合考虑的一个重要因素。

敏捷卫星的一大特点是大角度姿态机动,即光照区成像区星下点 45°范围内任意角度机动。因此,在热分析工况选择时需考虑极端姿态机动情况下散热面截面外热流最大情况。

2) 内热源选择

敏捷卫星载荷设备均瞬时工作,因此设备工作模式是影响整星热分析温度水平的另一个重要因素。

低温工况选择内热源最小的模式。主要是选择卫星入轨初期平台长期工作,载荷设备不工作,主动控温加热回路处于闭环控制状态。舱内控温设备的温度边界按下线设置。

高温工况选择内热源最大的模式。主要是选择卫星载荷设备最大工作模式和最长工作时间组合的模式。敏捷卫星载荷多,工作模式复杂,包括相机记录、数传设备实时传输、近实传、记录、对地回放工作等,根据载荷实际可能的在轨工作模式进行载荷设备最大功耗和最长工作时间的极端组合,作为整星的高温工况内热源。

3) 个别设备的极端工况选择

对卫星大部分设备来说,整星的极端高低温工况和设备的高低温工况一致。但是,安装在外壁板上的设备由于敏捷卫星对地对日飞行姿态以及大角度姿态机动导致其极端高低温工况和整星高低温工况不一致,如果热仿真结果是设备温度距离温度上下限余量较小,或者对温度指标要求比较高,热仿真需要针对该设备进行极端高低温工况仿真分析。

3.9 可操控性设计

卫星的可操控性设计是卫星总体设计的一部分,关系到卫星的使用效能和用户使用的便利性。对于敏捷卫星,如果可操控性设计得不好,即使卫星具有很高的机动性能,也很难有很高的使用效能;同时,由于敏捷卫星有多种成像模式,如果不进行针对性设计,则会给地面系统的任务管理带来较多不便。卫星的可操控性设计涉及面较广,与参与星上成像、数据传输等任务运行的各个分系统均存在密切联系。

3.9.1 相机工作模式设计

1. 成像前的等待模式

由于敏捷卫星在轨道阳照区,当相机不成像时,卫星的姿态一般处于对日定向状态,即卫星的太阳翼对日定向,相机的 $+Z$ 轴(也即卫星的 $+Z$ 轴)处于非对地状态;而当相机成像时,卫星的 $+Z$ 轴指向地球。通过仿真分析,敏捷型卫星相机外热流具有如下特点:

(1) 卫星运行在两极上空、太阳翼对日定向以及相机光轴指向深冷空间时,入射外热流极低。

(2) 卫星在成像区内且相机无侧摆时,外热流周向分布均匀,而沿光轴方向存在较大的外热流梯度。

(3) 卫星在成像区内且相机侧摆成像时,相机主镜筒周向外热流分布不均匀。

卫星对日定向和对地定向的两种工作状态使得相机镜头入口的外热流变化非常剧烈,可能会造成相机镜头温度的剧烈变化,难于满足相机成像时温度的高稳定性要求。图 3-37 为常规遥感卫星 $-Z$ 轴存在一次对日时,相机入光口的主要部件(主镜、次镜)的温度波动情况,从图中可看出温度变化最大超过 0.5℃。

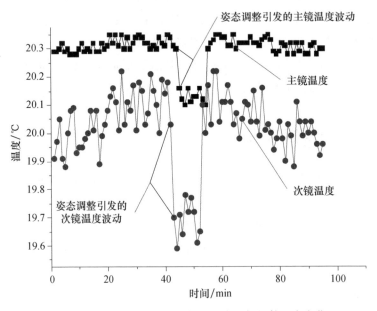

图 3-37　姿态转换引起的相机入光口部组件温度变化

当敏捷卫星开始成像前,卫星姿态需要从对日定向状态转至对地状态,根据前面的分析,姿态转换的时间一般不超过 70s。如果没有合理的热控设计,则相机镜头难以在较短时间内达到满足成像的温度要求,这一状况与传统遥感卫星存在较大的差别。因此,有必要采取针对性的热控设计,使得相机镜头在卫星对日定向和对地定向两种状态下,温度高度稳定没有波动,以适应敏捷卫星快速成像的要求。

2. 成像过程中的待机/恢复模式

当前高分辨率相机的原始数据量较大(量级为吉比特每秒),其硬件电路一般都配置有 SRAM 型 FPGA(规模一般在 200 万门以上)。大规模 FPGA 的加电配置时间较长,一般超过 20s,如果再加上软件复位、视频电路分步开机时间,则整个相机开机过程耗时一般超过 30s;而一次成像任务结束后,相机的关机时间一般需要 8s,则一次成像任务的开关机过程需要约 40s 的时间。如果敏捷卫星的每次成像任务都按照开机后再关机的操作执行,多次成像任务的相机开关机时间排列顺序如图 3-38 所示,则两次成像任务的间隔时间一般应不小于 40s。

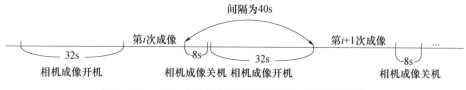

图 3-38　多次成像任务的相机开关机时间排列顺序

由于敏捷卫星的姿态机动较快(以某卫星为例,机动角度为 30°时,所需的时间约为 35s),那么当两个区域之间所需的机动时间小于 40s 时,则卫星在姿态机动过程中,相机成像不能关机,否则无法获取第二个区域的图像。而这种机动过程中相机成像不关机的操作会产生大量的无效数据,给地面系统的数据管理带来了很大的不便,同时也大量地浪费了卫星的电能,降低了卫星的使用效能。

为了高效便利地进行敏捷卫星成像任务的管理,可设计一种满足在两次成像任务间隔较短的情况下不产生无效数据的相机工作模式——待机/恢复工作模式,这种模式在第一次成像任务结束时不进行相机成像关机,而是停止相机图像输出(操作时不超过 1s),在下一次成像任务开始前恢复相机图像输出。相机待机/恢复工作模式的时间不超过 2s,而目前卫星姿态机动所需的最小时间不小于 5s,则该工作模式能够适用于两次成像任务间隔小于 40s 的情况。

由于相机在停止输出图像时会停止部分电路时序,该模式相机部分电路只有静态功耗,则该模式与正常成像时相比功耗会变小(以某项目为例,减小了 75W)。同时,由于相机不输出图像,因此后端的数传分系统处于空载状态,其功耗也比正常处理数据时小,达到了节省电能的作用。以某项目为例,相机和数传分系统的功耗共减小了约 90W,如图 3-39 所示。

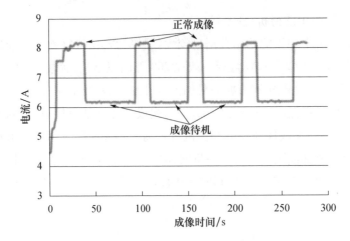

图 3-39　相机待机时工作相机和数传分系统电流变化曲线

3.9.2　数传工作模式设计

根据敏捷卫星任务特点，结合地面数据接收站的可见性和数据传输（以下简称数传）实时性要求的不同进行数传分系统的工作模式设计。工作模式详细设计如下：

（1）实时传输模式。卫星在地面数据接收站可视范围内摄像，数传分系统实时接收有效载荷数据，然后对图像数据进行压缩、AOS 格式编排、信道编码以及数据加扰处理，经调制和功率放大后将数据发送到地面数据接收站。考虑用户对图像质量的要求和传输带宽的限制，采用 JPEG2000 压缩算法，压缩比一般控制在 4 以内。

（2）记录模式。卫星在地面数据接收站可视范围外摄像，数传分系统实时接收相机图像数据，对图像数据进行压缩、AOS 格式编排、信道编码以及数据加扰处理，然后将处理后的数据存储在固态存储器（简称固存）中。固存写入数据率较高，不存在传输带宽的限制，压缩可选取无损或近无损方式进行图像压缩。

（3）回放模式。卫星在地面数据接收站可视范围内时，将固存中存储的数据经调制和功率放大后发送到地面数据接收站。

（4）近实时传输模式。卫星在地面数据接收站可视范围内摄像，数传分系统实时接收有效载荷数据，然后对图像数据进行压缩、AOS 格式编排、信道编码以及数据加扰处理，经固存短暂缓存，再经调制和功率放大后将数据发送到地面数据接收站。近实时传输模式固存写入数据率较高，同时存在传输带宽的限制，压缩应在无损或近无损间择优选取压缩比。

另外,针对实时传输和记录模式时多条带成像拼接与控制问题,采用对基带处理设备的数据输出接口进行使能或禁止进行控制等方式加以实现。

3.9.3 对地数传天线应用模式设计

受构型布局和数据传输需求的限制,数传分系统配置两副对地数传天线。高分辨率敏捷卫星可以实现同轨多区域成像模式、同轨多条带拼接成像模式、同轨多角度立体成像模式、同轨短时间动态监视成像模式等。敏捷卫星具有大范围、快速姿态机动能力的技术特征,这给数传天线的应用模式提出了更高的要求。

由于敏捷卫星数传天线分布于有效载荷的两侧,构型上有效载荷限制了数传天线向内侧转动。因此,两副天线设计了在轨可以切换使用的模式,满足数据传输的要求,两副天线具备转角互补和功能备份的功能。同时,数传天线为了满足敏捷卫星大范围、快速姿态机动的要求,设计了天线预置模式和天线跟踪模式。在天线预置模式下,数传天线以最大角速度快速转动至成像区域角度,满足卫星快速机动后数据传输的需求;在天线跟踪模式下,数传天线以较小角速度实时跟踪地面数据接收站,实现数据传输。需要关注的是,由于数传天线处于预置模式时,天线转动角速度最大,会对卫星的姿态稳定造成影响。因此对于实传、近实传等任务,需要同时进行姿态机动和天线预置,避免天线预置对卫星姿态稳定的干扰。待天线预置完成后可以转入跟踪模式,此时卫星姿态调整处于稳定状态,数传天线小角速度跟踪地面数据接收站,不会对成像时的姿态稳定度造成影响。

3.9.4 文件管理设计

固存是数传分系统中的重要设备,参与了数传除实时传输以外的所有工作模式,这些工作模式都是通过对固存的文件操作实现的。对固存的文件进行操作,就是对固存的文件进行管理。文件管理具体包括文件的生成管理(即文件的生成方式管理)、文件的数量管理、文件的回放管理(即数据的索引方式),以及文件的擦除管理。敏捷卫星的任务决定了固存生成的文件具有数量多、时长短的特点。文件时长一般为 3~5s,文件的数量按照一天十几轨的任务安排,一般需要设计 100 多个文件,满足敏捷任务的需求。

对于固存文件的生成方式,充分考虑用户在轨使用方便的要求,设计了自动生成文件号和指定文件号两种生成方式。可通过指定的文件号生成文件,也可以对当前固存中的文件序号进行判断自动生成当前最小文件序号的文件。

同时为了便于用户对一次任务的管理,将多条带拼接等涉及有效载荷多次成像的任务数据均记录在同一个文件中,方便用户对图像数据进行后期处理。

文件的回放管理,包括固存顺序索引回放、文件号索引回放以及按时间索引回放3种方式。顺序索引会将固存中所有的文件按照生成的顺序全部回放;文件号索引会将指定文件号的文件进行回放,用户通过文件号索引可以选择性地对数据进行回放管理;按时间索引可以根据指定的开始时间和结束时间,对固存数据进行选择性回放。3种文件回放管理方式结合使用,便于用户有针对性地实现高效数据索引。

数传天线切换后接力传输设计需要从传输通道和图像信息数据不缺失两个方面考虑。对于信息数据不缺失的问题,只能采用近实时传输模式和回放模式实现,为了避免天线切换的过程中导致数据的缺失,在天线切换完成后采用数据回退重放的方式加以避免。对于传输通道的问题,它涉及调制器、功率放大器、天线伺服控制器的开关机操作,以及控制信号流向的微波开关直通或交叉操作,一般微波开关应在功率放大器关机后进行切换操作。

3.9.5 任务管理设计

敏捷卫星具备大角度快速机动能力,能实现多种成像模式和对观测区域的快速响应,与非敏捷卫星在成像点选择、指令编排使用等方面有很大差异,现有的指令设计与应用模式无法适应敏捷卫星的在轨应用。下面以元任务概念进行指令集合化管理的设计提出了一种解决方法。

1. 元任务管理功能设计背景

以往的遥感卫星在实施成像任务时,很少有机动的动作,地面用户先将星上相机分系统开机、拍照、关机,再通过数传分系统将数据下传至地面接收站这一过程分解为依时间次序执行的指令,并按照星地通信格式进行编码和格式化,在卫星过境的时候上注到星上,星上计算机收到后按照时间顺序依次发出指令给星上各分系统来完成成像任务。

敏捷卫星的高敏捷和高精度特性需要星上多个分系统的协同配合,需要编排的指令集合在数量和复杂度方面急剧增加。同时,地面用户所习惯的以时间信息为索引的指令管理方式仅适用于指令数量较少、指令间关系简单的情况,无法做到对复杂指令集合的编排。此外,敏捷卫星还必须解决上行遥控数据量过大的问题,满足用户随时增加、删除任务的任务级管理需求。显然,传统的指令编排管理方法不能满足以上需求,具体优缺点如表3-3所列。

表 3-3 传统指令应用方式优缺点

传统指令应用方式	优点	缺点
程控指令	通用、适应性强，设计和实现简单	不能固化在星上，上注数据量大、效率低
		编排及管理指令困难
		安全性不足
相对程控	可固化在星上，不需要反复注入	不兼容程控指令；载荷功能较为复杂时需要与程控指令配合使用，编排及管理指令非常困难
		不能实现相对程控组内指令自由组合执行的需求

因此，必须对星上控制信息流进行全新设计，简化地面运管复杂度、提升卫星应用效能、减少卫星对地面测控的依赖、改进用户体验，并增强卫星应对在轨紧急任务和状态变化的能力。

2. 元任务数据块设计

传统的指令应用都是基于模板的指令序列，使用时制作的数据块多，上注数据量也很大。元任务数据块的设计原理是关注需要卫星完成的任务，为任务打包工作控制信息和参数设置两类数据。

从星上计算机软件的角度来看，解译元任务数据块，就是取出数据块的控制信息和参数信息，根据控制信息调用、执行相应的指令组合，将其分解为一系列带有时间信息和参数的指令。

每个指令组合从内部可以分为多个段，每个段可由地面注入的元任务数据块单独指定运行或不运行，这样使得任务规划软件运行时非常方便地自由组合指令段，实现不同的功能需求，如表 3-4 所列。

表 3-4 指令组合的构成

序号	指令名称	段标识	说明
1	数传分系统加电	第 1 段	数传加电
2	启动实传模式	第 1 段	设置数传工作状态
3	数传状态设置		
4	相机分系统加电	第 2 段	相机加电
5	相机状态设置		
6	相机及数传分系统协同工作	第 3 段	载荷工作
7	相机成像关	第 4 段	相机断电
8	相机管理控制器断电		
9	数传状态设置	第 4 段	数传停止工作及断电
10	数传分系统断电		

每一个元任务既可以使用多个指令组合完成敏捷成像动作,也可以单独使用某个指令组合中的任意一种。因此,元任务上注块的格式如表 3-5 所列。

表 3-5 元任务数据块格式

序号	内容	说明
1	元任务上注数据块标识	
2	元任务个数	
3	第 1 个元任务序号	第 1 个元任务
4	元任务开始时间(UTC 时)	
5	第 1 个指令组合需要的工作控制信息和参数	
6	第 2 个指令组合需要的工作控制信息和参数	
7	第 n 个指令组合需要的工作控制信息和参数	
8	第 2 个元任务序号	同第 1 个元任务说明
⋮	⋮	⋮

3. 元任务星上管理功能设计

星上元任务管理功能设计覆盖的用户需求,如表 3-6 所列。

表 3-6 用户需求列表

序号	用户需求
1	星上仅使用一种指令格式,即元任务能够兼容传统的程控指令、相对程控
2	解译功能可以灵活自由组合开机、关机、待机、机动、成像、传输等各个动作序列
3	星上解译后指令的发出均以 UTC 时为基准,且发出时间与 UTC 整秒误差小于 1s
4	地面可以灵活操作星上的指令序列,包括组合、修改、删除、增加等操作
5	元任务数据应急管理功能,包括元任务数据的添加、保护、停止、删除、重复注入等操作

在轨运行时,地面仅需要上注指令组合需要的控制信息和参数,星上计算机软件便能够找出相应的指令组合自动填充指令参数生成具体指令,并按时间顺序发送给星上各分系统执行任务。

同时,星上计算机可以随时根据地面的指令修改指令组合、增加指令组合以及删除指令组合。这样不仅简化了地面用户指令编排工作的复杂程度,大大减少了上注的数据量,并提高了指令编排工作的可靠性。尤其是在元任务数据的生成、注入与删除、应急管理、保存与恢复、并行运行与安全停止的功能上,进行了可靠性、安全性、好用性、易用性的全新设计,为实现敏捷卫星任务级的管理和应用提供了支持,元任务管理功能分解如表 3-7 所列。

表 3-7　元任务管理功能分解

序号	管理功能	功能说明
1	元任务上注数据生成	按照星地统一的接口协议,地面通过规划软件快速生成数量精简、信息丰富的元任务数据块,真正实现"一键式"操作
2	元任务数据注入	支持按时间顺序注入、按时间倒序注入
3		支持应急元任务数据临时插入
4		支持重复注入相同的元任务数据,且确保仅执行一次
5	元任务数据删除	支持按元任务编号删除一个或多个元任务
6		支持按时间段删除一个或多个元任务
7		支持清空全部已经上注的元任务数据
8	元任务运行与安全停止	支持多个元任务并行运行
9		支持地面指令控制星上元任务从运行状态安全转为停止状态
10	元任务数据自主保存与自主恢复	支持卫星飞越测控弧段后,星上自主保存测控弧段内上注的元任务数据
11		支持主机在轨复位/切机后,星上自主恢复之前保存的元任务数据,并继续执行

3.10　定位精度影响因素

卫星图像定位精度是一个星地一体化指标,既需要通过星上设计保证卫星的成像稳定性,高精度地测量卫星的轨道和姿态,以及成像数据与姿轨数据的时间同步,也需要地面准确地标定出卫星在轨时相机和姿态轨道测量设备之间的安装位置误差和相机内方位元素。地面应用系统利用几何校正模型对卫星图像进行几何校正处理,得到高精度几何定位的图像产品。

敏捷卫星在定位精度的影响因素方面基本上与其他的光学遥感相同,只是更多地考虑连续大角度姿态机动过程会不会引起相关的内外方位元素的变化。

3.10.1　几何定位原理

严格矢量共线方程模型是当前国内外光学遥感卫星直接对地定位的主流模型,矢量共线图如图 3-40 所示,其实质含义为相机投影中心、像点及对应的物方点三点共线,也可理解为像方矢量与物方矢量共线,其中:像方矢量以投影中心为起点、像点为终点;物方矢量以投影中心为起点、物方点为终点。

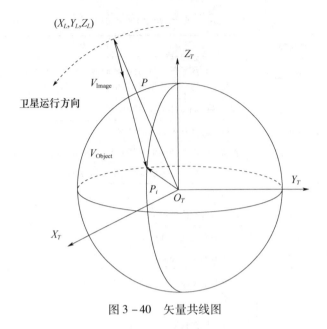

图 3-40 矢量共线图

如图 3-41 所示,构建高分辨率光学推扫式卫星的严格矢量共线方程需要卫星轨道数据、卫星姿态数据、相机成像数据等星上观测数据,以及地面几何定

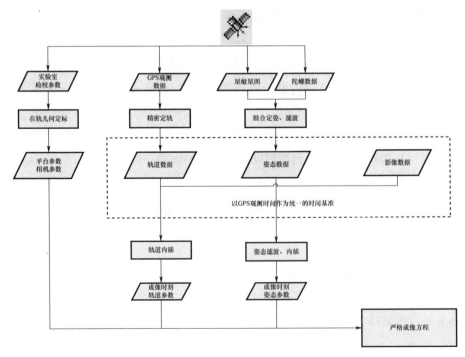

图 3-41 光学推扫式卫星严格成像模型图

标的在轨检校数据。星上观测数据需要高精度的时间系统保证数据具有统一的时间基准。地面在轨检校数据用于校正 GNSS、星敏感器、陀螺和相机等星上设备由于空间环境变化和发射振动所引起的观测误差和安装误差。

依据卫星的轨道数据和姿态数据,一般光学成像模式下单幅影像中某个像点在成像时刻和地面点关系可表示为

$$\lambda \begin{bmatrix} x' - x_0 - \Delta_x \\ y' - y_0 - \Delta_y \\ -f \end{bmatrix}_{\text{Cam}} = R_{\text{Body}}^{\text{Cam}} \left(R_{\text{J2000}}^{\text{Body}}(t) R_{\text{WGS84}}^{\text{J2000}}(t) \begin{bmatrix} X_M - X_{\text{GPS}}(t) \\ Y_M - Y_{\text{GPS}}(t) \\ Z_M - Z_{\text{GPS}}(t) \end{bmatrix} - \begin{bmatrix} D_x \\ D_y \\ D_z \end{bmatrix}_{\text{Body}} \right) \tag{3-21}$$

式中:$(x'-x_0, y'-y_0, -f)$ 为像点在相机坐标系下的坐标;(x_0, y_0) 为像主点;(Δ_x, Δ_y) 为镜头畸变、主点偏移、CCD 尺寸变化及 CCD 线阵旋转等因素所引起的内方位元素误差;f 为传感器的主距;λ 为缩放比例;(X_M, Y_M, Z_M) 为像点对应物方点 M 在 WGS84 坐标系下的坐标;$(X_{\text{GPS}}(t), Y_{\text{GPS}}(t), Z_{\text{GPS}}(t))$ 为该像点成像时刻 GNSS 测定卫星在成像时刻的位置;$R_{\text{Body}}^{\text{Cam}}$,$R_{\text{J2000}}^{\text{Body}}$,$R_{\text{WGS84}}^{\text{J2000}}(t)$ 为卫星本体坐标系到相机坐标系、J2000 坐标系到卫星本体坐标系以及 WGS84 坐标系到 J2000 坐标系的旋转矩阵;$(D_x, D_y, D_z)_{\text{Body}}$ 为相机投影中心相对于 GNSS 天线相位中心的偏心矢量在卫星本体坐标系下的相对坐标,通常由实验室测定。

如果有覆盖同一地物两幅影像所组成的立体像对,利用不同高度的地面两个点在左右影像上的左右视差可以确定两点之间的高程差异。根据共线方程,通过立体像对中两幅影像的空间前方交会关系可以获得地物的精确三维坐标。如图 3-42 所示,地面点 A 和 C 分别在立体像对中两幅影像的距离为 a_1c_1 和 a_2c_2。根据三角几何关系,量测的像点差 Δ 与高程 h 的关系可表示为

$$\Delta = \frac{fB}{H-h} - \frac{fB}{H} = \frac{fBh}{H(H-h)} \approx \frac{fBh}{H^2} \tag{3-22}$$

因此,通过式(3-23)可以求出高程 h,即

$$h = \frac{\Delta \cdot H^2}{Bf} = \Delta \cdot \frac{H}{B} \cdot \frac{H}{f} \tag{3-23}$$

式中:$\frac{H}{f}$ 为摄影比例尺;$\frac{B}{H}$ 为基高比。

可见,最小高程理论精度取决于最小像元尺寸,并且与基高比成反比。

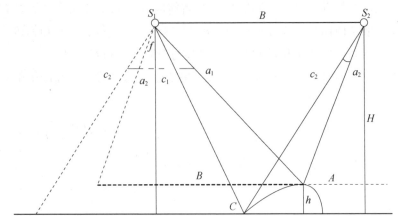

图 3-42 立体交会确定高程的原理

3.10.2 几何定位精度定义

1. 绝对定位精度定义

绝对定位精度是指图像几何定位坐标与真实坐标之间的误差,可以分为无地面控制点定位精度和有地面控制点定位精度。一般来说,绝对定位精度是指平面精度。对于具有立体成像能力的卫星,绝对定位精度还包括高程精度。

无地面控制点的定位精度是指由卫星轨道星历、姿态以及传感器参数等建立直接对地定位模型,根据该模型对影像的几何校正处理实现影像中像点的对地目标定位。几何校正后的影像坐标与真实坐标之间的误差为无地面控制点的几何定位精度。无地面控制的几何精度主要取决于卫星影像获取时的星历数据和姿态数据的精度、星时精度、平台稳定性、传感器几何参数等。因此,该指标也反映了遥感平台及成像系统的整体可靠性和稳定度。

有地面控制点的定位精度是指在对影像开始几何校正处理前,先使用已知的控制点通过区域网平差对几何处理模型的参数进行优化,再使用精化后的模型参数对影像进行校正处理。通过选取若干检查点来比较处理后影像与参考影像,从而获得有地面控制点的定位精度。决定有地面控制几何精度的因素主要有卫星平台的稳定性、成像几何模型、镜头和探测器的畸变等。

2. 相对定位精度定义

卫星成像过程中,由于光学相机成像畸变、卫星平台抖动、观测条件等因素的影响,导致地物在影像局部产生距离和角度的变形。因此,相对定位精度反映图像的内部几何变形程度,又称为几何畸变,是考核影像上地物在地面上的相对距离和角度与真实地物相对距离和角度的误差。相对定位精度取决于光学系统、探测器和平台的稳定性。相对定位精度包括相对平面距离精度、相对平面角度精度、相对高程精度。相对定位精度的评价可以在一级产品或二级影像产品上进行。

3.10.3 误差源分析

从第 3.10.1 节可知,图像定位精度取决于相机几何参数精度、星敏感器陀螺和相机的安装精度、GNSS 天线相位中心、姿态和轨道数据的精度、时间同步精度等。具体表现:相机内方位元素、相机坐标系与卫星本体坐标系的转换矩阵 R_{Cam}^{Body}、J2000 坐标系与 WGS84 坐标系的转换矩阵 $R_{J2000}^{WGS84}(t)$、卫星本体坐标系与 J2000 坐标系的转换矩阵 $R_{Body}^{J2000}(t)$。其中,R_{Cam}^{Body} 可以通过相机的安装角,以及相机与星敏感器的夹角计算得到;$R_{J2000}^{WGS84}(t)$ 可以通过成像时刻的轨道数据计算得到;$R_{Body}^{J2000}(t)$ 可以通过成像时刻的卫星姿态数据计算得到。

主点和主距等相机内方位元素,以及相机与星敏感器的夹角一般在相机研制时进行精确测量,但是它们受力学振动和在轨温度变化影响较大。星敏感器和 GNSS 观测精度会直接影响 $R_{Body}^{J2000}(t)$ 和 $R_{J2000}^{WGS84}(t)$。此外,$R_{J2000}^{WGS84}(t)$ 由于 GNSS 数据和星敏感器数据的获取时刻与卫星各影像行的成像时刻并不一致,需根据区域点的成像时刻对 GNSS 数据和星敏感器数据分别进行拟合,得到轨道和姿态曲线,代入区域点的成像时刻 t,内插得出该时刻下的卫星轨道和姿态。所以,在保证 GNSS 和星敏感器的高精度测量的同时,还需要相机、GNSS 接收机、星敏感器三者的时间同步。

综上所述,影响几何精度的星上误差来源主要包括相机内部畸变误差、星敏感器和相机夹角稳定度误差、GNSS 天线相位中心误差、GNSS 观测误差、星敏感器定姿误差、时间同步误差等。

1. 相机内部畸变误差

光学卫星相机采用的线阵 CCD 由于其自身结构、材料与制作工艺的特殊性,内部误差主要由 CCD 的旋转、平移、缩放、主距变化等线性畸变,以及 CCD 弯曲、光学径向畸变等非线性畸变所引起。相机内部误差主要影响包括主点和主距在内的相机内方位元素,会造成影像的内部畸变,从而影响图像的几何定位精度。因此,相机研制时需要进行内方位元素精测,同时相机还需要具有良好的几何稳定性,尽可能减小发射振动、在轨温度变化等影响,保证相机镜头和

CCD 的结构稳定。此外，卫星在轨运行后，需要通过高精度地面定标场进行内定标，确定 CCD 每个探元的指向角，进一步消除相机的内部畸变误差影响。

2. 星敏感器和相机的夹角误差

星敏感器通过对恒星的观测来确定卫星本体在 J2000 坐标系的姿态。相机通过 TDI CCD 进行推扫式成像，获得地面光学影像信息。若星敏感器、相机和卫星本体安装固连，它们之间的安装夹角误差属于一个刚体的系统性误差，主要影响相机坐标系与本体坐标系的转换矩阵 R_{Cam}^{Body}，从而影响图像定位精度。因此，需要保证星敏感器与相机的安装夹角在轨稳定，减小发射振动和在轨温度变化所带来的影响。此外，在卫星在轨运行稳定后，通过高精度地面定标场进行外定标，进一步消除相机和星敏感器之间的安装误差，提高图像几何定位精度。

3. GNSS 天线相位中心误差

由于 GNSS 观测值提供的是 GNSS 天线相位中心的测量数据，而不是相机投影中心在空间中的位置，因此两者之间存在偏心系统误差 (D_x, D_y, D_z)。由于在卫星发射前，GNSS 天线相位中心误差通过实验室检校后可以达到厘米级的精度甚至更高。真值计算误差只相当于百分之一个像素，因此由 GNSS 天线相位中心导致的误差经实验室检校后可以忽略。

4. GNSS 定轨误差

目前采用 GNSS 天线相位中心提供卫星在某时刻下位于 WGS84 坐标系下的位置和运动速度矢量。由于 GNSS 的采样频率远低于卫星成像频率，造成 GNSS 数据的获取时刻与相机成像时刻并不一致。所以，需要根据区域点的成像时刻对 GNSS 数据进行内插。首先对具有一定间隔的一组 GNSS 数据进行多项式拟合，得到卫星运行轨道的局部曲线，然后代入目标点的成像时刻 t，内插得出该时刻下的卫星位置及速度矢量，最后计算卫星轨道的开普勒参数，得到卫星轨道。根据卫星 t 时刻轨道，计算轨道坐标系到 WGS84 坐标系的转换矩阵 $R_{J2000}^{WGS84}(t)$。因此，GNSS 定轨误差对图像定位精度有较大的影响。

目前就高分辨率遥感卫星而言，单频 GNSS 的定轨精度中误差大概在 10m，而双频 GNSS 的定轨精度已达分米级水平，因而当利用双频 GNSS 进行定位时线元素误差对定位精度的影响几乎可以忽略不计。不过双频 GNSS 的定位结果需要事后处理，所以除了 GNSS 观测误差之外，定轨误差还与数据处理模型有关。

5. 星敏感器定姿误差

在姿态确定系统中,陀螺是惯性基准,提供最基本的角速度信息,由于其本身的缺陷,存在飘移误差、测量误差影响陀螺对角速度的测量精度。为了高精度地确定卫星姿态,将陀螺和星敏感器二者组合来确定卫星的姿态。星敏感器一般会有先验的观测精度,但是卫星在轨运行过程中,星敏感器的观测精度会发生变化,经过长时间的统计分析发现星敏感器观测的误差具有长周期性和短周期性,这种变化是星上无法精确进行量测的,造成了卫星姿态确定误差,从而无法精确计算卫星本体坐标系到轨道坐标系的转换矩阵 $\boldsymbol{R}_{\text{Body}}^{\text{J2000}}(t)$,从而影响图像的几何定位精度。

与定轨误差类似,星敏感器的采样频率同样远低于卫星成像频率,需对一组姿态数据进行拟合,由区域点的成像时刻 t 内插得到该时刻下的卫星姿态。所以,除了星敏感器的观测误差之外,定姿误差还与数据处理模型有关。

6. 时间同步误差

卫星的相机、GNSS 接收机和星敏感器等传感器在响应的真实时刻与记录时刻的差异称为绝对时间误差,不同观测系统(包括时间系统)之间的时间差异称为时间同步误差。星上时间是图像、轨道位置、姿态等不同卫星观测数据之间的统一基准。由于 GNSS 接收机和星敏感器的采样频率远低于相机的成像频率,任意成像时刻的位置和姿态都是通过内插得出来的,因此 GNSS 接收机和星敏感器在相机成像期间的数据连续一致性是影响图像几何定位精度的一个重要因素。

目前,星上时间同步的保证是依靠 GNSS 秒脉冲。卫星上的 GNSS 测量位置和速度的时刻、每一行成像时刻、星敏感器观测时刻都是采用 UTC 时间,其各自的时间系统都是通过 GNSS 原子钟来进行授时。由于原子钟的精度非常高,因此这些观测值的绝对时间精度非常高,但是由于各观测系统独立工作的原因,它们之间时间的同步性仍然存在一定误差,造成 GNSS 时间、姿态时间和成像时间三者之间的不一致,对轨道和姿态建模的准确性带来一定的影响,从而影响图像的几何定位精度。

3.10.4 高定位精度设计

根据上述分析,影响图像几何定位精度的主要因素包括相机内部畸变误差、星敏感器和相机夹角误差、GNSS 天线相位中心误差、GNSS 观测误差、星敏感器定姿误差和时间同步误差等。如果卫星在轨运行时,相机、星敏感器和

GNSS之间的空间几何关系保持结构稳定，则相机内部畸变误差、星敏感器和相机夹角误差、GNSS天线相位中心误差等三类误差随时间变化很小。因此，它们可以通过卫星发射前精测获得初始误差值，还可以通过在轨的地面几何定标构建误差补偿模型，从而减小对图像几何定位精度的影响。

GNSS观测误差和星敏感器定姿误差无法通过在地面构建几何定标模型进行补偿处理，有效的方法是采用精度更高的仪器和各种技术提高观测精度，并使用合理的处理算法提高姿轨拟合精度，以减弱观测误差带来的影响。在时间同步误差方面，由于目前国产光学卫星采用GNSS硬件秒脉冲统一整秒授时，各观测器件利用计数器实现微秒级时间测量，其时间测量精度达到$50\mu s$，因此只需要保证在观测周期内的数据满足时间连续一致性，即可降低时间同步误差对几何定位精度的影响。

根据用户技术指标要求，针对影响定位精度的星上关键因素，本节从时空基准数据组织、高精度时间同步、高精度定轨、高精度姿态确定、相机几何稳定性等方面开展相应的卫星设计工作，以保证满足用户指标。

第 4 章

总装、集成和验证（AIT）

4.1 敏捷卫星总装、集成技术

4.1.1 总装特点分析

卫星总装是指从单机设备交付总装进行验收开始，将仪器设备可靠地固定到所要求的位置，通过电缆或导管将它们连接起来形成功能和性能都能满足总体要求的整星，之后将卫星交付发射为止的全过程。在整个总装过程中：首先按照设计要求，由工艺完成工艺装备研制和工艺设计；然后将验收合适的所有部/组件和仪器设备按照设计和工艺要求，由总装工艺技术人员和操作工人组装成为卫星。卫星总装包括在制造工厂的装配、测试、出厂转运、在发射场的总装和测试，以及在发射塔架的最后装配和测试工作。总装是卫星研制过程中的重要阶段，总装质量对卫星总体性能、功能及可靠性有着直接的重要影响，对卫星在轨运行有着重要作用。

敏捷卫星总装与传统卫星总装主要工作内容类似，但也有其自身的特点。以敏捷卫星采用舱段式设计为例，卫星分为推进舱、平台舱和有效载荷舱 3 个主要部分，卫星总装过程中可根据研制流程和计划节点要求对不同舱段并行开展工作，同时还需要考虑舱段间机、电、热接口的总装实施工作。敏捷卫星采用紧凑型的圆柱构型布局设计，以尽量减小整星转动惯量，其卫星结构尺寸较大，总装过程中需在组装、停放、起吊、翻转、运输、试验各个环节考虑地面工装以及工艺实施方法。

敏捷卫星主要载荷是相机，不管是质量还是体积都在整个敏捷卫星内部占了很大比重,卫星总装过程中也需要围绕相机开展相关工作,除了与传统设备安装相关的机、电、热、安全防静电要求外,还需特别明确载荷相机安装时机、安装方式、安装实施流程、精度检测要求、与附近其他设备之间的关系,以及相机安装时的注意事项。敏捷卫星的高精度姿态测量要求,对敏捷卫星载荷相机、星敏感器的总装提出了更高的要求。

在对敏捷卫星进行太阳翼安装、展开及光照试验时,零重力展开方式与传统的小卫星展开方式不同,需设计地面机械支持工装将卫星翻转为水平状态,使用悬挂装置将太阳翼悬吊,模拟实现太阳翼展开的零重力状态。

CMG组件布局于推进舱内,同时在推进舱内还有肼瓶和推进系统管路,在总装过程中需关注设备安装实施的工艺流程和可实施性。敏捷卫星构型布局设计时,天线布局在卫星的对天面和对地面即载荷舱顶板和推进舱底面上,天线密集,布局紧凑,实施总装的空间小,要求高。

4.1.2 地面机械支持设备设计

1. 地面机械支持设备设计原则

地面机械支持设备(MGSE)是完成卫星总装的必要保证,其使用与卫星总装的各项操作密切相关,使用过程应满足卫星各项大型操作的要求,设计也应遵循相应的准则。

(1)遵循通用化、系列化、组合化的原则,优先选用通用装备,需考虑设备的通用性和互换性。

(2)地面工装的结构应满足强度、刚度、稳定性要求。

(3)考虑使用环境条件,保证安全生产。

(4)操作使用应当简单、便利。

(5)应采取防松、减震措施,确保支持设备在专用技术规定的冲击、振动、潮湿、变载荷等环境条件下正常使用。

(6)复杂工装设备考虑可拆卸性,便于包装和运输。

(7)考虑制造费用及其使用维护费用。

(8)合理采用新工艺、新技术、新材料,考虑人机工效学要求。

(9)避免尖锐、突出的部位,并考虑足够的操作空间。

2. 用途和功能

1)起吊设备

起吊设备是卫星及部件在AIT过程中进行吊装操作所使用的设备,设计和制造应满足相应标准的要求,承载能力及外形尺寸满足卫星要求,吊具吊点符合卫星整星吊点接口要求,且起吊平稳可靠,具有相应的绝缘措施,以免吊车漏电危及卫星或设备。

设计时除了考虑吊具的功能外,最重要的就是考虑吊装的安全性,确保吊装过程中产品的安全,吊具具有一定的强度、刚度和稳定性,以及其他安全注意事项。敏捷卫星起吊设备有整星吊具、舱段吊具、结构板吊具及设备吊具等。

(1)整星吊具是完成卫星整星在 AIT 过程中各项吊装工作的设备,主要完成卫星舱段分解、舱段对接、转运、大型试验过程中的吊装等。敏捷卫星吊装方式与传统卫星吊装方式不同,敏捷卫星设计有 6 个吊点,吊装时通过吊具将 6 个吊装点吊车相连,实现吊装功能。

(2)舱段吊具在 AIT 过程卫星不合舱板状态下对平台进行吊装时,需要使用专门的舱段吊具,对于与敏捷卫星电子舱吊具可以借用整星吊具。

(3)结构板吊具是完成在 AIT 过程中结构板吊装工作的设备,质量较轻、结构较小的结构板不需要吊装,安装有单机设备的结构板及大尺寸结构板需要设计专用的结构板吊具,用于卫星合板过程中。

(4)设备吊具是完成卫星部件安装的辅助设备。根据要求,质量大于 20kg 的设备均应吊装安装。

2)包装箱与支架车

整星的出厂和运输主要依靠包装箱来完成,依包装箱的大小,对于大型包装箱的运输需要配备专门运输车。卫星包装箱用于卫星在总装厂与试验地之间以及总装厂与发射场之间的运输。卫星包装箱提供的环境条件应满足卫星的要求(振动、冲击、温度、湿度和压力方面的要求),应能够满足公路运输、铁路运输或空运的要求。如果卫星需要正压检漏,包装箱还应满足正压检漏的要求。卫星包装箱应配套包装箱专用吊具。

卫星总装过程中停放时,需要使用整星支架车、舱段支架车以及侧板支架车等。整星支架车用于卫星在总装、测试期间的停放和在厂房内转移星体,可用于整星或单独的推进舱停放。舱段支架车与整星支架车形式基本相同,根据不同的使用工况,其接口略有区别。侧板支架车用于总装测试期间停放安装有设备的侧板,能够满足总装和测试的需要,并能够在厂房内部移动。

3)其他辅助工装

敏捷卫星其他辅助工装还有发动机保护罩、天线等凸出部位的工艺保护工装,或警示标识,保护罩或保护工装的作用是为了防止 AIT 过程中磕碰星体凸出物,这些工装在卫星发射前需要拆除。此外,辅助工装还包括拧紧工具、测力工具、焊接工具、测量工具等。

4) 总装测试支持设备

卫星总装测试支持设备主要包括质量特性测试、检漏、精度测量过程中使用的工装设备。质量特性测试使用的设备主要有质心台、扭摆台等专用测试仪器,还有垂直适配器、水平适配器以及配套的吊带吊具等工装。检漏测试使用的设备主要有真空罐、氦质朴检漏仪、标准漏孔、压力计等仪器以及装接适配器等工装。精度测量使用的设备主要有经纬仪、水平转台、读数器、标准尺等仪器以及三角架、精测适配器等工装。

4.1.3 敏捷卫星总装工艺设计

1. 卫星总装工艺流程

根据敏捷卫星 AIT 工作内容及卫星构型布局特点,结合卫星具体工作实施内容,制定敏捷卫星总装工艺流程如图 4-1 所示。

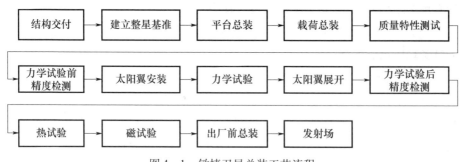

图 4-1 敏捷卫星总装工艺流程

敏捷卫星结构制作完成后,首先需要开展精度检测工作,建立敏捷卫星整星基准。通过建立整星基准,将敏捷卫星的机械坐标系转移到整星基准镜的光学坐标系上。在总装过程中,通过经纬仪对光学坐标系的测试,实现星上所有有精度要求设备的精度检测工作。建立整星基准之后就开始了平台总装工作。

平台总装过程中,首先是推力器的安装和管路制作工作。推力器安装需要同时进行精测调整工作,确保推力器安装满足相应的精度要求,将管阀件安装到位就可以按照设计要求焊接推进系统的管路了,焊接后的管路需要进行漏率检测,确保管路制作合格。还需要注意的是管路制作过程中确保相应的管阀件焊接极性的正确性,这是保证在轨正常工作的基础。平台其他分系统设备根据设备交付情况、流程安排开展设备安装和电缆敷设工作,并对有精度要求的设备开展精度调整,确保设备安装满足精度要求。

载荷总装与平台总装类似,按照设计要求和相关文件图纸,将载荷设备安装在卫星结构上,由于敏捷卫星主要是围绕相机为中心开展总装工作,因此在载荷舱总装时须规划好仪器设备安装、电缆敷设的工艺流程,相机质量、尺寸较大时,需采用吊装方式进行安装。同时为确保相机的安装指向精度满足要求,需对相机和星敏感器实施一体化安装,同时对相机和星敏感器进行精度检测,以确保最终的安装状态满足在轨精度要求。

质量特性测试是对敏捷整星本体进行质量、质心进行测量,并用配重块调整,确定各配重块的质量和位置。敏捷卫星尺寸较大,尤其是纵向质心高度需借助 L 支架或其他工装,将卫星翻转到水平或一定角度,测试或计算得到。

力学试验前精度检测是对星上所有具有安装精度的设备开展精度测试,测试的项目主要有载荷相机、星敏感器,以及控制分系统相关设备,包括姿控发动机、CMG、陀螺等。尤其是载荷相机和星敏感器,要求精度高,需要开展测试的项目较多。为保证测试精度,敏捷卫星精度检测时,直接精度检测标定载荷相机和星敏感器的关系,减少过程传递引入的误差。力学后精度检测和力学前精度检测项目相同,通过比对力学试验后精度检测结果变化情况,验证卫星结构稳定性。

敏捷卫星大型试验项目与传统卫星类似,主要有力学试验、热试验、磁试验等,试验过程中总装主要是卫星相关试验状态设置和卫星吊装及运输。力学试验状态设置主要是将设备按照力学状态安装,将电缆进行绑扎紧固,并安装力学试验传感器。热试验状态设置主要是星内设备及结构板热控实施,星内热试验传感器安装、粘贴,星表设备及结构热控多层安装,热流计安装以及安装红外笼等工作。磁试验主要是按照磁试验要求将卫星运输至磁试验场地开展相关试验。

敏捷卫星经过各种大型试验之后则开展出厂前总装工作,出厂前总装是卫星最终的总装工作,完成后卫星状态不再进行更改。为保证卫星质量要求所有的最终状态相关参数和影像等多媒体信息都需要记录并由相关技术人员进行确认,同时还要完成出厂前的精度检测、漏率测试等工作。在完成出厂前总装之后卫星待命出厂,在将卫星运输至发射场过程中需要根据不同的运输工具制定不同的运输方案和措施,确保运输过程中的产品安全。在发射场卫星主要工作内容有发射场检漏、精度检测、热控实施、太阳翼安装、卫星加注以及星箭对接等工作。

2. 卫星总装设计

总装工艺是根据卫星设计图样和文件,以及生产部门的具体条件编制出供卫星装配人员操作的具体实施方法。在敏捷卫星总装过程中,按专业可将工艺分为装配工艺、电装工艺、精测工艺、漏率测试工艺和质量特性测试工艺。

总装工艺设计过程的主要工作如下:

(1)规划卫星的总装实现过程,包括总装流程、场地、工装、工具、方法等。

(2)设计图纸和文件,并进行各方确认及会签。

(3)优化技术流程,合理安排总装工序及精度测量、质量特性测试和漏率测试,负责与各种测试的技术接口,为科学安排生产提供技术支持。

(4)制定工艺保证措施,为实施总装操作提供有效的技术支持。

(5)设计工装和专用工具,为总装实施提供必要的技术保障。

(6)编制各类操作记录表格,控制总装实施状态。

(7)编制标准件、辅助材料、热控材料工艺定额明细表,为物资部门提供依据,为总装实施提供物资保障。

(8)处理总装过程中出现的各类技术问题,保证卫星总装实施状态符合设计图纸和文件要求。

总装工艺是联系设计和操作的桥梁和纽带,在卫星研制过程中起着非常重要的作用。

3. 卫星总装实施

卫星的姿控、轨控、推进、热控等系统都需要由管路组成气路、液路,以便将动力源与执行机构等连接起来。管路制作工作主要有管路取样、管路成型、管路清洗、管路检测等。

针对空间环境温度变化剧烈,为保证卫星仪器、设备正常工作,必须对卫星进行热控制,热控系统对于各型号卫星均是一个不可缺少的复杂系统。卫星总装热控实施主要包括电加热器粘贴及回路串接、测温传感器粘贴、热管安装和热控多层实施等。需要进行热控多层实施的部位主要是星体外壁、燃料瓶、导管、气瓶、发动机、电缆及其他需与外界隔热的部件。在制作多层隔热材料时,首先按照设计图纸制作样板,然后将原材料按所需单元层数叠合起来,再按照样板下料、缝合,最后使用销钉或尼龙搭扣将多层固定于设备或结构板的表面。

电缆敷设一般在仪器设备安装到位后进行,电缆敷设有两种模式:一种是根据电缆安装图将单根电缆逐一安装到星上相应的位置并绑扎固定;另一种是用模板生产和安装电缆,这种电缆的长度和分支比较精确,减少了多余的长度和质量。依据传输的信号不同,电缆可分为低频电缆、总线电缆和高频电缆3种,各种电缆的敷设要求依电缆的特性各不相同。

卫星多个舱段之间需进行舱段对接,对接过程中需要实现舱段间机械接口的连接。舱段间电缆的连接和穿舱电缆的敷设,应确保舱段之间力学性能、电气接口满足要求。受限于舱段重量,舱段对接时普遍采取吊装对接方式进行,吊装过程中需着重注意产品的安全。

4.1.4 总装检测

1. 精度检测

卫星精度检测主要是为了保证卫星上的各种具有精度要求的敏感元器件和设备,在安装时符合设计提出的安全精度要求,从而确保卫星在轨期间设备能够正常工作。

卫星精度检测包括卫星结构精度和设备安装精度两个方面。卫星总装期间需要进行多次精度检测,其中建立整星基准是在开展卫星总装工作前进行,尽量使卫星结构处于轻载无应力状态,将卫星的结构坐标系引出到光学坐标系,实现卫星的光学测量。设备精度检测可能根据不同任务要求进行多次检测,对于超差的检测项目还需要进行精度调整,通过精密安装达到设备精度满足设计要求的目的。

敏捷卫星精度检测流程如图4-2所示。通过整星基准,建立卫星机械坐标与整星基准立方镜之间的关系。通过推进舱辅助基准,建立整星机械坐标系和推进舱上的辅助基准之间的关系。通过振动试验前后精度测量数据对比,了解振动试验对设备精度的影响。通过出厂前后精度测量对比,确定卫星经长途运输对精度的影响。

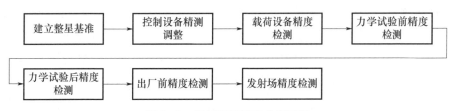

图4-2 敏捷卫星精度检测流程

1)整星基准选择

整星基准一般选择在卫星结构强度和稳定性最好的位置,在总装过程中不进行拆卸的部位,安装立方镜作为光学基准。为保证卫星所有位置安装的设备都具备精度检测条件,一般在平台底板安装两个立方镜作为整星基准镜,同时两个立方镜可以互相作为备份。敏捷卫星选择平台底板作为整星基准镜的安装位置。

2)相机安装精度测量

敏捷卫星精度检测要求最高的设备是载荷相机和星敏感器。传统的卫星精度检测时,建立载荷相机与星敏感器和卫星机械坐标系之间的关系,在轨应用时通过数据转换,使用星敏感器和载荷相机之间的关系数据,进行在轨应用。敏捷卫星为提高载荷相机和星敏感器之间的角度关系精度,采用了直接精度检测载荷相机与星敏感器关系的方法,减少了整星机械坐标系的中间转换工作,进一步减少了精度检测测试带来的误差。

3)CMG 精度测量

CMG 安装在推进舱内,同时在推进舱内安装的设备还有推进系统相关设备等。受限于构型布局设计,部分 CMG 上安装的立方镜的精度检测管路被推进舱结构或其他设备遮挡,不能进行精度检测。

为实现 CMG 的精度检测,确保设备安装精度,在 CMG 支架上设计了转移立方镜,确保转移立方镜在推进舱内的精度检测光路不被遮挡。在 CMG 安装到支架后,在整体安装到推进舱之前进行精度标定,得到 CMG 立方镜和转移立方镜之间的角度关系。在 CMG 连同支架安装到推进舱之后,进行精度检测时,建立整星基准立方镜和转移立方镜之间的角度关系,通过数值计算得到最终的 CMG 和整星机械坐标系之间的关系,从而实现 CMG 的精度检测。

2. 推进系统检漏

漏率检测主要是对卫星上的管路进行质量评估,通过漏率检测确保整个管路系统的焊接和螺接的密封质量满足长时间在轨运行要求。检漏方法一般是在被检测容器内充装检漏敏感物质(如氦气),氦气如穿过被检测物品的泄漏部位,可以通过检漏仪器检测出来。检测方法主要有压力法、气体分析法、液体分析法、气液分析法。对于不同的被检测体可以采用不同的方法进行检漏,但具体那种方法更合适,需要根据产品的具体特点和生产流程来确定。

根据卫星检漏技术要求,制定卫星总装检漏方案和进行检漏流程设计。敏捷卫星检漏可采用吸枪累积法、压力-真空检漏法、正压检漏法三种检漏方法。检漏流程包括推进分系统管路制作完成后单点检漏、推进分系统管路制作完成后系统检漏、振动试验后系统检漏、出厂前系统检漏、发射场系统检漏。推进分系统管路制作完成后单点检漏可采用吸枪累积法进行检漏,推进分系统管路制作完成后系统检漏和振动试验后系统检漏可采用压力-真空检漏法进行检漏,出厂前和发射场系统检漏可采用正压检漏法进行检漏。

3. 质量特性测试

航天器的质量特性由四个参数组成:质量、质心位置、转动惯量和惯性积。卫星在发射时的质量、质心位置、转动惯量等参数,对于运载的推力设计和主动段的弹道设计是必不可少的,对于自身的轨道控制姿态控制等也是必须的。各型号卫星在总体设计中均对卫星的质量特性参数提出要求。卫星在不同的阶段质量是不同的,质量特性测试时必须明确技术状态。在总装期间主要控制卫星本体质量,包括配重块的质量。测试时需要拆除所有的工艺件和保护件。

敏捷卫星质量特性测试与传统卫星质量特性测试方法相同,对于质量采用具有称重功能的传感器即可直接测量得到。质心测量采用三点测力法进行测量。根据物体的转动惯量与回转周期的平方成正比的原理进行转动惯量的测试。

4.2 敏捷卫星试验技术

4.2.1 环境试验验证技术

卫星在制造总装、地面运输、发射入轨、在轨运行等阶段,分别要经历复杂的地面总装环境、地面试验环境、地面运输环境、发射环境和空间环境。这些环境统称为卫星环境,有时候又分为在轨空间环境和力学环境两大类。其中,在轨空间环境属于自然环境,主要包括真空、冷黑、温度交变、太阳辐射、离子辐射、原子氧、磁场、微重力、微流星与空间碎片等;力学环境属于诱导环境,一般是指发射阶段的力学环境,是因为卫星工作和运行而诱发的环境,主要包括振动、噪声、解锁冲击、加速度等。对于承载高分辨率成像载荷的敏捷卫星来说,在轨失重状态下的力学环境,如微振动,也越来越引起重视。

对于小子样、长寿命、高可靠的航天产品来讲,要尽一切可能让故障暴露在地面研制阶段。地面环境试验对保证各类航天器的可靠性,验证其设计和制造质量起着重要的作用。全面而严格的地面环境试验考核是确保航天器能够经受地面贮存和运输、发射、轨道运行及返回环境而正常工作的最有效且经济的手段。

卫星系统级的试验项目主要包括电磁兼容性试验、力学试验(正弦振动试验、随机振动试验、声试验、解锁冲击试验)、热试验(热平衡试验、热真空试验、热循环试验)、磁试验等。其中振动试验与真空热试验是卫星研制中最重要的地面大型试验。

4.2.2 力学特性设计验证技术

卫星在发射、飞行过程中要经受多种准静态和动态载荷的作用,根据早期的故障统计,45%的卫星发射失败是发射阶段的结构振动或声激振动引起的。所以,如果卫星入轨后要能正常工作,那么卫星必须承受住火箭发射时的环境载荷。敏捷卫星结构复杂、力学传递路径多、设备数量及质量和以往的卫星不同,需要进行充分的振动环境试验进行验证,敏捷卫星选择正弦振动和随机振动试验,也可根据卫星的特点选择正弦振动和噪声试验。

整星振动试验分为鉴定级与验收级(准鉴定级)振动试验。整星振动试验的目的通常包括以下几个方面:

(1)验证卫星设计方案和工艺的正确性和合理性。

(2)检验卫星经受相应量级振动环境的能力。

(3)暴露卫星材料、元器件和工艺等方面的缺陷,排除早期失效,提高卫星的飞行可靠性。

(4)获取星上各部位的振动响应数据,为后续仿真提供数据基础。

(5)对某些在组件及分系统级试验中无法合理考核的部件在整星边界条件下进行考核。

卫星的试验条件一般参照搭载运载火箭环境条件,敏捷卫星的正弦振动试验条件如表4-1所列。

表4-1 卫星正弦振动试验条件(0-P)

频率范围/Hz	验收级		鉴定级	
5~8	2.73mm	2.34mm	3.55mm	3.05mm
8~100	0.7g	0.6g	0.91g	0.78g
扫描率	4oct/min		2oct/min	
加载方向	Z向	X、Y向	Z向	X、Y向

卫星振动试验开始前,需要对各参试系统进行总检查,确保试验按计划正常运行。总检查一般通过要求各系统从参试人员、试验设备、卫星及设备技术

状态、技术接口关系等方面进行逐项确认。

整星振动试验一般在三个相互正交的方向上分别进行试验。振动试验的加载量级一般由低到高,试验的顺序一般是先进行正弦振动试验,然后进行随机振动试验。在每个全量级试验前后,均应进行特征级试验检验。两个相邻的全量级试验之间可以只进行一次特征级试验。

为了避免响应过大对整星结构及星上关键设备(如相机、数传天线、太阳翼和控制力矩陀螺等)造成损伤,需要根据特征级试验(随机预示级试验)结果对全量级试验条件进行下凹。控制方式有两种:预先下凹与响应控制。预先下凹是指在试验前对试验条件进行主动下凹;响应控制是指对试验过程中指定通道进行响应限幅。

振动试验条件制定的原则主要包括:

(1)应保证下凹后的试验条件不低于星箭耦合分析结果(或实际遥测数据)中相应频段的量级,并留有一定的余量。

(2)一般应保证星上设备安装界面处响应不高于其相应量级的组件试验条件。

(3)一般应保证试验中卫星主承力结构受力不大于其准静态设计载荷下的受力。

特征级振动试验可以判定卫星一阶共振频率满足运载要求,通过卫星上各个传感器测点验收级和鉴定级试验前后的特征级响应曲线是否重合,确定卫星主结构试验前后是否发生明显变化,卫星主结构是否能够承受大纲规定的振动环境。

试验后需配合与跟踪试验后的整星及各分系统测试,确认振动试验的影响。这些测试包括:整星的振后精度检测、检漏测试等;太阳翼的展开与光照测试,检查太阳翼的功能性能;星上其他关键设备的振后检查与电性能测试。

试验成功性判据一般有:试验数据完整、有效,满足试验文件的要求;试验过程中,试验的加载量级均满足大纲及现场技术条件更改单的要求;试验过程中,卫星无异常现象发生,星上各设备工作正常;各个全量级试验前后,各测点特征级振动试验曲线符合性好;振动试验后,整星测试正常,星上各关键设备振后检查正常;试验前/后卫星精度检测及检漏结果满足相关规定。

卫星微振动试验是为测量在轨活动部件的微振动特性及整星微振动传递特性而进行的地面模拟试验。敏捷卫星需验证相机和控制力矩陀螺的微振动抑制设计结果,并获取相机、星敏感器等典型部位的微振动响应特性。

卫星在地面微振动试验中,与在轨自由边界状态有很大的差异,一般是直接采用将卫星放置于支架车上进行微振动测量。支架车通过四脚支撑装置可靠固定在试验大厅地面上。支架车支撑既能平衡推进舱整体自重,使推进舱所受的静载荷接近在轨状态,又能有效隔离背景噪声,消除噪声对敏感器件的影响。

微振动试验一般采用微振动加速度测量系统,测量各关键位置处的微振动加速度响应,卫星微振动加速度响应测量系统主要包括微振动加速度计和数据采集处理系统,其系统组成示意如图4-3所示。试验承试方在卫星试验前各阶段分别完成星内外部位的微振动传感器粘贴。

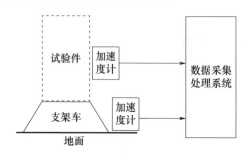

图4-3 微振动加速度响应测量系统组成示意图

获取地面微振动试验数据后,分析星上活动部件微振动扰振时域和频域特性,并通过星上的微振动传感器分析微振动传递路径变化情况,评价敏捷卫星的微振动抑制的效果。一般微振动经过结构板均有一定的衰减,微振动传递都是到相机等关键载荷处逐渐衰减,相机微振动响应特性对相机成像质量的影响需要进一步评估分析。

4.2.3 热设计验证技术

1. 概述

卫星在进入轨道飞行阶段后,长期处于高真空和超低温环境中,同时受到空间外热流环境的影响。为了验证卫星在空间环境下的整体功能,保证卫星在轨可靠运行,顺利完成各项预定的任务。在卫星研制的过程中,应按照试验规范的要求,在模拟的真空冷黑和空间外热流条件下进行整星的热平衡试验,并且在规定的压力和极端温度条件下进行整星的热真空试验。

敏捷卫星是为适应未来小卫星应用而提出的新一代高性能小卫星平台,卫星运行姿态复杂,是首次每个轨道周期内把姿态变化和滚动、俯仰作为正常姿态要求的卫星,复杂的姿态及滚动、俯仰多种运行模式使整星外热流的变化异常复杂。卫星设计时选用大量新设备,使整星长期热耗增加。因此在敏捷卫星研制过程中,按照研制流程完成初样热平衡试验和正样星热平衡与热真空试验,进行充分的热环境试验验证。

2. 热平衡试验

整星热平衡试验主要目的是验证整星热设计的正确性,考核热控分系统维持整星在规定工作温度范围内的能力以及修正整星热分析模型。同时,热平衡试验还用来验证热控产品性能,验证热控总装实施的工艺正确性及一致性,是热控分系统的验收试验。

卫星进行热平衡试验时,要求卫星技术状态如卫星的外形、结构、材料、仪器布局、电缆网和各种热控措施等符合设计要求,影响外热流模拟的天线、太阳翼等部分舱外无源组件可以考虑暂不安装,但未安装设备对整星的影响应进行分析并修正。初样试验时,星上设备可以用热控模拟件来替代,星表涂层也可以是试验涂层,但是必须保证涂层的热效果与设计状态一致。

热平衡试验时,整星按照通过热仿真分析确定的典型高低温工况进行温度控制,典型工况至少应包括两个极端工况,即试验高温工况和试验低温工况。试验工况的选择和数量直接关系到是否可以达到试验目的以及试验周期的长短,进而影响卫星研制的进度和成本。卫星热平衡试验工况的确定,需要在满足试验目的的前提下,尽可能减少工况数量。

敏捷卫星在运行周期内设备工作模式变化较大,频繁切换的开关机状态引起温度平衡的需求。根据敏捷卫星的热特点,考虑对姿态机动较敏感的设备或者对温度水平或温度波动要求比较高的设备在极端姿态机动条件下的极端工况(如安装在侧板上的设备),初样热平衡试验完成了2个低温工况和3个高温工况的热设计验证试验。正样阶段,结合初样热平衡试验的数据以及修正的热分析模型,完成极端高低温工况各1个。

卫星进行热平衡试验时,空间外热流的准确模拟是提高热平衡试验精度的关键因素之一。热流模拟方法通常有两种:①模拟入射到卫星表面的太阳辐射、地球反照和地球辐射的辐照度、光谱分布和角度的方法,称为入射热流法;②模拟卫星在轨运行时表面吸收的太阳辐射、地球反照和地球辐射的方法,称为吸收热流法,该方法多用于低轨道卫星(如太阳同步轨道卫星和倾斜轨道卫星)的外热流模拟。

敏捷卫星是太阳同步轨道卫星,热平衡试验时选择吸收热流法来模拟外热流。外热流模拟装置由红外加热器、热流计、电源及其控制系统组成。红外加热器可分为辐射型和传导型两类。属于辐射型的有太阳灯模拟器、红外灯阵、红外笼和辐射加热板;属于传导型的有表面电阻加热器。敏捷卫星采用红外笼与表面电阻加热器相结合的外热流模拟方式。

敏捷卫星受太阳正照的表面,外热流极大,其他表面仅有较小的红外和太阳反照热流,外热流模拟技术应尽量减少相互间的影响,确保热流模拟特别是散热面热流模拟的准确度。因此,敏捷卫星热平衡试验时,平台舱及载荷舱红外笼采用六边形结构,红外笼平行于卫星的 6 个侧面。推进舱则采用柱状红外笼来模拟外热流。不同红外笼分区之间用挡板隔离,防止分区间的相互影响。对接环处用表面电阻加热器模拟外热流。

3. 热真空试验

整星热真空试验的目的是在规定的压力与验收级温度条件下暴露材料、工艺和制造方面的缺陷。

热真空试验按照高低温循环剖面进行温度控制。验收级热真空试验要求包括:试验最高温度应比最高预示温度至少高5℃;最低温度应比最低预示温度至少低5℃;设备温度应不超过其验收级热试验温度;试验循环次数应不少于4次;高低温端保持时间一般不少于8h,可以根据实际情况进行剪裁。

由于星上各设备的功耗不同、热容不同、与外界的热接口关系不同,使所有设备同时达到所要求的高温限或低温限比较困难。因此应掌握两条原则:一是大多数设备(如80%以上)温度应达到规范的要求;二是一些重要的、关键的设备温度应达到规范的要求。

星上仪器设备的温度控制依靠卫星的外部环境和设备内部发热量来控制。外部环境是指卫星外部的外热流模拟;内部发热量则是靠各个组件工作模式的组合来调节。可通过改变局部热边界条件或改变工作程序来提供额外的加热或冷却,使某些部位的温度达到规定值。试验过程中要对星上对温度敏感的仪器设备重点关注,设备温度不应超过规定的单机试验温度的上下限值。

4. 敏捷卫星热试验验证

敏捷卫星初样热平衡试验共完成5个工况,获取了大量数据,为正样阶段设计提供了设计依据。试验结果表明,热设计可以保证敏捷卫星温度处于较好的水平,满足总体对热控分系统的技术要求,热设计是合理的。

试验结束后,对初样热平衡试验结果和热分析结果进行了比对,并根据试验结果对模型进行修正。修改后分析模型和试验结果一致性较好,除舱外设备外,星内大部分设备计算温度和试验温度差在3℃以内,个别设备温度差在5℃以内。

根据卫星在轨运行姿态及整星散热面分布特点,敏捷卫星正样热平衡试验设置一个低温工况和一个高温工况。热平衡试验结果表明,卫星热设计正确,热控措施有效,星上设备在轨可以处于较好的水平温度,并且留有足够的温度余量。试验获取了大量数据,为热真空试验温度上下限的确定提供依据,为热分析模型修正提供了必要和丰富的数据。热控分系统可以根据热平衡试验结果对热分析模型进行修正。

敏捷卫星正样热平衡试验结束后,卫星不出真空容器直接进行热真空试验,试验从高温开始,低温结束。以星上设备在每个试验工况中所获得的温度数据为基础,外扩一定的温度值(一般为5~10℃)作为其热真空试验的温度。热真空试验循环次数为4次。第1和第4个循环的高、低温端各保持8h,第2和第3循环各保持4h。

敏捷卫星热真空试验4个循环的高低温工况,均有超过80%以上的设备温度达到大纲的要求,各设备的最高温和最低温均在验收温度范围内,符合热真空试验大纲的要求。

敏捷卫星是光学遥感卫星,对真空容器的洁净度要求高。试验前对试验用真空容器进行烘烤除污,并完成了容器的空载调试及污染物累积量的测量,测量结果满足标准要求。整个试验期间在真空容器内安装微量天平,对试验期间真空容器内可凝挥发物沉积量进行了全程的监测。

卫星在容器压力达到1000~0.1Pa内,进行卫星的低气压放电试验,监测星上各分系统仪器设备是否工作正常。

4.2.4　磁验证技术

近地轨道卫星处在弱地磁场环境中,磁场强度为B,卫星本身有剩磁矩M,二者作用产生磁力矩$L = M \times B$,将对卫星姿态产生影响。为减少卫星的剩磁矩,使其降到可接受的数值,首先测出卫星剩磁矩的大小和方向,然后用退磁的方法减少剩磁矩。当然,也可以通过加一些磁性相仿的永磁体,安放在卫星剩磁矩的方向相反的位置进行补偿,即补磁。

测量卫星剩磁矩应在专用的磁试验设备中进行。设备的核心部分是主线圈,通过调节线圈电流,可以在线圈系统中心一定区域内获得零磁场、直流稳定磁场和旋转磁场。除主线圈外,还有等效线圈、转台、充磁退磁线圈、测量系统等,组成整个磁试验设备。

在磁试验设备中进行磁试验的方法是:将卫星置于线圈中央的磁均匀区的转台上;调节线圈电流获得零磁场或稳定磁场;按球面作图法或赤道作图法布置足够数量的磁强计,对测得数据进行分析、处理,可以得到卫星3个方向的磁矩。

4.2.5 EMC 验证技术

卫星在发射过程中,其电场辐射不能干扰火箭,同时在轨阶段,应确保星上灵敏的射频接收机的接收正常。敏捷卫星平台电子设备、布局状态等和以往的卫星平台卫星有所不同,也需要安排进行 EMC 试验验证。

卫星整星 EMC 试验通常是为了达到如下两个目的:

(1)测试卫星发射段的电场辐射发射,评估发射段星箭无线设备能否满足星箭无线兼容性要求。例如整星发射段的电场辐射发射不应超过图 4-4 的要求。

(2)卫星自兼容性验证,特别是检验卫星整星的射频兼容性。

参加 EMC 试验的卫星一般模拟在轨工作状态,如卫星是完整的合板状态、测控通信链路采用无线方式、GNSS 导航信号接收链路采用无线方式、数传通信链路采用无线方式、按照发射状态对星表开孔进行封堵、拆下星表所有测试用电缆(如星表的力学传感器电缆)等。

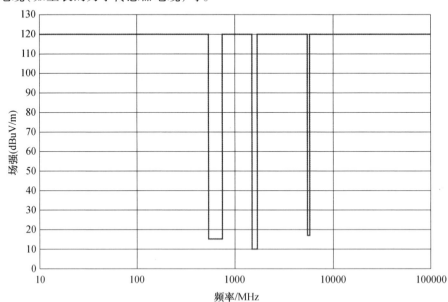

图 4-4 整星发射段的电场辐射发射限值曲线

4.3 敏捷卫星测试技术

测试技术就是通过获取被测试对象的信息,对其性能和功能作出评价所需要的技术,其基本内涵包括测量原理、测量方法、测试系统设计、测试用例设计、测试实施、测试数据处理以及测试结果评估等。其中,测量原理是指用什么样的原理实现对被测试对象和参数的测量,它涉及的知识面比较广,包括对被测对象和信号的分析、对测试回路的选择、对测试阶段的划分、对测试过程的组织和对测试方法的设计等;测量方法涉及采用直接测量、间接测量还是组合测量,是真实环境下测量还是在模拟环境下测量,是采用常规的测试手段还是特殊的测试手段;测试系统设计是根据测量原理和方法设计或配置测量系统所需要的技术,包括系统体系结构设计、计算机和总线选择、特殊接口的设计、系统设计中的抗干扰措施、系统的成本效益分析、与操作人员的交互技术、系统的可靠性和可用性设计等;测试用例是为特定的目标而设计的一组由测试输入、执行条件和预期结果组成的事件,测试用例设计是测试设计人员依据总体的"综合测试项目要求"及"整星测试覆盖性分析要求"的要求,开展的具有典型性、可测试性、可重现性以及独立性的程序设计工作;测试结果评估是基于某测试阶段或整星全测试周期的数据,通过对数据进行趋势分析和相关运算对所关注对象的性能和功能进行分析,并从满足任务要求和产品质量角度,从符合性、覆盖性和一致性等方面作出的综合评估。

卫星综合测试技术是一项具有总体性质的专业技术,通过开展测试性分析和测试需求论证、测试方案设计、测试方法及用例设计、测试系统设计、测试实施和测试判读对卫星设计的各项功能、性能、电气接口以及正常模式、故障模式、飞行模式等进行综合验证,并进行符合性、稳定性和一致性等定量和定性评估。通过开展综合测试工作,可以在卫星研制过程中尽早、尽快地发现产品在设计和制造工艺上的问题,对于保障卫星产品质量、确保任务成功具有重大的意义。

4.3.1 综合测试特点分析

1. 综合测试状态分析

根据综合测试要求和总装流程要求,敏捷卫星综合测试技术状态包括4种。

(1)A状态:卫星整星为开板状态,侧板和顶板可以打开,可以方便操作。

卫星组成包括电源分系统、总体电路分系统、星务分系统以及测控分系统、姿轨控分系统以及有效载荷分系统产品。电性能综合测试过程主要在该状态完成，便于综合测试过程中的状态设置、状态确认以及异常问题等排查工作的开展。

（2）B 状态：卫星整星状态，侧板、顶板及星表设备安装完整，但不装太阳翼。该状态主要开展整星专项测试及 EMC、热平衡、热真空及磁试验等大型试验工作。

（3）C 状态：在 B 状态的基础上，加装太阳翼。该状态主要完成整星力学试验以及太阳翼等卫星展开机构的解锁试验。

（4）D 状态：在 C 状态基础上，完成推进剂加注，即发射状态。

2. 综合测试流程分析

敏捷卫星综合测试流程是测试阶段、测试级别以及测试内容的综合体现。综合测试流程合理与否直接影响到卫星的测试质量、测试覆盖性和测试效率。

综合测试工作主要包括测试需求分析、测试用例设计、功能测试、性能测试、联合模式测试、安全性设计测试以及模拟飞行测试等，以上工作主要体现在卫星总体设计阶段、产品设计阶段、整星 AIT 阶段以及发射场阶段。综合测试工作流程如图 4-5 所示。

4.3.2 综合测试系统设计

正如卫星平台各分系统是有效载荷的服务平台一样，卫星综合测试系统构成了整个卫星电性能测试的平台。综合测试系统是指卫星电气地面支持设备在统一供配电状态下，以有线和无线的方式对卫星各个分系统（包括机电、光电、热电）的电性能和功能做全面检查，特别是卫星在经受各种地面模拟环境（振动、噪声、真空、热）考验后，必须对其性能进行检查，判断其是否能够满足所要求的性能技术指标，当发现有不满足技术要求的性能、不完善的功能、不匹配的电气接口以及设计缺陷时，予以改进，从而确保卫星的质量。

1. 综合测试系统设计准则

综合测试系统是根据卫星研制特点和总体对综合测试分系统提出的技术要求设计的。其总指导思想是充分继承以往其他型号的成熟测试技术和经验，根据卫星的特点，利用成熟的测试系统，引入自动化测试新技术，提高测试质量和测试效率。概括起来，敏捷卫星综合测试系统在设计时应遵循下列准则：

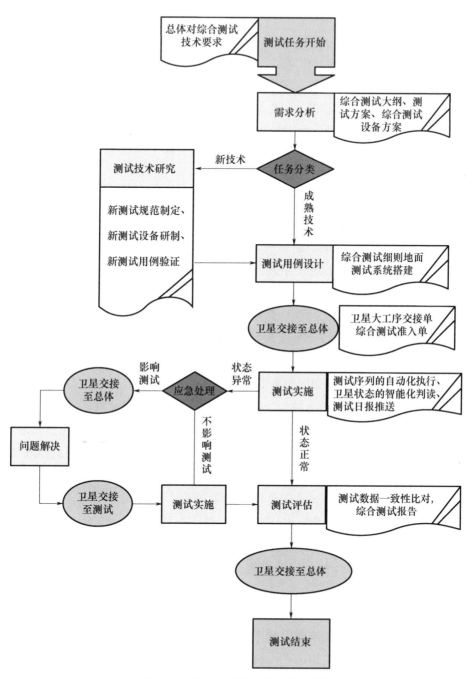

图4-5 敏捷卫星综合测试工作流程

（1）综合测试系统设计应安全、可靠,其故障不影响星上产品及操作人员的安全。

（2）综合测试系统设计以满足总体要求、合理的性能价格比为最终目标。

（3）充分利用通信技术、计算机技术及测控领域的成熟产品及经过考验的成熟技术,标准化接口。

（4）综合测试系统设计中应符合通用化、系列化、组合化原则。

（5）综合测试系统设计布局合理,操作、维修方便。

2. 综合测试系统组成

作为进行卫星性能、功能测试和验证产品完好状态的有效且必要的系统,综合测试系统主要功能包括供电与供电监测、状态控制、测量与测试、系统状态监视、测试过程管理、测试数据解析、测试过程执行、测试数据判读和测试结果评价等。与传统的综合测试系统由总控设备(OCOE)和各专用测试设备(SCOE)组成相比,敏捷卫星综合测试系统是以基础库、数据库为核心的自动化、智能化管控系统和集供配电、测控、数传以及相机为一体的高度集成的一体化测试系统。敏捷卫星综合测试系统拓扑结构如图4-6所示。

自动化、智能化管控系统由基础数据库、实时数据库、数据采集服务器、判读服务器及MTP、文件及调度服务器、控制台、虚拟终端等组成,负责整个地面电性能测试系统数据流的维护和管理、辅助测试人员高效完成测试工作。

一体化测试系统主要包括供配电测试模块、星务测试模块、测控测试模块、姿控测试模块、数传测试模块以及相机测试模块等,它是由分系统测试模块按照统一规定总线协议进行供电协议和通信协议设计,实现测试数据的传送并接收远程控制命令。

自动化、智能化管控系统和一体化测试系统通过标准的测试通信协议实现测试数据的有效发送、接收、数据处理及星地一体的闭环管控,两个系统组成了一个完整的卫星综合测试系统,从而形成统一指挥和调度的卫星综合测试体系。

3. 自动化、智能化管控系统设计

自动化、智能化管控系统是整个敏捷卫星综合测试系统的核心部分,是测试数据处理和设备管理的中心。自动化、智能化管控系统主要有如下工作流程:

（1）综合测试前期,根据相关测试文件使用基础数据库维护工具对测试系统基础配置信息进行录入,录入内容包括参数信息、参数包信息、指令信息、指令判据、状态判据及其他测试相关基础信息。

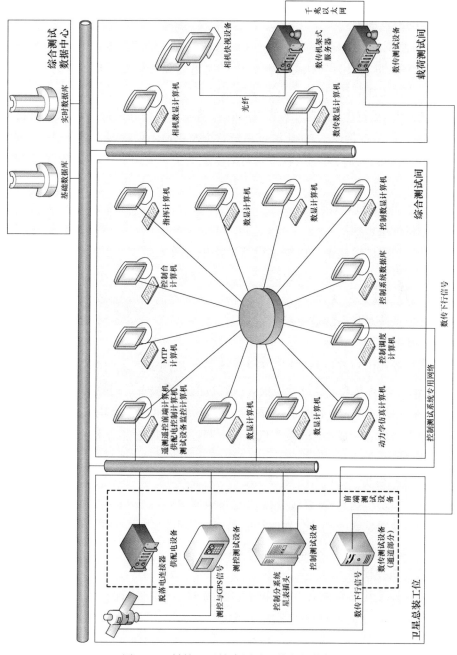

图4-6 敏捷卫星综合测试系统拓扑结构

(2) 基础信息录入完毕后,结合测试设计使用细则编辑工具编辑测试细则,并将编写后的测试细则写入基础数据库中。细则编辑完成后,用户可以导出电子版本的测试细则。

(3) 测试过程中,使用自动执行工具加载数据库中的测试细则,用户可以选择要执行的细则,设置要执行的测试项目起始点和结束点。开始执行后,自动执行软件在智能判读、MTP 软件判读结果的指导下依次执行细则内容。

(4) 测试过程中,测试人员使用实时数据显示软件和趋势分析软件监视卫星遥测参数、遥控指令、一体化测试系统状态及星地闭环状态。

(5) 测试结束后,自动执行工具自动生成电子版的测试记录表,并按照测试用例执行情况以图表和文字的方式自主生成当日测试结果评估文档。

4. 一体化测试系统

1) 供配电模块

供配电测试模块主要由供电设备太阳电池阵模拟器和配电设备供配电模块两部分组成,通过脱落电连接器与卫星界面接口,以有线方式对卫星重要参数进行测量、状态监视、配电控制和脱落电连接器的电脱控制,接受自动化、智能化管控系统对状态的监视和控制。

2) 测控模块

测控模块由应答机测试模块和 GNSS 接收机测试模块两部分组成,通过有线或 RF 无线的方式卫星进行通信。应答机测试模块发送遥控信息并接收遥测信息,保证星地测控上下行通道的畅通;GNSS 接收机测试模块通过仿真导航星发送的电文信息完成 GNSS 接收机测试。测控模块具备自动化远程管控和专题监视功能。

3) 星务模块

星务模块包括 CAN 总线监视功能和星地 RS-422 监视功能,以及星务数据存储模块数据解译功能。在电性能测试过程中,星务分系统采用 RS-422 标准接口,通过脱落插座实现星地联网测试。

4) 姿轨控模块

姿轨控模块实现对各个部件的性能、极性、接口进行测试,同时模拟卫星的飞行环境并完成半物理仿真闭环测试。它为星上提供各敏感器信息,进行姿态和轨道计算,采集执行机构的输出信号,检测控制系统所有产品的硬件及软件功能,并显示姿态曲线和保存遥测数据,适用于整星测试、靶场测试等。

5）数传模块

数传模块的主要功能包括接收卫星下传的信号、实时处理图像数据的功能、通道性能指标测试的功能以及故障分析功能。

6）相机模块

卫星相机产生星上原始数据流,经过数传系统压缩、AOS格式编排、加密/加扰、调制、放大发射后,由数传地面设备接收解调、帧同步、解密/解扰、去格式、再解压缩,还原成相机输出的原始数据,送快视计算机显示、记录等,并完成数据的格式转换和图像处理等。

5. 基于姿态敏捷的姿控与GNSS闭环测试系统设计

敏捷卫星在执行任务过程中,由于任务需求,卫星姿态需要快速的变化,同时载荷需要接收GNSS的定位广播数据作为载荷数据生成和修订的辅助,为了完成在姿态敏捷情况下GNSS持续定位情况的验证,进行了该系统设计。

该测试系统通过读取本地预置的点位文件,并接收姿控分系统地面动力学计算机实时输出的姿态数据,按照固定的数据格式转发给GNSS仿真器生成GNSS的射频信号,为GNSS接收机提供仿真场景支持,从而实现GNSS测量信息与姿控分系统姿态参数的实时自闭环控制测试功能。系统闭环过程如图4-7所示。

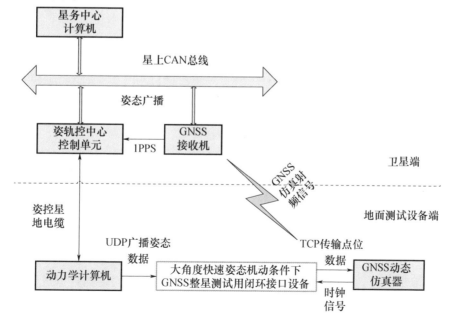

图4-7 系统闭环过程示意图

具体设计如下：

(1)接收动力学计算机通过网络发送实时姿态数据；响应时钟同步卡的时钟信号，读取本地存储的轨道点位文件；按照数据约定将轨道数据和姿态数据发送至 GNSS 仿真器。

(2)通过地面动力学计算机仿真的实时数据，模拟卫星在轨大角度快速姿态机动时的整星姿态状态，最终通过闭环系统和实时仿真数据进一步验证整星在快速姿态机动状态下的 GNSS 接收机的定位情况。

6. 卫星姿态机动可视化闭环测试系统设计

敏捷卫星在执行任务过程中，星地间有大量信息交互，并以数据形式显示。当模拟在轨任务时，无法实现卫星在敏捷模式下对姿态快速变化的有效判读。卫星姿态机动可视化闭环测试系统将实现对卫星遥测数据的三维可视化仿真，能够真实、直观、全面反映卫星的轨道、姿态机动以及单机设备的状态变化，模拟在轨卫星执行任务的全场景。系统对地面模拟数据和实时遥测数据进行闭环分析，得出定量分析结果，为卫星测试过程提供一个方便、直观、有效的分析手段。

该系统同时接收两种数据：任务规划仿真系统生成的模拟数据和卫星实时下传的遥测数据。软件将两类数据按时间同步后，通过轨道仿真软件模块发送指令，驱动轨道仿真软件中的卫星模型运行。同时，对以上两组卫星数据进行对比分析，给出定量分析结果。具体设计如下：

(1)卫星姿态机动的可视化。通过访问地面实时数据库，获得卫星的星时、GNSS 轨道、卫星姿态等遥测参数，生成轨道仿真软件指令后，驱动轨道仿真软件中卫星模型按遥测数据运行。软件接收任务规划仿真软件生成的轨道和姿态数据，将该数据与遥测数据按时间进行同步，并将同步后的数据发送给轨道仿真软件，实现卫星模型的可视化仿真。

(2)卫星单机(天线、相机)状态的可视化。通过实时遥测，获得天线、相机等设备的开关机状态、转动角度等信息，将该类信息生成相关指令，在轨道仿真软件中实时展现卫星单机活动情况，仿真卫星执行任务时的工作状态。

(3)卫星运行数据的闭环分析。将卫星相关参数按类型分为状态量和模拟量。其中状态量主要反映卫星各单机状态，该状态与发送指令形成闭环数据分析；对卫星轨道、姿态等模拟量，软件将地面模拟数据和实时遥测数据进行闭环比对分析，将两类数据按时间同步后，按照瞬时误差分析和长时间趋势一致性分析，给出卫星在姿态机动过程中的闭环分析结果。

7. 基于敏捷卫星的小型高动态星模拟器的闭环测试系统设计

星敏感器是高精度、高动态定姿的光学测量设备,用于对敏捷卫星在轨快速机动且稳定的姿态控制能力进行测试。传统的星模拟器无法满足测试需求,需要根据需求进行新产品研制。高动态星模拟器可以为星敏感器提供任一时刻、任一惯性坐标系下指向的模拟星图。它不仅给出精确的星点位置,而且要保证星对间角距的准确性。高动态星模拟器可在控制系统测试中作为星敏感器的观测目标源,通过闭环测试,验证控制系统的性能。小型高动态星模拟器的设计如下。

1)工作原理

小型高动态星模拟器根据主控计算机提供的星敏感器坐标轴在惯性系中的指向,由星表数据生成当前时刻星敏感器所能观测到的星图,通过接口及驱动电路在液晶光阀上产生星图。由模拟星点发出的光线经准直光学系统汇聚后形成平行光,可在室内有限距离上模拟对真实恒星的观测效果。

2)结构组成

小型高动态星模拟器一般由星模拟器头部(包括部分线路)、适配器、控制计算机、星图生成软件、电缆、底板固定机构等组成,如图4-8所示。

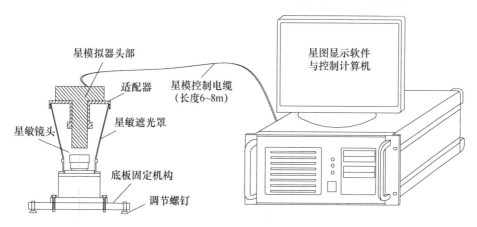

图4-8 高动态星模拟器与星敏感器组成闭环测试系统示意图

星模拟器头部由准直光学系统、液晶光阀(生成星图)、驱动电路、背景光源、准直镜筒及机壳等组成。

3)系统功能

(1)高动态星模拟器参加系统测试及整星阶段测试,控制系统动力学仿真计算机向星模拟器发送时间及惯性姿态信息,星模拟器软件能根据姿态四元素信息动态产生星敏感器所需的星图,并把星图信息发送给星模拟器头部,经过星模拟器液晶光阀产生由点光源组成的星图。

(2)具有较强的动态星图输出能力。角速度为 3(°)/s、角加速度达到 0.5(°)/s^2 时,仍能稳定输出恒星星图。有效视场超过 20°×20°。

(3)星模拟器与星敏感器要求完全绝缘安装,并能进行微调,用来调整星模拟器与星敏感器同轴,调整完成后能稳固地锁紧。

8. 基于姿态敏捷过程中模拟供电闭环测试系统设计

敏捷卫星因任务模式众多、姿态变化频繁等特点,成像模式复杂多变,整星功耗变化快,且因太阳电池阵对日角度的变化,引起太阳电池阵供电输出功率的快速变化,因此设计本测试系统,用于进行敏捷卫星的供电平衡能力分析。

如图 4-9 所示,本测试系统读取地面测试系统实时数据库中的卫星姿态遥测参数,将卫星姿态遥测参数代入卫星姿态模型中,计算当前的太阳入射角;将计算得到的太阳入射角发送到方阵控制软件接口模块,方阵控制软件利用卫星供电模型计算供电功率输出参数;将供电功率输出参数发送给太阳方阵模拟器的各个方阵,太阳方阵模拟器的各个方阵按供电功率输出参数配置自身输出;卫星沿轨道运行数周后,读取地面测试系统实时数据库中的蓄电池组当前电量,判断当前电池是否充满,考核卫星供电平衡能力是否满足要求。

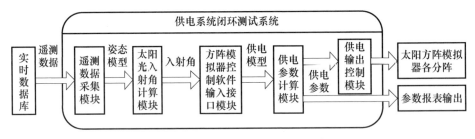

图 4-9 模拟供电闭环测试系统示意图

9. 基于敏捷卫星星上任务解译闭环仿真验证系统设计

敏捷卫星任务系统有别于传统的卫星任务系统,用传统的方式对任务数据块进行核对,既效率低下,又很难保证数据的准确性,为了保证敏捷卫星任务规划的正确实施,对敏捷卫星任务规划的验证仿真、修改反演等关键环节进行研究。首先,仿真星务主机任务解译功能,将任务块解译为星务主机可执行的指令集合,并以表格化方式直观地展示指令名称、参数及执行时间等信息,自动判读任务块解译结果并将异常信息输出,避免错误任务块上注星上。其次,可通过对任务块中的参数、任务块设置进行修改,重新生成任务块并对其进行迭代分析以保证正确性,避免手动编排任务块带来的风险,提高任务块生成的效率及可靠性。最后,将最终生成的正确任务块的解译结果与任务规划系统生成的动作序列进行比对,可验证任务规划的正确性及合理性。

这种敏捷卫星任务解译闭环仿真验证系统包括:星上模板定义模块,参数验证规则定义模块,数据格式定义模块,通用逻辑处理模块,数据接收处理模块,中心处理模块,任务数据块仿真解析数据输出模块和任务规划修改反演数据输出模块。

(1)星上模板定义模块,进行敏捷卫星星上相对程控指令模板的定义,供中心处理模块调用。

(2)参数验证规则定义模块,定义任务数据块的参数验证规则,参数验证规则包括姿态机动数据块验证规则、数传载荷批处理指令参数验证规则,供中心处理模块调用。

(3)数据格式定义模块,定义任务数据块的数据格式,供中心处理模块调用。

(4)通用逻辑处理模块,完成系统中各个模块的通用数据逻辑处理,以供各个模块调用。通用逻辑处理包括对输入任务数据块进行字符统一转换处理,UTC、北京时间和格林威治时间的转换,以及数据格式处理。

(5)数据接收处理模块,对接收的任务数据块进行预处理,并将预处理后的数据送至中心处理模块。

(6)中心处理模块,对任务数据块进行逻辑处理,如果逻辑处理有问题,将进行报警并标识处理。

(7)任务数据块仿真解析输出模块,输出解析后的报表格式。

(8)任务规划修改反演数据输出模块,进行任务规划反演操作,重新生成修改过的任务数据块,对修改后的任务数据块进行重新验证和仿真解析处理。

第 5 章
敏捷卫星任务规划技术

从应用角度看,敏捷卫星是一个大系统的综合实现,不仅需要卫星具有快速姿态机动能力,还需要配备与星上设计状态相匹配的任务规划系统,对多个观测任务进行统一的规划调度,才能充分利用星上资源发挥敏捷的优势,最大限度地满足用户对多种成像模式日益增长的需求,实现对敏捷卫星的"敏捷"操控。

5.1 敏捷卫星任务规划特征及需求分析

5.1.1 任务规划需求分析

敏捷卫星具有大范围、快速姿态机动能力,利用平台的姿态机动能力,可实现大范围、多区域观测,提高了卫星应用效能。另外,还可在同一轨道期间采用多个不同角度对同一景物成像,实现了单轨立体成像和单轨多角度成像,进一步提升了卫星的成像能力。多种成像模式和对观测区域的快速响应能力,使传统的非敏捷卫星的任务编排方式不再适用于敏捷卫星。

非敏捷卫星最多只有一个方向的自由度,即绕滚动轴进行侧摆机动,因此只能通过侧摆的方式成像。由于不具备俯仰机动能力,非敏捷卫星对地面区域的成像开始时刻和结束时刻均固定,成像的姿态也完全取决于成像区域相对卫星轨道的位置,如图 5 – 1 所示。

敏捷卫星通常具备在以星下点为中心的圆锥体(如星下点 45°范围内)内任意角度成像的能力,拓宽了对单个区域的可见时间窗口,如图 5 – 2 所示。与非敏捷卫星相比,敏捷卫星可获取图像的机会大大增多,以运行在 645km 高的轨道上、具备星下点45°范围内姿态机动能力的敏捷卫星为例,对一个地面区域,卫星的可见时间窗口约为130s。

当一轨内存在多个观测任务时,非敏捷卫星对每个区域的成像时刻均由该区域的位置与卫星的轨道决定,因此当多个成像区域的成像时刻冲突时,非敏捷卫星只能放弃部分任务,如图5-3所示。

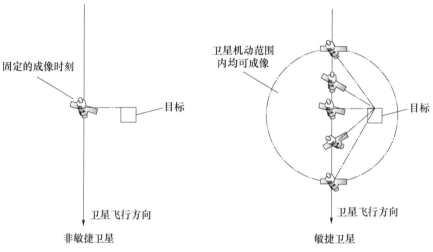

图 5-1　非敏捷卫星成像示意图　　　图 5-2　敏捷卫星成像示意图

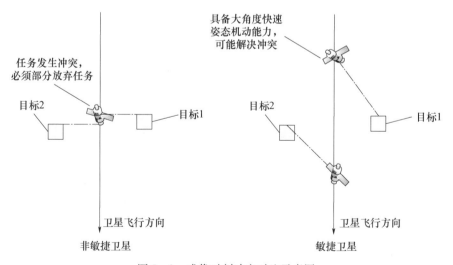

图 5-3　成像时刻冲突对比示意图

敏捷卫星具备大角度快速姿态机动能力,使得成像时机的优化选择和相邻区域观测时间冲突的解决成为可能,一轨内能够完成的观测任务的数量也大幅上升。但随着任务数量的提升,相邻的成像任务之间也因为星上能源和姿态转换的要求产生了紧密的相互影响。

如图 5-4 所示,如果没有第一个区域,卫星对第二个区域的成像时刻可以在可见时间窗口内任选;但是如果有第一个区域,且对第一个区域的成像安排在 B 点结束,由于第一个成像任务占用了第二个区域的部分可见时间窗口,对第二个区域成像的姿态机动只能安排在 B 点后开始,最早只能在 C 点开始成像(时间窗口 AC 段已不可用),其成像姿态和卫星的电源状态都会受到影响。

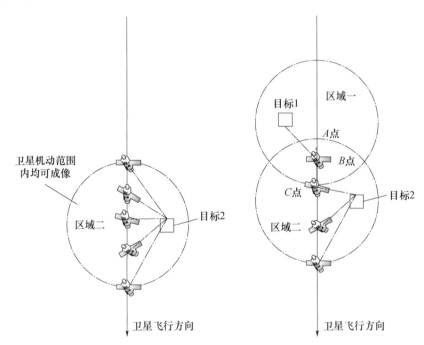

图 5-4 相邻区域的成像时刻选择示意图

对于单轨多区域,由于每个区域的成像时刻都可以有多种选择,对卫星的任务安排方式可以有很多种甚至无数种,并且各任务对数传工作模式的要求也不尽相同,因此无法像传统卫星一样,通过计算固定的成像时刻、穷举指令模板的方式实现任务编排。对于敏捷卫星,以单轨最多 20 个区域点为例,考虑实传、近实传、记录三种模式,可以有 $3^{20} \approx 34$ 亿种组合。假设根据观测区域的地理位置,可以对区域进行聚类,通过区域合并将区域个数降低到每轨 6 个,也仍然有 $3^6 \approx 729$ 种组合。通过穷举的方式实现所有组合,是无法实现的。

对传统非敏捷卫星而言,完成特定成像任务的可选方式十分有限,任务规划通常只需确定成像任务和数传任务的起止时间即可。卫星为了具体完成这些活动需要执行的开机、成像、关机、能量消耗计算、姿态控制等辅助动作,可以事后再另行分解和添加。在任务规划过程中,卫星在能量、姿态机动能力等方面的限制,可以根据估算的每圈次的工作时间、星上设备一次开机的最长时间、每圈次卫星侧摆次数等约束条件加以考虑。

然而,对于敏捷卫星而言,观测姿态和时机的灵活性使得完成某个特定观测任务的方式可以有非常多甚至无数种,不同方式对能量、姿态机动能力的要求有很大差异,而前后相邻的观测活动之间也因为能量和姿态转换的要求产生了紧密的相互影响。这种特点使得很难再通过估算的方式,给出每圈次的工作时间、一次最长开机时间、机动次数等具体简化指标来提供合理的卫星使用约束。另外,对于用户而言,由于姿态机动、可见窗口计算等模型非常复杂,靠人工方法进行约束检查与消解变得非常困难,使用不当将无法充分发挥敏捷卫星的能力。

因此,敏捷卫星任务规划系统必须在卫星设计研制阶段就加以一体化考虑,避免设计指标的盲目性,提高用户可用性,充分发挥敏捷卫星的能力和应用效益。同时,需要借助任务规划软件系统来实现卫星任务和动作的合理安排,同时完成上注指令数据块的生成。

5.1.2 任务规划特点

卫星的任务规划问题属于典型的资源受限型规划问题。这是由于卫星一旦进入轨道运行,有效载荷、数据存储空间、数据传输速率、电源能力(太阳电池阵大小和蓄电池容量)、星上执行结构和敏感器等星上的各种资源都相对固定,卫星就是在这种资源固定、不可扩充的条件下在轨完成各种任务的。

任务规划的目的是在资源受限的情况下,对卫星的各种观测任务进行优化调度,根据星上各分系统的操作使用规则及能力约束,合理安排卫星动作,生成按时间排列的卫星动作序列,并根据卫星指令模板生成上注的数据块和指令,最大化满足用户对卫星的应用需求,取得最优的成像效果和最低的工程代价,提高卫星的应用效能。

卫星是一个复杂的系统,星上的许多设备和系统都可以并行运行,因此在任务规划过程中必须协调各并行系统之间的活动,否则将会给系统带来负面影响。例如,卫星在与地面站通信时,天线要对地面站进行跟踪,因此对卫星姿态提出了稳定性要求,因此在这个时间段内,卫星不能进行姿态机动。敏捷卫星由于姿态机动能力的提高,成像方式和过程更为复杂,需要协调的资源也更多,因此其任务规划问题也更复杂,与传统的非敏捷卫星的任务规划相比,敏捷卫星的任务规划具有如下特点:

1) 对观测区域成像时刻和成像姿态的优化选择

对敏捷卫星而言,对一个地面区域有多个观测机会和观测姿态,观测姿态和时机的灵活性使得完成该观测任务可以有多种方式。一方面,不同的观测机会和观测姿态,对星上能源和姿态转换时间都有不同的需求;另一方面,观测机会的增加使得卫星能完成更多数量和更多类型的成像任务,当任务之间存在冲突时,还能通过调整多个区域的观测时刻以消解冲突,不同的选择策略会对当圈其他后续观测任务的执行造成影响。因此,对观测区域成像时刻和成像姿态的优化选取,是敏捷卫星任务规划要解决的重要问题,与卫星的使用效能密切相关。

2) 对区域的分解和预处理

敏捷卫星具备多种成像模式,除了区域点成像模式下卫星一次观测即可获取完整的图像,对于大区域的多条带拼接成像模式、立体成像模式和多角度成像模式,都需要对观测区域进行数次观测才能获取完整的图像,因此需要对于一个大区域进行合理的分解,使之成为卫星能够实施观测的多个条带,或者将单个区域处理为需要进行多次观测的条带,以便进行统一规划和调度。

3) 星上资源的精确模型建立

卫星的每个动作都会消耗或占用一定的资源,例如卫星的姿态调整会消耗电能,图像数据的存储需要占用星上存储设备的容量等。由于这些资源在星上是有限的,因此观测任务的完成会受到资源的限制,并且资源的剩余情况与卫星后续的动作密切相关,只有建立精确的星上资源模型,才能避免资源的闲置,充分发挥敏捷的优势,提高卫星的使用效能。

4) 规则库的建立

观测姿态和时机的灵活性,以及前后相邻的观测活动之间的紧密影响,使得敏捷卫星很难再通过估算用户的使用模式,给出每圈次的工作时间、一次最长开机时间、机动次数等具体简化指标,提供合理的卫星使用约束。敏捷卫星采用规则库来表达不同的约束,主要包括:①卫星的设计约束,例如天线的转动必须在允许的范围内,如果任务规划超出了这个范围,卫星执行任务时是无法实现的,因此会影响任务的完成;②卫星的使用限制,例如对蓄电池的放电深度有一个最大限制,超过这个限制,则可能影响卫星的使用寿命;③用户对卫星使用的偏好规则,例如观测任务与回放任务冲突时,是选择执行观测任务还是选择执行回放任务,不同的使用偏好对卫星的状态和资源有不同的影响,进而影响对后续任务的规划。

5)与卫星指令模板的匹配

敏捷卫星具有任务数量多、成像模式复杂、指令繁多等特点,任务规划的目标之一就是生成可以直接上注的指令,简化指令编排,以避免任务数量和指令过多,人工编排指令出现错误的情况。另外,对敏捷卫星而言,不仅要具备快速姿态机动能力,还要做到快速响应,因此要梳理可并行的卫星动作和指令,以提高卫星的响应效率,例如成像前的姿态机动动作可以与数传、相机的开机和模式设置并行执行,实现到位即成像。任务规划的结果必须与卫星的指令模板严格匹配,否则即使规划得很好,卫星也可能无法顺利执行。

5.2 敏捷卫星地面任务规划技术

5.2.1 任务规划基本设计思路

地面任务规划系统集成了卫星的设计和使用约束,包括卫星指令模板,能够支持从观测区域经纬度输入到地面上注指令生成的全面任务管理和规划,如图5-5所示。

图5-5 卫星在轨任务管理示意图

敏捷卫星任务规划的目标,是形成精确的卫星模型库以及规划规则库,直接面向实际观测任务,支持卫星在轨应用,支持包括区域点、条带拼接、立体成像、多角度成像和沿任意航迹成像的多种敏捷成像模式,并充分发挥卫星的敏捷能力,提供收益较高的规划方案,提供可视性较好的计算结果展示,最大化满足遥感数据用户对敏捷卫星的应用需求,提高其应用效能。

敏捷卫星任务规划系统的主要设计原则和要求如下。

(1) 真实性:进一步提高敏捷卫星模型的精度及规划结果的最优性。

(2) 健壮性:能够面向工程应用,合理对意外条件、边界条件进行处理。

(3) 可靠性:通过完善软件、加强测试,提高高分敏捷卫星任务规划与调度系统的可靠性。

(4) 展示性:采用二维或三维图像等直观的方式展示任务规划结果。

5.2.2 任务规划架构设计

1. 任务规划步骤

地面任务规划一般包括以下 4 个步骤:

1) 规划信息输入

输入观测区域经纬度、卫星精轨、可用资源(如地面站资源等)信息等。

2) 预处理

根据输入的信息,完成以下计算:

(1) 元任务划分:将用户输入的观测任务分解为一组相互独立、不可分割的元任务的集合,元任务是指一个可以一次观测完成的条带。

(2) 时间窗口计算:计算指定时间段内卫星与观测区域、地面站的可见关系,得到卫星与观测条带之间的时间窗口、卫星与地面站的数传时间窗口和地影区与阳照区时间窗口。

(3) 时间窗口裁剪:根据用户输入的目标观测角度限制、成像质量等要求,对时间窗口进行裁剪和筛选,去除不符合用户要求的时间窗口。

3) 任务规划与计划编排

根据任务规划预处理得到的候选活动、活动类型、活动时间窗口及活动相互关系约束,结合卫星设计及使用约束,以及资源本身的能力造成的约束,通过建立适当的优化调度模型并调用相应的求解算法,得到任务规划方案,分解出卫星动作序列。其中,任务规划与计划编排的最核心部分,主要是观测与数据下传任务安排及资源约束检查的迭代过程。

4) 指令编排

根据卫星指令模板和指令编排规则,生成上注给卫星的指令。

2. 任务规划系统

敏捷卫星任务规划系统的组成如图 5-6 所示,共包括以下软件模块:

(1)任务分析与处理模块。

(2)任务规划与调度模块。

(3)计划编排模块。

(4)指令生成模块。

(5)轨道计算与预报模块。

(6)规划结果展示模块。

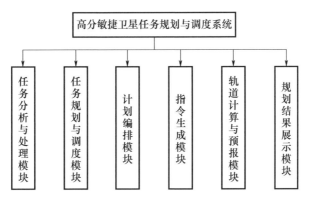

图 5-6 敏捷卫星任务规划系统基本组成示意图

这 6 个软件模块中,任务规划与调度模块、计划编排模块和指令生成模块是核心组件,另外 3 个模块对用户可选。如果用户具有任务分析与处理的工具,可跳过任务分析与处理模块,直接向任务规划与调度模块输入元任务;如果用户具有更精确的轨道计算与预报工具,可以用其替换掉轨道计算与预报模块;规划结果展示模块主要用来以二维、三维的形式展示已规划的方案,为用户分析和调整方案提供信息支持。

各软件模块之间的接口及数据交换关系如图 5-7 所示。

用户首先管理观测区域和观测需求,以及星上和地面可用的资源,生成待规划的场景;再通过轨道预报模块与任务处理模块,将观测任务分解为元任务,并计算出卫星与各元任务及地面站的可见时间窗口;然后在卫星模型库的支持下,通过任务规划模块得到卫星动作序列;最后通过计划编排和指令生成模块,生成可以直接上注给卫星的指令。

卫星模型库由卫星的设计规则和使用约束构成,包括 6 个模型,分别是电

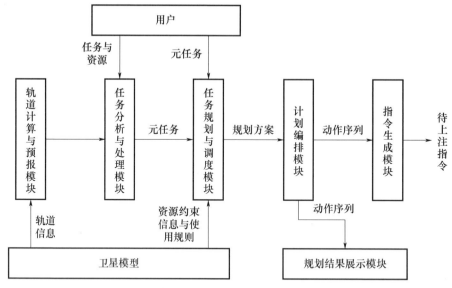

图 5-7 敏捷卫星任务规划系统软件模块接口及数据交换关系图

源计算模型、姿态机动计算模型、数传天线转角计算模型、固存容量计算模型、太阳光与太阳翼的夹角计算模型和相机成像参数确定模型。

1) 任务分析与处理模块

该模块主要用于对用户需求授理,包括对复杂任务的分类、分解,对冗余需求的调整等,主要功能包括:

(1) 周期性从外部获取区域点、大区域、立体成像区域等观测需求信息,以及地面站参数信息。

(2) 把区域观测和立体观测等无法一次性完成的复杂任务分解为多个条带(元任务),并确定分解后条带之间的逻辑和时序关系。

(3) 针对得到的观测条带(元任务),调用轨道计算和预报模块来计算各观测条带的可用时间窗口及对应的卫星姿态信息。

(4) 调用轨道计算和预报模块获取卫星进出地面站及地影区时间窗口信息,剔除在地影区内的观测时间窗口。

(5) 调用成像质量评估工具对元任务的时间窗口进一步裁剪,使其符合任务的成像质量要求,剔除不符合要求的时间窗口。

(6) 判断任务是否能够实传,并确定实拍实传等卫星工作模式。

2）任务规划与调度模块

任务调度模块的主要功能包括：

（1）获取规划周期信息、卫星与地面站参数和状态信息、用户偏好信息以及参与规划的元任务信息。

（2）调用卫星姿态机动模型、载荷码速率计算模型、数传码速率计算模型等，粗略估算各项观测和数传活动的持续时间、活动间的姿态转换时间及星上相关状态参数的变化曲线。

（3）生成只包含观测活动和数传活动的初步任务安排方案，如在什么时间以什么模式什么姿态观测哪个条带，记录多少数据，在什么时间段向哪个地面站下传数据等。

（4）允许以重规划的方式人工干预调整自动生成的方案。根据敏捷卫星任务规划的特点和技术要求，将任务规划分为三种类型，分别是日常任务规划、应急任务规划和任务重规划。对于日常任务规划，侧重规划结果的质量，系统将调用算法库中的多个算法进行求解，充分利用计算资源尽可能提高解的质量；应急任务规划主要强调响应速度，假设面向的任务集较小，可调用简单启发式算法快速给出可行解；任务重规划的主要设计目的是在初步方案给出后，允许用户在对输入和规则微调后进一步求解，可在保留当前部分规划方案的基础上，进一步搜索用户满意解。

3）计划编排模块

根据任务规划与调度模块输出的任务规划方案，将初步方案中的各种活动进一步分解为带有时间和模式信息的卫星动作序列，并对生成的卫星动作序列进行约束检查。计划编排模块的主要功能包括：

（1）调用姿态机动模型、电量模型、热控模型、载荷码速率计算模型、数传码速率计算模型等，估算卫星各项动作导致的星上状态参数变化曲线。

（2）将任务规划生成的初步观测和数传活动安排方案精细化为底层的卫星基本动作脚本，并添加电源控制、温控、姿轨控、星务等辅助操作。

（3）进行各种资源和设备操作约束详查，确保计划的可行性。

4）指令生成模块

该模块的主要功能是根据卫星指令设计，把已编排的计划转化成任务数据块。

5）轨道计算与预报模块

轨道计算与预报模块获取卫星的最新轨道预报根数，进行轨道计算与星历预报,包括卫星轨道计算、空间位置计算、卫星的星下点轨迹计算、太阳方位角计算、卫星进出地球阴影区时刻计算及卫星进出地面站时间窗口计算。其主要功能包括:

(1)参数配置。该模块用以配置轨道预报所需要的全部参数,包括历元时间、卫星的最新轨道根数、地面站信息以及与预报相关的其他参数,并将这些参数信息发布到消息总线。

(2)星历计算。接收源自参数配置模块的相关参数信息,调用星历预报模块,进行星历计算,并按照设计的格式对结果进行整理后按 TXT 格式文件输出。

(3)轨道预报。接收源自参数配置模块的相关参数信息,调用轨道预报模块进行轨道预报计算。该预报信息主要包括:卫星空间位置及速度、卫星星下点地理经纬度、实时轨道参数、太阳方位以及卫星是否位于地影区等。

(4)区域可见性预报。根据区域的地理位置以及轨道预报的相关结果,判断卫星是否对区域可见,如果可见则给出可见时间窗口以及对应的卫星侧摆角。

(5)进出地面站预报。响应任务规划软件的要求,根据最近的轨道根数进行卫星轨道参数设置,对卫星进出地面站的时间窗口、方位角、仰角等进行预报计算。

(6)进出地影预报。按照任务协同规划软件提出的预报时间要求,根据最近的轨道根数进行卫星轨道参数设置,计算时将卫星进出半地影区和全地影时间进行合成,预报结果按照拟定格式进行输出。

6)规划结果展示模块

可用多种形式展示、分析规划结果,为规划结果提供可视化界面;设计结果查询功能,能根据用户需求查找并展示相应的规划方案。

5.2.3 任务规划软件设计

1. 任务分析与处理模块

任务分析与处理模块从用户接收任务规划需要的各种信息出发,完成对任务的预处理,生成元任务集合。该模块由规划信息获取单元、任务分解与窗口计算单元、元任务生成单元共 3 个软件单元组成。任务分析与处理模块的主要工作流程如图 5-8 所示。

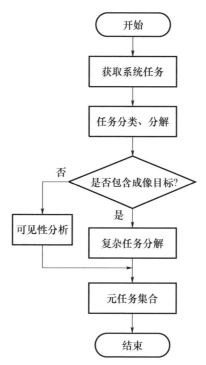

图 5-8　任务分析与处理模块主要工作流程示意图

1) 规划信息获取单元

规划信息获取单元接收用户输入,获取任务信息、卫星与地面站参数信息,从轨道计算与预报模块获取卫星星历信息、卫星进出地面站及地影区预报数据,并对所输入的信息进行格式验证。

规划信息获取单元的主要设计要求及约束:能够为任务分解和窗口计算单元提供合适的任务信息,以及正确的卫星与地面站参数信息,并为规划调度提供卫星进出地面站及地影区的预报数据。

规划信息获取单元的主要功能包括:

(1) 接收用户输入,获取任务需求信息、卫星与地面站参数信息。

(2) 与轨道计算与预报模块进行交互,获取卫星星历信息、卫星进出地面站及地影区预报信息。

(3) 对输入数据进行格式验证,剔除输入错误的任务需求信息,重新获取输入错误的其他信息。

规划信息获取单元的处理过程如图 5-9 所示。

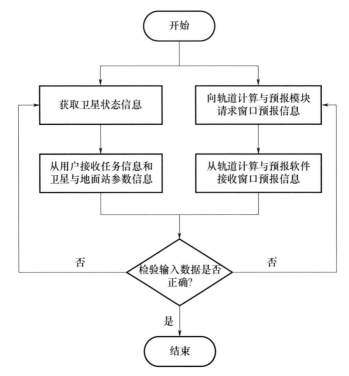

图 5-9　规划信息获取单元处理过程示意图

2）任务分解与窗口计算单元

任务分解与窗口计算软件从规划信息获取单元获取对任务分解需要的信息，调用任务分解算法分解任务，同时计算条带任务的可用时间窗口，为生成元任务做好准备。

任务分解与窗口计算单元的设计要求及约束为：能够正确地获得任务分解所需要的参数信息，快速准确地进行任务分解及计算条带的最大可用时间窗口。

任务分解与窗口计算单元主要功能如下：

(1) 从规划信息获取单元获取任务需求信息、卫星与地面站参数信息。

(2) 调用任务分解算法，把任务分解为带有时间窗口的单条带或者组合条带任务，确定观测模式。

(3) 计算观测条带的最大可用时间窗口。

任务分解与窗口计算软件单元处理过程如图 5-10 所示。

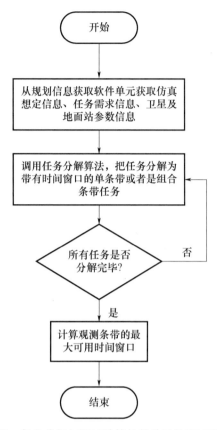

图 5-10 任务分解与窗口计算软件单元处理过程示意图

任务分解算法是在卫星对区域的每个时间窗口内分解区域,采用卫星在不同观测角度下对任务的覆盖范围作为分解的依据。分解过程是在卫星与任务的时间窗口内,依据卫星的遥感器幅宽和飞行径向而动态分解的,因此称为任务动态分解方法。该方法在以下方面更有优势:

(1)采用立体几何计算卫星在某侧视角度下对任务的覆盖范围,而不是采用投影到平面坐标系的方式,克服了高斯投影在任务经度差上的限制。

(2)依据卫星每次经过任务区域时,对区域的可观测范围按照星载遥感器的不同观测角度对任务区域进行分解,模型更加精确。

(3)根据多边形顶点的经纬度坐标,采用 MapInfo 软件直接计算多个条带对任务区域的综合覆盖率,效率更高。

由于任务动态分解方法中采用了按照角度对任务区域的条带分解操作,因此,必须事先求得卫星在某观测角度下对地面的覆盖范围。下面介绍卫星在某观测角度下,对地面覆盖区域的计算方法。

如图 5-11 所示,已知 t 时刻卫星的星下点为 A,t' 时刻卫星的星下点为 A',设卫星在 $t \sim t'$ 时刻采用侧视角度 θ 进行观测,覆盖的地面区域的顶点依次为 $\{R, L, L', R'\}$。要获取该区域的坐标信息,必须获得 4 个顶点的经纬度坐标。

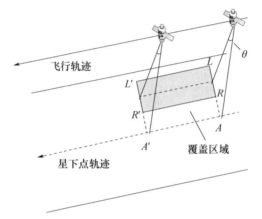

图 5-11 卫星对地面覆盖区域示意图

图 5-12 为 t 时刻卫星对地观测的侧面剖析图。卫星的视场角为 Δg,由图 5-12可知,$\theta_1 = \theta + \frac{1}{2}\Delta g$,$\theta_2 = \theta - \frac{1}{2}\Delta g$。因此,问题的关键在于根据星下点坐标、侧视角度 θ_1 和 θ_2,以及卫星的轨道等信息得到 L、R 的坐标。

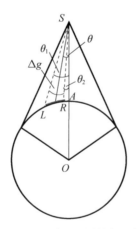

图 5-12 卫星对地观测的侧面剖析图

设 t 时刻卫星星下点 A 的经纬度坐标为 (λ, φ),卫星侧视角为 θ,在卫星遥感器侧视面内(垂直于轨道面)计算遥感器投射到地面的观测点的坐标。由于卫星可以

采用 θ 角进行左右的侧视，因此要根据需要对左右两侧的观测点分别计算。通过分析立体几何关系，得到了卫星采用 θ 角度时，投射地面观测点的坐标计算公式。

如图 5 – 13 所示，将地球近似认为是圆球体，图中 O 为地球球心，设 t 时刻卫星位置为 S，A 为星下点，过 A 点做线段 AO 的垂线交赤道平面于 C，连接 OC。B 为赤道与卫星轨道面的交点，平面 BOC 为赤道面，平面 AOB 为卫星轨道面，平面 AOC 为 t 时刻遥感器侧视面。从 A 点向赤道平面做垂线 AD 得垂足为 D，从 D 点依次做 OB 和 OC 的垂线得垂足分别为 E 和 F，连接 AE 和 AF。过 B 做 SO 的垂线得垂足 G，侧视面内偏离 SO 为 θ 角的与地球表面的交点分别为 L 和 R，需要计算两点的经纬度坐标 (λ_R, φ_R)、(λ_L, φ_L)。R 和 L 具有类似的几何关系，以 R 为例进行求解，做 RR' 垂直于赤道面，并作 $R'H$ 垂直于 OC。

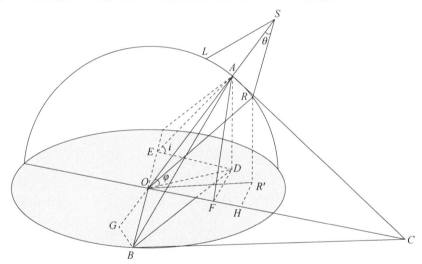

图 5 – 13 卫星覆盖几何关系示意图

由上述分析可知，$OE \perp AD$，$OE \perp ED$，则 $OE \perp$ 平面 AED，因此 $\angle AED$ 为卫星的轨道倾角，有 $\angle AED = i$，$\angle AOD = \varphi$，$\angle LSA = \angle RSA = \theta$。设地球半径为 r，t 时刻卫星轨道高度为 h，则有

$$\begin{cases} \varphi_R = \arcsin\left(\dfrac{\sin\left(\arcsin\sqrt{\dfrac{\sin^2\varphi}{1-\sin^2 i + \sin^2\varphi}} - \arcsin((1+h/r)\cdot\sin\theta) + \theta \right)}{\sqrt{\dfrac{1}{1-\sin^2 i + \sin^2\varphi}}} \right) \\ \lambda_R = \lambda - \left(\arccos(\cos\angle AOC/\cos\varphi) - \arccos(\cos\angle ROC/\cos\varphi_R) \right) \end{cases}$$

(5 – 1)

$$\begin{cases} \varphi_L = \arcsin\left(\dfrac{\sin\left(\arcsin\sqrt{\dfrac{\sin^2\varphi}{1-\sin^2 i+\sin^2\varphi}}+\arcsin((1+h/r)\cdot\sin\theta)-\theta\right)}{\sqrt{\dfrac{1}{1-\sin^2 i+\sin^2\varphi}}} \right) \\ \lambda_L = \lambda - (\arccos(\cos\angle AOC/\cos\varphi) - \arccos(\cos\angle LOC/\cos\varphi_L)) \end{cases}$$

$$(5-2)$$

其详细的推导过程如下：

由 $\begin{cases} AD = r\cdot\sin\varphi \\ OD = r\cdot\cos\varphi, \\ S_{BOD} = S_{AOB}\cdot\cos i \end{cases}$ 可知

$$\sin\angle AOB = \sin\angle BOD \cdot \cos\varphi/\cos i \tag{5-3}$$

又由于 $\tan i = |AD|/|DE|$，$|DE| = OD \cdot \sin\angle BOD$，则有

$$\sin\angle BOD = \tan\varphi/\tan i \tag{5-4}$$

$$\angle BOD = \arcsin(\tan\varphi/\tan i) \tag{5-5}$$

$$\sin\angle AOB = \sin\varphi/\sin i \tag{5-6}$$

$$\angle AOB = \arcsin(\sin\varphi/\sin i) \tag{5-7}$$

由 $V_{A-BOC} = V_{C-AOB}$ 可知

$$\sin\varphi \cdot \sin\angle BOC = \sin\angle AOC \cdot \sin\angle AOB \tag{5-8}$$

由于 AC 和 BE 为两异面直线并且相互垂直，作 $BG\perp AO$ 于 G，则由两互相垂直的异面直线距离公式，可得

$$|BC|^2 = |BG|^2 + |AG|^2 + |AC|^2 \tag{5-9}$$

因此，有

$$\cos\angle BOC = \cos\angle AOB \cdot \cos\angle AOC \tag{5-10}$$

由式(5-8)和式(5-10)可得

$$\sin\angle AOC = \sqrt{\dfrac{\sin^2\varphi}{1-\sin^2 i+\sin^2\varphi}} \tag{5-11}$$

$$\angle AOC = \arcsin\sqrt{\dfrac{\sin^2\varphi}{1-\sin^2 i+\sin^2\varphi}} \tag{5-12}$$

$$\sin\angle BOC = \sqrt{\dfrac{1}{1-\sin^2 i+\sin^2\varphi}}/\sin i \tag{5-13}$$

$$\angle BOC = \arcsin\left(\sqrt{\dfrac{1}{1-\sin^2 i+\sin^2\varphi}}/\sin i\right) \tag{5-14}$$

由于 $\triangle AFD$ 与 $\triangle RHR'$ 相似,因此,$|AF|/|RH| = |AD|/|RR'|$,即

$$\sin\angle AOC/\sin\angle ROC = r \cdot \sin\varphi/|RR'| \tag{5-15}$$

又有

$$\angle ROC = \angle AOC - \angle AOR \tag{5-16}$$

在 $\triangle SOR$ 中,由正弦定理可得

$$\angle AOR = \arcsin((1+h/r) \cdot \sin\theta) - \theta \tag{5-17}$$

由式(5-11)~式(5-17)可知

$$|RR'| = \frac{r \cdot \sin\left(\arcsin\sqrt{\dfrac{\sin^2\varphi}{1-\sin^2 i + \sin^2\varphi}} - \arcsin((1+h/r) \cdot \sin\theta) + \theta\right)}{\sqrt{\dfrac{1}{1-\sin^2 i + \sin^2\varphi}}} \tag{5-18}$$

则有

$$\varphi_R = \arcsin\left(\frac{\sin\left(\arcsin\sqrt{\dfrac{\sin^2\varphi}{1-\sin^2 i + \sin^2\varphi}} - \arcsin((1+h/r) \cdot \sin\theta) + \theta\right)}{\sqrt{\dfrac{1}{1-\sin^2 i + \sin^2\varphi}}}\right) \tag{5-19}$$

又由 $\lambda_R = \lambda - (\angle DOC - \angle R'OC)$,可得

$$\lambda_R = \lambda - (\arccos(\cos\angle AOC/\cos\varphi) - \arccos(\cos\angle ROC/\cos\varphi_R)) \tag{5-20}$$

同理,L 的坐标 (λ_L, φ_L) 也可以根据对应的几何关系进行求解。由此可以得到,卫星在采用任一角度对地面观测时,能够覆盖的地面区域的顶点坐标,便于任务分解时,获取不同观测角度下对区域的覆盖信息。

3)元任务生成单元

元任务是指规划调度中采用的可以一次观测完成的原子任务,即分割后的任务条带及其时间窗口信息。元任务生成单元获取任务分解的条带信息及时间窗口,通过成像条件评估等模块,对任务的时间窗口进行裁剪,最终得到各任务的合适的时间窗口及任务的观测模式。

元任务生成单元的设计要求及约束:元任务生成单元为规划调度准备合适的元任务,确定观测模式,剔除不符合成像要求的元任务。

元任务生成单元的主要功能如下:

(1)从任务分解与窗口计算单元获取任务分解的条带信息及窗口信息。

(2)从规划信息获取单元获取卫星进出地面站及地影区时间窗口信息,剔除处在地影区内的元任务时间窗口。

(3)调用成像条件评估模型对条带任务的时间窗口进行裁剪,使其符合任务的成像条件要求,剔除不符合要求的时间窗口。

(4)判断任务是否能够实传,对于能够实传的任务则给出回传地面站编号。判断任务能否实传的标准是卫星对成像区域和地面站同时可见,任务条带的长度不超过卫星天线波束正对地面时对地面的视距长度。

元任务生成单元处理过程如图 5-14 所示。

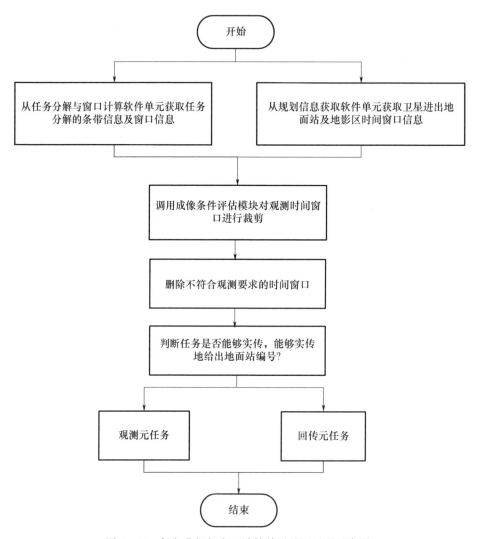

图 5-14 任务分解与窗口计算单元处理过程示意图

由于敏捷卫星可用于观测的时间窗口很长,任意选择拍摄时间可能无法满足用户对成像条件的要求,因此需要对时间窗口进行裁剪使其满足成像条件要求。算法的主要思想:首先判断时间窗口的起止点和中点是否满足成像条件要求,如果中点不满足则删除该时间窗口;如果起止点不满足成像条件要求,则按照二分法找到符合成像条件要求的时间段。时间窗口裁剪的算法流程如图 5-15 所示。

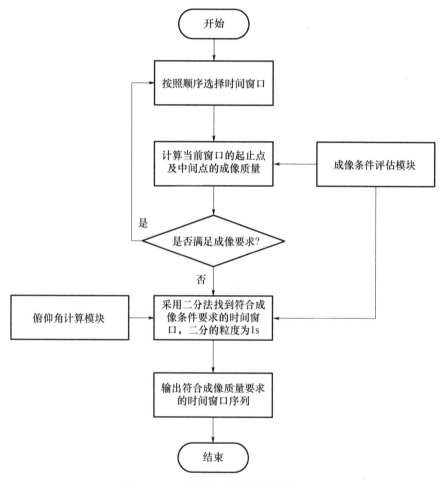

图 5-15 时间窗口裁剪的算法流程图

在裁剪时间窗口时,该窗口的初始姿态欧拉角已知,在裁剪的过程中,其姿态欧拉角中的侧摆角保持不变,但是其俯仰角随着分割点的不同而发生变化,因此需要计算在每个分割点的俯仰角值。俯仰角的计算示意图如图 5-16 所示。

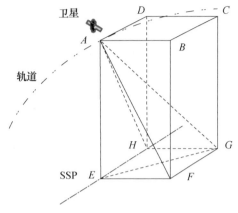

图 5-16 俯仰角计算示意图

目标:已知侧摆角,星下点位置(lat,lon),区域位置(lat_T,lon_T),求俯仰角。

(1)先求出星下点和目标点的球心角,即

$$\lambda = 2\arcsin\left(\sqrt{\cos^2 lat + \cos^2 lat_T - 2\cos lat \cos lat_T \cos|lon - lon_T| + (\sin lat - \sin lat_T)^2}/2\right)$$

(2)再求出卫星对成像区域的掠视角,即

$$\theta = \arctan\left(\frac{R\sin\lambda}{h + R - R\cos\lambda}\right)$$

(3)然后求出俯仰角,即

$$\varphi = \arctan\left(\sqrt{\tan^2\theta - \tan^2 roll}\right)$$

2. 任务规划与调度模块

该模块采用基于卫星资源使用约束和资源分配规则的任务规划模型,对可执行的观测任务进行联合规划,消除观测任务冲突和数据接收冲突,生成经资源优化分配后的任务调度结果和卫星动作序列。任务规划与调度模块主要包括日常任务规划单元和应急任务规划单元两部分。

1)日常任务规划单元

日常任务规划单元的主要功能包括:

(1)获取规划时限信息、参与规划的卫星与地面站参数等任务规划的参数信息。

(2)从任务分析与处理模块获取参与规划的元任务信息。

(3)采用基于动态规划的前瞻(LOOK-AHEAD)思想的启发式构造算法规则进行规划调度。

(4)对于多条带拼接任务,首先由规则确定组合条带任务的观测顺序,然后调用条带拼接姿态机动模型计算条带之间机动所需时间及下一个条带开始拍摄的姿态角。

(5) 调用载荷码速率的计算模型计算写入固存的载荷码速率。

(6) 规划调度软件模块将任务调度结果生成 XML 文件。

(7) 规划调度软件模块输出卫星动作序列给计划编排软件模块。

由于任务安排的不确定性,前面任务的安排对后续任务能否安排影响很大,而且由于敏捷卫星有不固定的时间窗口,所以基于循环迭代的寻优方法很难应用于敏捷卫星的调度。因此通过基于时序的调度方法,采用基于动态规划的前瞻启发式算法来解决本问题。

算法的主要思想是:每次安排任务时只考虑当前任务的取舍,安排当前任务时前瞻一定步长的任务,如果这几个任务与当前任务存在冲突,则按照在前瞻步长内调用动态规划算法,判断当前任务的取舍,每安排一个任务检查前后两个已安排任务之间是否能够安排对日定向和对地定向。算法中所采用的一些启发式规则如下:

(1) 前瞻任务与当前任务存在冲突时选择任务的规则。在选择任务时,若任务之间严格冲突(两个任务在观测时间上具有不可调和的矛盾),需要按照一定的规则和用户偏好取舍任务,如下所示。

①需求优先级:由用户给出的任务重要程度的度量,数值为 1~10,值越大重要程度越高。

②剩余观测机会:在当前时间窗口之后任务还有 1 个或多个时间窗口可以被卫星观测称该任务有剩余观测机会,如果两个任务在执行时间上严格冲突,一般而言,有剩余观测机会的任务可以考虑延后安排观测。

③观测时间窗口的长短:在优先级相同的情况下,观测时间短的任务优先安排,这是因为时间窗口越短可能引起冲突的概率就越小,能够安排更多的任务。

④侧摆角的大小:侧摆角越大则拍摄图像的质量越差,因此当任务冲突时,尽量选择侧摆角较小的任务安排观测。

⑤俯仰角的大小:俯仰角越大则拍摄图像的质量越差,因此当任务冲突时,尽量选择俯仰角较小的任务安排观测。

以上各规则的相对重要程度需要与规划调度人员商议后确定,例如将它们的相对重要程度从高到低排列,即当更重要的规则度量值相同时,再考察次重要的规则的度量值,并依次类推:优先级 > 剩余观测机会 > 窗口长短 > 侧摆角大小 > 俯仰角大小。

(2) 安排回传任务的原则。在调度中维护一个已安排观测但是未安排回传的任务队列，在遇到一个回传窗口时从队列中选择优先级较高的任务进行安排，并同时考虑任务的最晚回传时间，余下的任务留到下一个时间窗口，在最后一个回传时间窗口如果还有已安排观测未安排回传的任务则输出给仿真管控，滚动到下一个周期进行调度。在回传和观测发生冲突时，按照观测优先的原则进行安排。

(3) 卫星固存擦除的原则。固存的擦除应该遵循的原则是：在不影响卫星观测的情况下尽可能少地做擦除活动和尽可能长时间地保存数据；在实际的处理中每安排一个活动就要记录固存的相应变化。固存安排擦除的具体方法是在当前任务完成之后，检查固存容量是否达到了阈值，如果超过了阈值则安排一次擦除动作，将存储中所有已回传任务擦除。

(4) 对日定向和对地定向的安排原则。对日定向和对地定向的安排原则是：在已经安排的活动中间检查是否满足对日定向和对地定向的时间阈值，如果满足则插入对日定向或对地定向活动。

动态规划是一种常用的全局搜索算法，它不仅可以保证问题解的全局最优性，而且可通过避免重复计算来提高求解的效率。对于某一次前瞻操作，假设当前待规划的任务是 t_i，当前规划时刻为 s_0^i，求解目标是以优先级之和为评价指标从任务集 $\{t_i, \cdots, t_{i+m-1}, \cdots, t_{i+K-1}\}$ 中找出一个最优任务规划方案，然后判断 t_i 是否在此方案中，并依次判断它的取舍问题。首先用 $M(m,s)$ 表示以 $s_0^i + s - 1$ 为开始规划时刻、任务集 $\{t_{i+m-1}, \cdots, t_{i+K-1}\}$ 中最优规划方案的优先级之和，其中 $1 \leq m \leq K$、$1 \leq s \leq e_{i+K-1} - s_0^i + 1$ 都是正整数，那么求解目标转化为求 $M(1,1)$ 及其对应的规划方案。在搜索最优规划方案时，当前任务 t_i 只存在被安排或被舍弃两种可能，那么最优的规划方案一定是两者中较优的一种，由此可以得到如下递归方程为

$$M(m,s) = \begin{cases} M(m+1,s), & s_0^i + s - 1 \geq s_{i+m-1} \\ \max\{M(m+1,s), M(m+1, e_{i+m-1} - s_0^i + 1) + p_{i+m-1}\}, & 其他 \end{cases} \quad (5-21)$$

上述递归方程的边界条件为

$$M(K,s) = \begin{cases} p_{i+K-1}, & s_0^i + s - 1 < s_{i+K-1} \\ 0, & 其他 \end{cases} \quad (5-22)$$

$$M(m,s) = 0, \quad s_0^i + s - 1 \geq s_{i+K-1} \quad (5-23)$$

依据上述 3 个公式便可计算出矩阵 M 的所有取值，其中 $M(1,1)$ 是最优前瞻任务规划方案对应的任务优先级之和，根据矩阵中包含的信息进行回退，可

以很容易求出最大优先级之和对应的最优任务规划方案。在前瞻启发算法中,如果每次前瞻操作都按照上述动态规划的策略进行任务取舍,则可得到一种基于动态规划的前瞻启发算法。

在任务规划算法中,任务安排观测的处理过程如图 5-17 所示,任务回传的处理过程如图 5-18 所示。

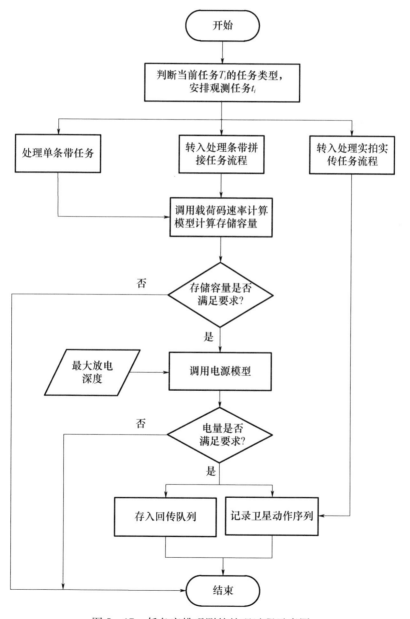

图 5-17　任务安排观测的处理过程示意图

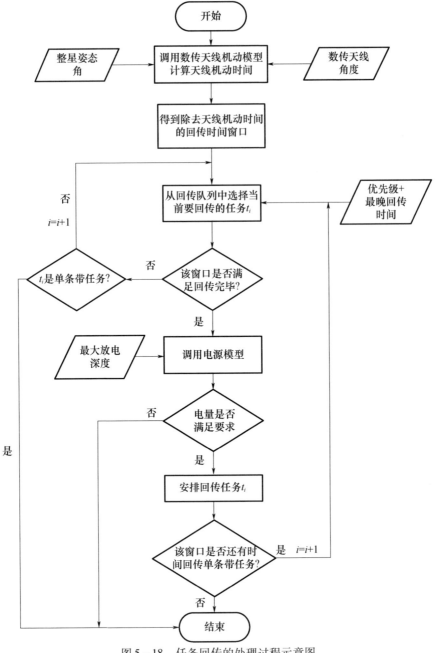

图 5-18 任务回传的处理过程示意图

在任务安排观测的过程中,条带拼接任务的处理需要调用条带拼接姿态机动模型,其处理过程如图 5-19 所示。

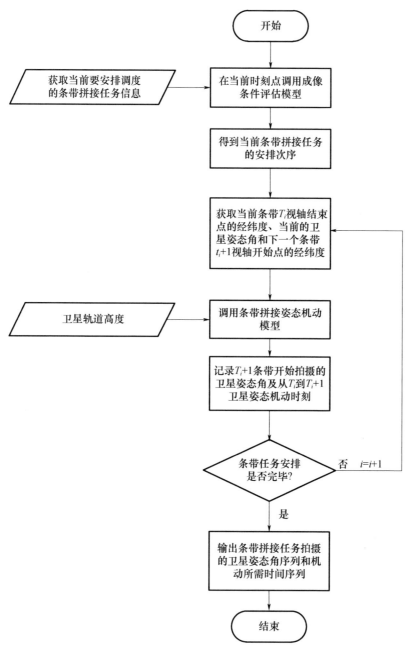

图 5-19　条带拼接任务的处理过程示意图

对于实拍实传任务,由于该类任务都是在可测控弧段之内,而记录回放的任务一般是不可测控弧段,因此优先安排记录回放任务,在存储容量不够的情况下且任务可以实拍实传才安排,其处理过程如图 5-20 所示。

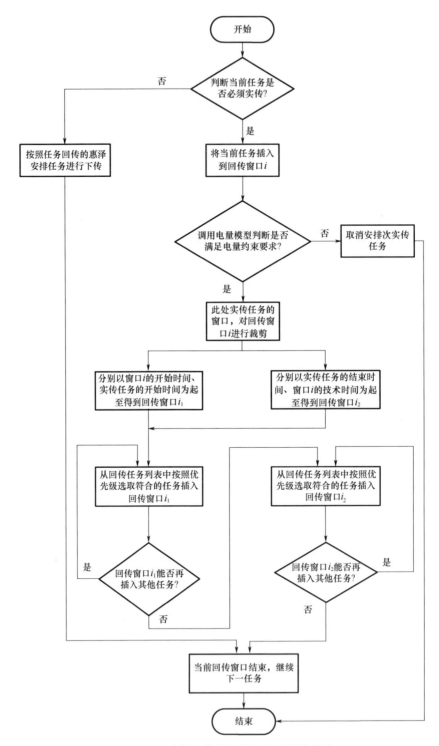

图 5-20 实拍实传任务的处理过程示意图

2)应急任务规划单元

该单元的主要功能是,针对特殊用户提出的特殊任务需求,调用专门的流程对其进行快速响应,在非常短的时间内将任务转化成高优先级指令上注到卫星。

这里假设应急任务发生的频率相对较低,每次应急任务包含的任务数非常少,这些任务的优先级非常高,可以抢占卫星资源。

应急任务规划单元的处理流程如图 5-21 所示。

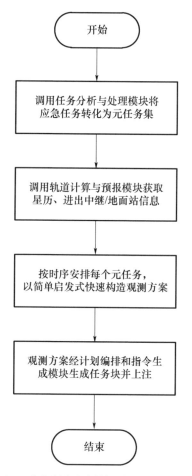

图 5-21 应急任务规划单元的处理流程示意图

3. 计划编排模块

该模块从任务规划与调度模块获取卫星动作序列,对卫星动作序列进行约束检查,将满足约束的卫星动作序列输出给指令生成模块。

计划编排模块的主要功能如下：

(1) 从任务规划与调度模块获取卫星动作序列。

(2) 调用电源模型检查卫星动作序列的正确性，如果不正确则通知任务规划与调度模块重新调度。

(3) 将检验无误的动作序列提交给指令生成模块。

计划编排模块的处理过程如图 5-22 所示。

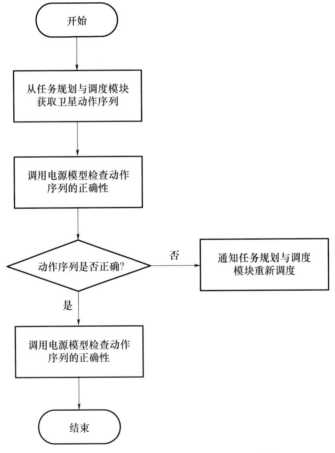

图 5-22　计划编排模块的处理过程示意图

4. 指令生成模块

根据卫星指令设计，将已经生成的计划转化为卫星可执行的指令。

5. 轨道计算与预报模块

获取卫星最新轨道预报根数，进行轨道计算与星历预报，包括卫星轨道计算、空间位置计算、卫星的星下点轨迹计算、太阳方位角计算、卫星进出地球阴影区时刻计算及卫星进出地面站时间窗口计算。该模块包括星历计算单元、轨道预报单元、与地面站预报单元以及进出地影区预报单元共 4 个部分组成。

1) 星历计算单元

星历计算单元的功能是外推历元时刻之后一段时间内各时刻圈次、卫星星下点地理经纬度及轨道高度等信息，写入星历数据文件，提供卫星飞行过程精密星历的地面支持服务。

星历计算单元的处理过程如图 5-23 所示。

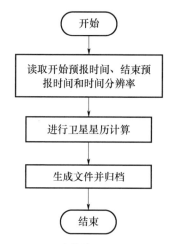

图 5-23　星历计算单元的处理过程示意图

得到星历计算结果报告后，将该报告重新整理成所需格式的 TXT 文件输出。

2) 轨道预报单元

轨道预报单元的功能是向其他软件提供需要的卫星空间位置及速度、卫星星下点地理经纬度、实时轨道参数、太阳方位以及卫星是否位于地影区等信息。其处理过程如图 5-24 所示。

3) 进出地面站预报单元

该单元的功能是：①响应任务规划与调度模块的要求，对卫星进出地面站的时间窗口进行预报计算；②动态地对卫星进出地面站时数传天线与地面站的方位角和仰角进行预报计算；③任务规划与调度软件提出预报时间要求，根据最近的轨道根数进行卫星轨道参数设置，预报结果按照拟定格式进行输出。

进出地面站预报单元处理过程如图5-25所示。

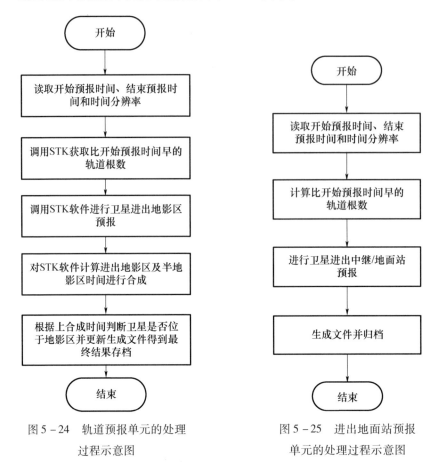

图5-24 轨道预报单元的处理过程示意图

图5-25 进出地面站预报单元的处理过程示意图

4）进出地影区预报单元

该单元的功能是：①响应任务规划软件的要求，对卫星进出地影区的时间窗口进行预报计算；②任务规划与调度模块提出预报时间要求，根据最近的轨道根数进行卫星轨道参数设置，计算时将卫星进出半地影区和全地影时间进行合成，预报结果按照拟定格式进行输出。

进出地影区预报单元的处理过程如图5-26所示。

规划结果展示模块可用多种形式展示、分析规划结果，为规划结果提供可视化界面；提供结果查询功能，能根据用户需求查找并展示相应的规划方案。

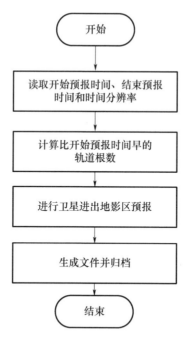

图 5-26　进出地影区预报单元的处理过程示意图

5.3　敏捷卫星在轨任务规划技术

5.3.1　在轨任务规划需求分析

卫星任务运行管理技术的水平直接决定了卫星效能的发挥。随着卫星制造技术的发展,卫星性能不断提高,卫星使用的复杂度也在不断上升,如何使卫星充分发挥各个分系统的能力,实现整体效能的优化,是卫星用户与研制单位都必须考虑的问题。没有高水平的任务管理技术,即使卫星各分系统性能都达到了世界一流水平,整体效能仍将难以发挥。

传统的卫星运行管理以遥控遥测为主要手段。遥感卫星的典型运行管理过程包括:卫星用户搜集任务需求;地面系统对任务进行规划编排并生成指令;测控站在卫星过境时将指令上传到星上;卫星按照指令完成侦察活动;在再次过境时将数据下传到地面;地面进行数据处理。但这种基于"天地大回路"的运行管理模式存在先天的不足。首先,卫星运行管理严重依赖地面测控站,有限的测控弧段一直以来都对我国的航天任务造成了极大的约束与限制;其次,对于用户而言,"天地大回路"模式从需求搜集到数据采集、数据产品的获取经历很长的时间,因此难以适应对时间要求高的紧急任务;最后,对于卫星的运管部门而言,一方面迅猛增长且日益复杂的航天任务使测控任务量和卫星运管成本迅速增加,使卫星的运行管理日益困难,另一方面深空探测等任务从技术上对远距离测控提出了极大的挑战。

星载自主任务管理技术的根本目标,就是要在星载综合电子系统支持下,通过自主任务规划等人工智能技术,根据用户业务需求或在轨事件,在符合卫星的资源状态和使用约束的条件下,在规定的时间内自主确定飞行任务,并根据飞行任务制定控制在轨运行的指令序列。自主就是要不依赖外界的信息注入和控制,或者尽量少依赖外界控制,能够准确地感知自身的状态和外部环境,并根据这些信息和用户任务做出各种恰当的决策,使卫星能达到一种智能水平,能够自我管理,自行完成感知、决策和执行三大任务。

从星载自主任务管理的概念来看,实现自主任务管理需要从自主感知、自主决策、自主执行三方面入手。

(1)自主感知,就是要获取卫星自身状态,包括姿态、轨道、电源等数据,以及任务信息,包括正在执行的任务是什么、任务有何变化等。为了实现卫星的自主感知,必须基于星载信息体系建立自主任务管理系统的体系框架,使自主任务管理系统能够获取卫星内部状态信息和正在执行的任务信息,并通过星地、星间链路获取外部任务信息的变化情况。

(2)自主决策,就是要根据获取内部状态、任务信息和外部任务变更情况,按照在一定时间内高度可信的数学模型,对各种可能的任务执行方案进行筛选,对未来的资源状态和任务完成情况进行预测评估,分析并消解各类潜在的冲突,并尽可能选择最优的解决方案。

(3)自主执行,就是要在自主决策的基础上,将自主决策生成的任务执行方案在轨自动转变为卫星的控制指令,并通过星载控制总线下发到各分系统,控制各分系统动作,共同协调完成任务。

从全世界范围来看,目前卫星的任务管理仍主要采用地面测控为主的运行管理方式。一方面,由于传统的航天任务存在数量少、任务复杂度低等特点,而计算机技术和人工智能技术的发展需要一个长期的过程;另一方面,星载自主任务管理软件是星载自主任务管理技术的载体,自主任务管理技术的复杂性使得星载软件的规模和复杂度远远超出了现有水平,对软件的可靠性和安全性提出了极高的要求,因此卫星型号对星上自主技术的采用都十分慎重。但随着技术的不断进步、相关理论的不断完善,星上自主管理为主的模式将是卫星长期运行的主要趋势。

与地面测控为主的传统运行管理模式相比,以自主任务管理为核心的星载自主任务管理技术明显具有巨大优势,主要表现在以下方面:

(1)使卫星效能倍增。通过星载自主任务管理,结合载荷数据智能处理等领域的技术支持,能够在符合卫星资源约束的前提下,根据用户输入的条件自主进行任务选择,使任务的执行得到优化,从而提高卫星整星效能。

(2)快速响应在轨状态变化。通过星载自主任务管理,能够在缺少人的干预的条件下,及时对星上资源的各种状态进行判断与预测、分析,准确预测潜在的冲突,准确定位问题的原因,对任务执行计划进行有效调整,并动态更新控制指令序列,使卫星任务的执行过程适应卫星运行状态的变化,避免卫星因为资源或时序冲突等问题发生故障。

(3)提高卫星应对紧急任务的能力。通过星载自主任务管理,采用智能算法对在轨紧急任务进行分析,结合卫星资源状态与已经安排的任务,形成适当的执行计划,对紧急任务进行快速处理,在尽可能短的时间内采集到有用的数据。当来源于地面、星间链路或载荷数据分析结果的紧急任务插入时,在自主任务管理技术支持下,卫星能够在很短的时间内对紧急任务进行处理,与传统的"天地大回路"运行管理模式相比具有明显的优势。

(4)减少对地面测控的依赖。采用星载自主任务管理技术,使卫星具有较高的自主能力,不仅能够降低地面测控的运行管理成本,而且能够在测控区外对卫星进行有效管理,对于提高卫星的服务能力具有重要意义。

5.3.2　在轨任务规划技术

1. 功能要求

根据应用需求,自主任务规划系统需要接收地面或其他卫星发送的任务项目,根据卫星的遥测数据,对卫星工作状态变化进行预测,按照卫星使用约束,规划任务的完成过程,输出卫星的动作序列,并依据指令模板,转化为各分系统能够识别和执行的指令。

按照以上过程,自主任务规划系统应具备以下功能:

(1)任务接收与预处理功能。

接收地面或其他卫星发送的任务信息,并进行初步的任务分解。对于光学卫星,任务信息主要包括观测区域的地理位置、几何特征以及类别等。自主任务规划系统接收到任务信息后,需要按照卫星的轨道、相机参数等条件,将观测区域划分为单个条带,用于后续的规划调度。任务类别信息可以用于相机参数的调整。

(2) 轨道预报功能。

为了对条带进行精确划分,对观测时间、角度进行精确计算,需要高精度的轨道预报模型予以支持。为了保证轨道预报的精度,该模型需要具备根据星上 GNSS 实测轨道修正预报模型参数的能力。

(3) 规划调度功能。

根据预定的规则,对输入成像任务进行调度,并输出相应的动作序列。对于载荷数据下传任务,由于涉及地面站的调度,需要地面系统的配合,应主要在地面任务规划中进行分析,不宜作为自主任务规划的主要内容。

(4) 指令编排功能。

根据指令模板,将规划得到的动作序列转化为遥控指令,驱动各分系统协调完成预定任务。

2. 组成结构

自主规划系统包括轨道预报器、任务分解器、状态预估器、规划器、指令解释器、卫星模型库和指令模板库 7 个组成部分,如图 5-27 所示。

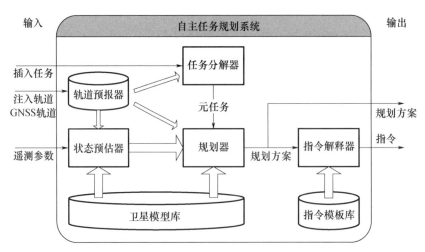

图 5-27 自主规划系统结构图

(1) 轨道预报器。根据地面注入轨道数据,对规划周期内的卫星轨道进行预报,结合星上 GNSS 接收机输出的高精度轨道实测数据,对预报模型进行修正,得到高精度的预报数据,为任务分解、工作状态估计和规划调度提供服务。

(2)任务分解器。对插入的紧急任务进行分析,将复杂任务转化为多个基本的任务单元,即元任务。对于遥感卫星,任务分解器将输入的观测区域分解为可逐一观测的条带,供规划器进行进一步编排。

(3)状态预估器。周期接收遥测数据,并以遥测数据为初始值,根据输入规划方案对卫星状态进行推演,预测未来资源与时序约束的满足情况。在资源监测与触发过程中,状态预估器以当前规划方案为蓝本进行推演,判断当前方案是否合理;在规划求解过程中,对规划器产生的每一种方案进行推演,辅助规划器寻找合理解。

(4)规划器。规划器是系统的核心,根据输入元任务以及状态预估器给出的冲突信息,在状态预估器支持下按照预设的算法对初始规划方案进行调整,既要尽量保证新方案与初始规划方案的一致性,又要使新方案能够满足任务变更需求和卫星约束条件。规划器将新规划方案输出到指令解释器和星务计算机,分别用于指令生成和后期地面数据处理。

(5)指令解释器。用于将规划方案按照指令编排要求转化为各分系统能够识别并执行的指令,并将指令输出到星务。

(6)卫星模型库。包括任务相关各分系统的数学模型、如姿控、电源、载荷等。由于自主任务规划依赖于对未来信息的预测,因此有必要研究一套计算复杂度低但是精度足够的数学模型,在秒级的时间内对未来几个小时内卫星的状态参数进行外推。

(7)指令模板库。提供各分系统的指令码及指令编排规则,作为指令解释器将规划方案转化为指令码的依据。

按照上述框架设计方案,能够将与卫星本身密切相关的部分(如卫星的数学模型、指令等)与算法部分剥离开,使作为核心内容和关键技术的算法部分能够具有较强的通用性和稳定性,从而使系统核心组件具有良好的可重用性,能够支持不同型号卫星的星上自主运行管理。

3. 关键算法

1)高精度轨道预报算法

轨道预报用于计算当圈轨道卫星在 J2000 坐标系和 WGS84 坐标系的轨道位置和速度。为了保证成像时相机对观测条带的指向精度,首先需要使规划结果中对于区域条带的划分、观测时间和姿态角度具有足够的计算精度。由于条带划分和观测时间、角度计算精度依赖于轨道预报的结果,因此高精度轨道预报是保证自主任务规划精度指标的关键点。

（1）J2000 坐标系下的轨道外推。受限于星上计算机处理能力、存储空间以及上行遥控链路的码速率和测控网覆盖范围，自主任务规划系统采用的轨道预报算法必须满足地面注入数据量小、计算简单、对存储资源占用较小等约束条件。在预报精度上，应与敏捷卫星定位精度相匹配；在计算速度上，应满足 10min 内完成 100min 轨道预报的指标要求。

为了满足计算精度和计算速度的要求，在算法设计上，采用基于 GNSS 高精度轨道测量数据两次外推的方法：第一次外推用于粗略估计一圈内的卫星轨道位置、速度，用于规划卫星动作时间点和粗略姿态指向；第二次外推采用任务执行前 5min 内的 GNSS 数据，用于修正姿态角数据，得到精确指向。

由于采用了两次外推的方法，长期轨道预报的误差可以通过第二次外推进行修正，因此降低了对轨道预报长期精度的要求。轨道预报算法推荐使用平均根数法进行解析外推。由于解析方法不需要数值积分过程，因此轨道数据的使用过程中不需要按积分步长存储大量轨道数据，能够降低对存储资源的需求。

（2）J2000 坐标系与 WGS84 坐标系的转换。WGS84 坐标系下的轨道位置数据主要用于星地关系计算。从 J2000 坐标系到 WGS84 坐标系转换矩阵的精确计算方法比较复杂，除地球自转外，还需要考虑岁差、章动、极移的计算。岁差、章动、极移的计算可采用 IAU1980 或 IAU2000 模型。

2）地影估计

首先计算太阳在 J2000 坐标系的位置，再根据太阳与卫星的相对位置关系计算卫星是否在地影，如图 5-28 所示。

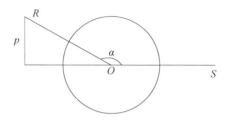

图 5-28　卫星是否在地影计算示意图

太阳在 J2000 坐标系内的轨道根数 $a, e, i, \Omega, \omega, M$ 描述为

$$a = 1.00000102A$$
$$e = 0.01670862 - 0.00004204T - 0.00000124T^2$$
$$i = 23°26'21''.448 - 46''.815T - 0''.00059T^2 + 0''.00181T^3$$

$$\Omega = 0.0°$$
$$\omega = 282°56'14''.45 + 6190''.32T + 1''.655T^2 + 0''.012T^3$$
$$M = 357°31'44.76'' + 129596581''T - 0''.562T^2 - 0''.012T^3$$

式中:A 为一个天文单位。$A = 1.49597870691 \times 10^{11}$ m;T 为 J2000.0 起算的儒略世纪数。

根据轨道根数与位置、速度的转换关系可以得到太阳在 J2000 坐标系的位置。将太阳光简化为理想平行光,太阳方位为 S,卫星轨道位置为 R,地心为 O,地球半径 R_e,S 与 R 夹角 α 为

$$\alpha = \arccos\left(\frac{S \cdot R}{|S||R|}\right) \quad (5-24)$$

卫星到直线 OS 的距离 p 为

$$p = |R|\sin\alpha \quad (5-25)$$

当 $p \leq R_e$ 且 $\alpha \geq \pi/2$ 时,卫星在地影区,否则在阳照区。

3) 任务分解

任务分解的目的是将超出相机幅宽的大区域划分为若干可一次性完成观测的条带,便于规划调度。1 个条带主要采用 4 个顶点和 1 条中线来描述,其中中线的起止点用于计算相机观测时卫星的姿态角。

任务分解流程如图 5-29 所示,主要步骤包括:

(1) 标称侧摆角和标称观测时刻计算,主要目的是通过变换成像区域几何特征描述坐标系的方法,解决地理坐标系下条带划分非线性、难以解算的问题。

(2) 通过成像区域的边界,得到条带的边界线。

(3) 通过边界线与成像区域边线的交点计算,确定各条带的起止点。

(4) 将各条带的起止点反算到地理坐标系中。

对于立体成像区域,如果分解后的条带数多于 1,则该任务无法进行立体成像,放弃该任务。

4. 计算方法

1) 标称侧摆角和标称观测时刻

目前地面任务规划系统主要采用基于立体几何的条带划分算法解决大区域、区域条带划分的

图 5-29 任务分解流程图

问题,其基本思想是计算出若干星下点轨迹的平行线,对成像区域进行分割,通过迭代找出最合适的分割线,最终确定条带 4 个顶点的地理坐标。对于星上计算机,由于该算法存在计算复杂度较大、建模过程需要进行大量线性化处理(包括假定星下点轨迹为直线、地球为理想球体)等问题,存在改进的空间。

这里采用基于标称侧摆角和标称观测时刻的方法对区域条带进行划分。如图 5-30 所示,假设 t_r 时刻卫星指向区域 T 时,卫星的俯仰角 θ 为 0,滚动角为 φ_r,则称 t_r 为标称观测时间,φ_r 为标称侧摆角。

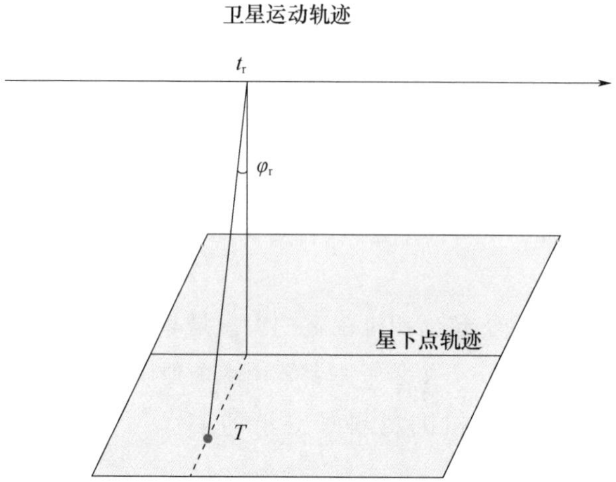

图 5-30 标称侧摆角和标称观测时刻示意图

对于当圈任意时刻 t 对应的轨道位置 $R_{ECI}(t)$,可以得到卫星指向区域 T 的俯仰角 $\theta(t)$ 和滚动角 $\varphi(t)$,通过求解非线性方程 $\theta(t)=0$,可以得到 t_r,最后根据 t_r 计算 φ_r。

俯仰角 $\theta(t)$ 和滚动角 $\varphi(t)$ 的计算公式见卫星对地面区域观测角度计算部分,非线性方程 $\theta(t)=0$ 可以采用对分法求解,求解过程如下。

如果对于时间区间 $[a,b]$,$\theta(a)\theta(b)<0$,则存在 $t_r\in[a,b]$,满足 $\theta(t_r)=0$。令 $a_0=a,b_0=b$,对于 $k=0,1,\cdots,M$ 执行以下步骤:

(1) 计算 $t_k=\dfrac{a_k+b_k}{2}$。

(2) 若 $|\theta(t_k)|\leq\varepsilon|\theta(a_0)-\theta(b_0)|$,则停止计算,取 $\theta(t_r)=t_k$,否则转第(3)步。

(3) 若 $\theta(a_k)\theta(t_k)<0$,则令 $a_{k+1}=a_k,b_{k+1}=t_k$;若 $\theta(a_k)\theta(t_k)>0$,则令 $a_{k+1}=t_k,b_{k+1}=b_k$。

(4) 若 $k>M$,则输出求解失败信息,否则继续第(1)步。

需要注意的是：ε 为求解误差系数，取 $\varepsilon = 1.0 \times 10^{-5}$；$M$ 为最大迭代次数，取 $M=40$ 次。标称起止观测时间可作为元任务的参考观测时间。

时间区间 $[a,b]$ 的估算方法如图 5-31 所示，将卫星在 WGS84 坐标系下的运行轨迹简化为以地心 O 为圆心的圆弧，A、B 为圆弧上任意不重合的两点，对应的时间为 t_A,t_B，T 为观测区域，对应的矢量表示分别为 OA、OB、OT，OP 为 OT 在 OAB 平面的投影，计算方法为

$$OC = OA \times OB \tag{5-26}$$

$$OR = OC \times OT \tag{5-27}$$

$$OP = OR \times OC \tag{5-28}$$

$$\angle AOP = \arccos \frac{OA \cdot OP}{|OA||OP|} \tag{5-29}$$

$$\angle BOP = \arccos \frac{OB \cdot OP}{|OB||OP|} \tag{5-30}$$

卫星过 OP 的时间为

$$t_P \approx t_A + \frac{\angle AOP(t_B - t_A)}{\angle AOP + \angle BOP} \tag{5-31}$$

考虑到 1000km 以下轨道高度卫星对任意区域点的成像时间窗口不超过 800s，时间区间 $[a,b]$ 可估计为

$$a = t_P - 500, b = t_P + 500 \tag{5-32}$$

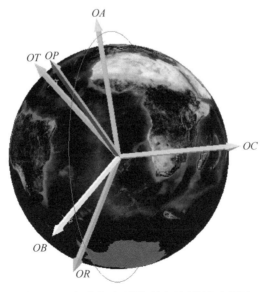

图 5-31 标称起止观测时间区间估算示意图

2) 条带边界线计算

如果卫星当圈轨道对观测区域 T 可见,设 T 的顶点集合为 $\{(\text{lon}_i, \text{lat}_i)_m\}$,则对于 T 的任意一个顶点,可以得到对应的顶点集合 $\{D_i\} = \{\varphi_i, t_i\}$。因此区域 T 的几何特征可以从经纬度坐标系映射到标称侧摆角和观测时间构成的坐标系,在新坐标系中,可以采用一组严格定义的间距相等的平行线 $\varphi = \overline{\varphi_i}(\{\overline{\varphi_i}\}$ 为等差数列)对成像区域进行划分,如图 5-32 所示。

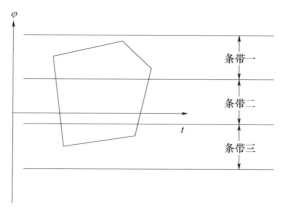

图 5-32　条带划分原理示意图

设卫星相机视场角为 f,考虑到条带边缘搭接、规划计算误差、控制精度等问题,相邻条带之间需要有一定的重合,则有效视场角为 $f' = \eta f$。对于区域 T,所需要划分的条带数为

$$n = \max\left[1, \text{ceiling}\left(\frac{\varphi_{\max} - \varphi_{\min}}{\eta f}\right)\right] \quad (5-33)$$

式中:ceiling 为向上取整;$\varphi_{\max}$、$\varphi_{\min}$ 分别为 $\{\varphi_i\}$ 的最大值和最小值。当 $\varphi_{\max} = \varphi_{\min}$ 时(例如 T 仅包含 1 个点),n 取 1。

条带拼接后的区域可表示为 $n\eta f \varphi_{\max} - \varphi_{\min}$,一般情况下,将超过观测区域 T 的范围。针对这种情况,可以根据不同的应用需求,采取不同的规则来确定各条带的边界。例如,对应于以下规则:①划分的多条带区域中线应对准观测区域 T 的中线;②观测超出部分向两侧延伸,最大化观测区域。

由规则①,可得

$$\frac{\overline{\varphi}_n + \overline{\varphi}_0}{2} = \frac{\varphi_{\max} + \varphi_{\min}}{2} \quad (5-34)$$

由规则②,可得

$$\overline{\varphi}_n - \overline{\varphi}_0 = n\eta f \quad (5-35)$$

因此,有

$$\overline{\varphi}_i = \frac{\varphi_{\max} + \varphi_{\min} - n\eta f}{2} + i\eta f, i = 0,\cdots,n \qquad (5-36)$$

3)条带起止点计算

条带边缘分界线确定后,通过计算分界线与 T 的边线交点,可以得到各条带的标称观测起止时间,下面给出计算步骤。

当 T 的顶点数 $m \geq 3$,且 $n > 1$ 时,由规则①和②,除 $\varphi = \overline{\varphi}_0$ 和 $\varphi = \overline{\varphi}_n$ 外,各分界线与成像区域边界应有两个交点,设为 $P_{i,0}$ 和 $P_{i,1}$, $i = 1,\cdots,n-1$。

对于每个条带 $S_i = [\overline{\varphi}_{i-1}, \overline{\varphi}_i]$, $i = 1,\cdots,n$,可以构造观测区域 T 顶点 $\{D\}_i$ 和边界交点 $\{P\}_i$ 在 S_i 范围内的并集 $U_i = D_i \cup P_i$。检索 U_i 中各点,得到各标称观测时间的最大值和最小值 $t_{\max,i}$, $t_{\min,i}$。则该条带4个顶点分别为 $(\overline{\varphi}_{i-1}, t_{\min,i})$,$(\overline{\varphi}_{i-1}, t_{\max,i})$,$(\overline{\varphi}_i, t_{\min,i})$,$\overline{\varphi}_i, t_{\max,i}$,中线起点为 $\left(\dfrac{\overline{\varphi}_{i-1} + \overline{\varphi}_i}{2}, t_{\min,i}\right)$,终点为 $\left(\dfrac{\overline{\varphi}_{i-1} + \overline{\varphi}_i}{2}, t_{\max,i}\right)$。

4)规划器

规划器用于对元任务(条带)进行规划调度,生成相应的卫星动作序列。

(1)规划调度策略。成像规划算法可以采用分支定界算法,在进行规划模型和约束简化的前提下,理论上能够得到最优解。

分支定界算法是一种隐式穷举搜索算法,其基本思想是基于所有区域的观测与否选择构造搜索树,并设计合理的启发式规则,在对搜索树进行遍历的同时,裁剪不可行和不是最优选择的分支,加快搜索速度。

经过任务预处理,输入任务区域转化为元任务集合 $\{A_m\}$, $m = 0,1,\cdots,K-1$,且 $\{A_m\}$ 中的元素严格按照观测时间升序排列。

对于每个元任务,规划算法有观测和放弃两种选择,设序列 $\{a_m\}$ 表示 $\{A_m\}$ 的规划结果,如果观测 A_m, $a_m = 1$,否则 $a_m = 0$。在完全搜索的情况下,需要考虑 2^K 中情况。例如对于3个观测条带,规划结果有8种搜索路径,对应的序列 $\{a_m\}$ 见表5-1。

表5-1 规划结果示例

规划结果	$\{a_m\}$
路径0	{1,1,1}
路径1	{1,1,0}

续表

规划结果	$\{a_m\}$
路径2	{1,0,1}
路径3	{1,0,0}
路径4	{0,1,1}
路径5	{0,1,0}
路径6	{0,0,1}
路径7	{0,0,0}

表 5-1 可以采用如图 5-33 所示的二叉树结构描述,其中根节点初始状态为规划参考时间起点对应的姿态与载荷工作状态,根节点子节点对应第一个元任务。

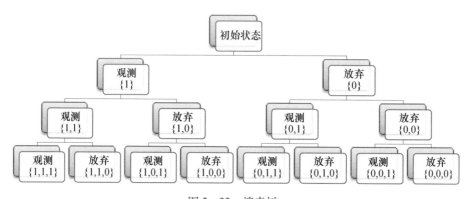

图 5-33 搜索树

搜索树节点参数主要包括:①对应的元任务;②对应的搜索路径;③已达成的收益,按照从根节点到当前节点可观测元任务优先级之和统计;④剩余元任务的总收益,按照从下一个元任务到最后一个元任务的优先级之和统计;⑤剩余资源。

根据卫星总体输入,卫星资源约束主要考虑每圈载荷工作时间限制,因此剩余资源为载荷剩余可工作时间。

由于星上计算机存储能力有限,搜索树数据量较大,无法存储。在数据结构设计时只存储元任务队列,访问树节点时采用临时构造子节点的方式。

搜索树构造时,左侧子节点对应"观测",右侧子节点对应"放弃"。为了尽快搜索到最优结果,采用先序遍历算法。

先序遍历的非递归算法的标准过程如下:

```
void NR(BiTree * T)//T 是树的根节点
{
    BiTree * p;
    Stack stack;//访问路径的堆栈
    p = T;
    while(!(p = = NULL && stack.empty()))
    {
        while(p! = NULL)
        {
            Visit(p);//访问 p 节点
            stack.push(p);//p 压栈
            p = LeftChild(p);//取 p 的左子树
        }
        if(stack.empty())//堆栈已空
        {
            return;
        }
        else
        {
            p = stack.back();//从栈顶取 p
            stack.pop();
            p = RightChild(p);//取 p 的右子树
        }
    }
}
```

树节点的访问过程对应于一个区域的递推规划,包括当前路径的可行性判断和卫星资源、状态的计算。

完整的二叉树搜索计算量较大,为了加快算法的收敛,降低计算时间,需要采用收益预测和规划约束对搜索树进行裁剪。裁剪应考虑 3 种规则。

规则 1:时序约束。对于树节点 P,能够确定 P 节点任务终态的时间和卫星姿态、载荷波束,当 P 节点下一个元任务的观测时间、指向与 P 节点存在时序冲突,即观测时间间隔小于指向切换时间时,裁剪 P 节点的左子树。

规则 2:资源约束。如果 P 节点对应的剩余观测资源(载荷剩余可工作时间)小于最短工作时间(暂定 5s)时,后续元任务全部选择"放弃",即只保留 P 节点的最右侧路径。

规则3:收益预测。如果 P 节点对应的已达成收益与剩余元任务的收益之和不超过已访问规划路径的最大收益时,则包含 P 节点的路径不是最优路径,裁剪 P 节点及其左右子树。

通过以上规则,能够在不影响优化效能的情况下,大幅降低计算复杂度。

(2) 观测区域元任务到动作序列的转换。一个观测区域可以分解为单个到多个条带,为了不失一般性,按照多条带拼接设计算法,该算法对单条带成像同样适用。

条带拼接的实现过程如图 5-34 所示, t_0 时刻第一条带成像开始, $t_1 \sim t_2$ 为第一条带转第二条带姿态机动, t_3 时刻开始第二条带转第三条带姿态机动, t_n 时刻条带拼接成像完成。

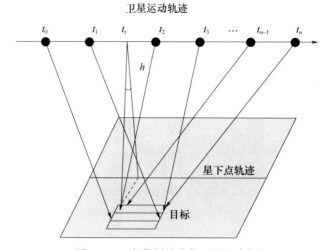

图 5-34 条带拼接成像过程示意图

对于一个 N 条带拼接成像区域,持续时间为

$$D = \sum_{i=1}^{N} d_i + \sum_{i=1}^{N-1} t(\alpha_i) \tag{5-37}$$

式中: d_i 为第 i 条带的观测持续时间,根据元任务信息得到; $t(\alpha_i)$ 为第 i 次姿态机动的消耗时间。

$t(\alpha_i)$ 的计算过程如下:设卫星 t_0 时刻开始观测第 1 个条带,则条带 1 观测完成的时间为 $t_0 + d_1$,根据两临近条带间姿态机动策略计算方法(见卫星模型库部分),可以得到条带 1 转条带 2 的姿态机动目标角和机动时间 $t(\alpha_1)$,因此条带 2 的起始观测时间为 $t_0 + d_1 + t(\alpha_1)$。以此类推,可以得到各观测角度和机动时间。如果计算过程中任意一个观测角度超过姿态机动范围锥角 β,则表明该任务无法完成。3 条带拼接动作序列如图 5-35 所示。

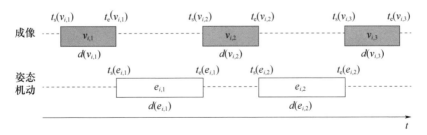

图 5-35　3 条带拼接动作序列示意

5) 卫星模型库

卫星模型库是自主任务规划系统其他各模块所需要用到的卫星相关算法的总称,主要是由若干松散的计算模型组成。

(1) 惯性坐标系到轨道坐标系的变换矩阵。设 J2000 坐标系下卫星的轨道位置矢量为 r,速度矢量为 v,计算变换矩阵的算法如下。

令 i_o, j_o, k_o 为轨道坐标系的单位矢量。由于轨道坐标系的轴 k_o 与矢量 r 相反,故

$$k_o = -r/r \qquad (5-38)$$

由于轨道坐标系的轴 j_o 与动量矩矢量 H 相反,故

$$\begin{cases} H = r \times v \\ j_o = -H/H \\ i_o = j_o \times k_o \end{cases} \qquad (5-39)$$

最后可构成坐标变换矩阵

$$L_{oi} = \begin{bmatrix} i_o^T \\ j_o^T \\ k_o^T \end{bmatrix} \qquad (5-40)$$

(2) 卫星对地面区域观测角度计算。设 J2000 坐标系下卫星 S 的轨道位置矢量为 r,速度矢量为 v,区域点 T 地理经纬度为 (λ, φ),J2000 坐标系转到 WGS84 坐标系的转换矩阵为 L_{ei}。计算步骤如下:

① 根据 r, v,可以得到 L_{oi};

② 根据地理经纬度为 λ, φ,计算地心经纬度,即

$$\lambda_e = \lambda, \varphi_e = \arctan[\tan\varphi\,(1-f)^2] \tag{5-41}$$

式中:f 为地球扁率,取 $f = 1/298.257$。

③成像区域当地地球半径为

$$R = R_E \frac{1-f}{\sqrt{1-f(2-f)\cos^2\varphi_e}} \tag{5-42}$$

式中:R_E 为地球赤道半径。

④T 在 WGS84 坐标系下的位置为

$$\boldsymbol{T}_e = \left[\boldsymbol{L}_y\left(\frac{3}{2}\pi - \varphi_e\right)\boldsymbol{L}_z(\lambda_e) \right]^T (0,0,-R)^T \tag{5-43}$$

⑤J2000 坐标下卫星 S 指向 T 的矢量为

$$\boldsymbol{P}_i = \boldsymbol{L}_{ei}^T \boldsymbol{T}_e - \boldsymbol{r} \tag{5-44}$$

转换到轨道系,有

$$\boldsymbol{P}_o = \boldsymbol{L}_{oi} \boldsymbol{P}_i \tag{5-45}$$

⑥假设卫星偏航角保持 $0°$,转序采用 123,则俯仰角为

$$\theta = \arcsin \frac{P_{ox}}{|\boldsymbol{P}|} \tag{5-46}$$

滚动角为

$$\varphi = -\arctan \frac{P_{oy}}{P_{oz}} \tag{5-47}$$

(3)相机地面摄影点计算。设 J2000 坐标系下卫星 S 的轨道位置矢量为 $\boldsymbol{r}$,速度矢量为 $\boldsymbol{v}$,相机地面摄影点为 $\boldsymbol{P}$,姿态欧拉角为 θ,φ,ψ。

卫星本体坐标系到轨道系的转换矩阵为

$$\boldsymbol{L}_{ob} = \boldsymbol{L}_x(-\theta)\boldsymbol{L}_y(-\varphi)\boldsymbol{L}_z(-\psi) \tag{5-48}$$

相机光轴指向在 J2000 坐标系下的矢量为

$$\boldsymbol{u} = \boldsymbol{L}_{io}\boldsymbol{L}_{ob}(0,0,1)^T \tag{5-49}$$

卫星与摄影点 P 的距离 ρ 为

$$\rho = \frac{-B - \sqrt{B^2 - AC}}{A} \tag{5-50}$$

$$A = 1 + du_z^2$$

$$B = \boldsymbol{r} \cdot \boldsymbol{u} + dr_z u_z$$

$$C = r^2 + dr_z^2 - R_E^2$$

$$d = \frac{R_E^2 - R_p^2}{R_p^2}$$

式中:R_p 为地球极半径。

J2000 坐标系下摄影点矢量为

$$\boldsymbol{P}_i = \rho \boldsymbol{u} + \boldsymbol{r} \tag{5-51}$$

转换到 WGS84 坐标系有

$$\boldsymbol{P}_e = L_{ei}\boldsymbol{P}_i \tag{5-52}$$

P 点的地心经纬度为

$$\lambda_e = \arctan \frac{P_y}{P_x} \tag{5-53}$$

$$\varphi_e = \arcsin \frac{P_z}{|P|} \tag{5-54}$$

(4)姿态机动时间计算。为了满足任务规划机动时间的计算需求,需要对任意姿态机动所需要的时间进行估计。由于敏捷卫星常使用一组姿态机动角度 α 和机动时间 t 的对应关系描述机动能力,如 25°/20s、45°/25s 等。

设姿态机动能力指标 $\{\alpha_i, t_i\}, i = 0, \cdots, n$,则任意姿态机动所需时间可通过线性插值得到,插值公式为

$$t_i(\alpha) = \frac{t_{i+1} - t_i}{\alpha_{i+1} - \alpha_i}(\alpha - \alpha_i) + t_i, i = 0, \cdots, n-1 \tag{5-55}$$

(5)两临近条带间姿态机动策略计算。设卫星完成条带 a 观测的时间为 t_a,对应的 J2000 坐标系下轨道位置、速度为 r, v,条带 a 终点地理经纬度为 $\{\lambda_a, \Phi_a\}$,下一个条带 b 起点地理经纬度为 $\{\lambda_b, \Phi_b\}$,需要得到在最大姿态机动能力下,卫星相机光轴指向 b 起点时的时间 t_b 和姿态角。

计算 t_a 时刻卫星的俯仰角 θ_a 和滚动角 φ_a 和 t_b 时刻对应的俯仰角 θ_b 和滚动角 φ_b。根据姿态机动能力,可得

$$t_b - t_a = t_i(\alpha) \tag{5-56}$$

姿态机动角度 α 是 θ_b、φ_b、θ_a、φ_a 的函数,因此姿态机动能力方程可以变为

$$t_b - t_a = t_i[\theta_b, \varphi_b, \theta_a, \varphi_a] \tag{5-57}$$

求解该方程,可以得到 t_b、θ_b、φ_b。

第 6 章 敏捷卫星效能分析

6.1 覆盖性分析

6.1.1 单星覆盖性分析

敏捷卫星的主要任务是对全球任意地区进行高分辨率成像观测,因此,卫星需要具有对全球各地进行多次观测的能力。

在进行轨道设计时,通常从以下 5 个方面考虑。

1. 高分辨率成像

民用区域一般在 2m 及以上分辨率即可,光谱范围要求较宽。军用目标要求分辨率最好在 1m 以下,光谱范围适当即可。

2. 成像幅宽

根据相机的视场角大小及卫星的轨道高度,可以确定卫星的星下点成像幅宽。对于单颗敏捷卫星,利用其在轨敏捷机动能力,通过同轨多条带拼接技术可实现多个幅宽拼接(以星下点幅宽 12km 为例,4 条带拼接可实现 45km 幅宽,能够满足一般使用需求)。45km 幅宽可一次覆盖全球大部分大型城市的主体区域(如北京五环直径约 45km),可覆盖全球大型港口及其水域宽度。

3. 轨道类型

太阳同步轨道(SSO)可以保证卫星每圈成像时地面光照条件变化均匀,同一地物特征相对稳定,利于观测区域判别,提高图像获取准确性;回归轨道星下点轨迹周期性重复,利于定期更新地物图像;近圆轨道可保证相机地面像元分辨率不随卫星轨道位置而改变,利于图像数据处理。因此太阳同步近圆轨道是适宜的选择。

4. 重访周期

无论是自然地物还是人造地物,其状态本质上都是在随时间不断变化的,而卫星遥感的本质也是为了能够及时掌握地物变化情况。为了达到这个目的,应该尽量缩短卫星对同一地物拍摄的重访周期,例如对同一区域的重访频次应不低于1次/天。技术实现途径有两种:一是通过将单颗卫星的轨道设计成天回归轨道的方式来实现;二是可通过将单星轨道重访周期设计为 n 天,n 颗星组网配合使用,实现重访周期约1天。

5. 降交点地方时

降交点地方时选择应综合考虑地面区域成像时的光照强度和观测角度,一般选择10:30和13:30。另外,同一地区的地物在1天中的不同时刻,由于太阳光照射的强度和角度不同,在卫星图像上显现出不同的纹理、明暗、色彩等信息,选择不同的降交点地方时,可在不同的光照条件下对同一区域进行成像,有助于用户对区域地物特性进行综合判断。

对于降交点地方时为10:30和13:30的太阳同步轨道,星下点地方时随纬度变化的规律如图6-1和图6-2所示,在各纬度地区成像光照条件均较好。

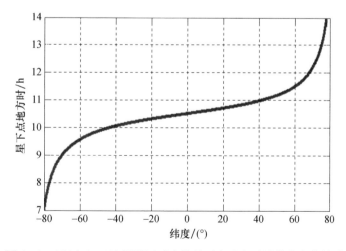

图6-1 SSO(10:30)阳照区对应的星下点地方时随纬度变化关系

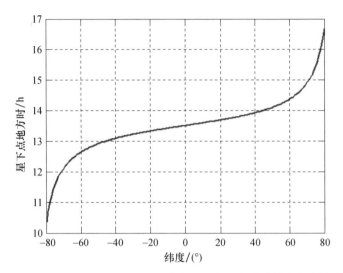

图6-2 SSO(13:30)阳照区对应的星下点地方时随纬度变化关系

以高度为645km的轨道为例,在高度为645km的轨道上,卫星相邻两圈轨迹间距为2716km,1个回归周期内地面轨迹分布如图6-3所示。

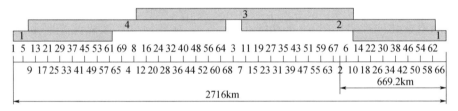

图6-3 1个回归周期内地面轨迹分布

由图6-3可见,卫星在高度645km的轨道上对指定区域重访周期优于4天。

6.1.2 多星设计与覆盖性分析

1. 星座优化设计

下面以4颗卫星组网的星座为例,说明敏捷卫星星座的优化设计。4颗卫星组成的星座系统要求对全球任意地区的重访周期要求为1天。

1)星座设计对比

卫星处于相同的降交点地方时对应相同的轨道面,处于不同的降交点地方时对应不同的轨道面。以下对4颗卫星采用1轨、2轨、4轨等3种部署方案进行比较,并给出最终选定的结果。

由于3种星座方案的星下点轨迹都是均匀分布的,所以在重访特性上差别不大,均可实现对全球目标的每天重访。3种方案的特性比较见表6-1。

表6-1 3种星座方案的特性比较

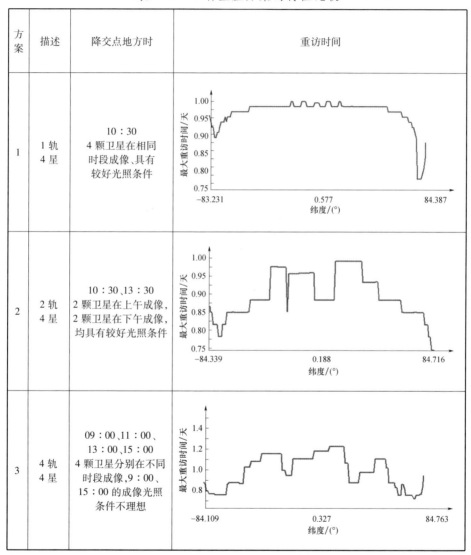

方案	描述	降交点地方时	重访时间
1	1轨4星	10:30 4颗卫星在相同时段成像,具有较好光照条件	
2	2轨4星	10:30、13:30 2颗卫星在上午成像,2颗卫星在下午成像,均具有较好光照条件	
3	4轨4星	09:00、11:00、13:00、15:00 4颗卫星分别在不同时段成像,9:00、15:00的成像光照条件不理想	

通过上述分析可知,3种方案的重访特性基本相同,主要区别是成像时段和成像光照条件:

(1)采用1轨4星,时间重访性最差,4颗卫星在相同时段成像,只能获取相同光照方向、光照强度下的图像。

(2) 采用2轨4星,时间重访性居中,可以在上午、下午分别成像,获取两种光照方向、光照强度下的图像。

(3) 采用4轨4星,时间重访性最好,可在4个时段成像,但是随着季节的变化,会造成在地方时9:00和15:00两个时段的成像条件不理想。

对同一区域获取不同光照方向、光照强度下的图像,有助于用户对地物特性的判断,因此,综合考虑后最终选择2轨4星这种星座部署方案,其中2颗卫星在降交点地方时10:30的轨道面,另2颗卫星在降交点地方时13:30的轨道面。

2) 星座设计结果

在同一时刻,降交点地方时为10:30的轨道平面和降交点地方时为13:30的轨道平面之间相差3h,对应的轨道升交点赤经相差45°。

降交点地方时(LTDN)分别为降交点地方时10:30和13:30的两个平面内,平近点角都为0°的2颗卫星,星下点轨迹相差45°。对于轨道高度为699.96km的太阳同步轨道,轨道周期约为98.62min,相邻两轨之间的经度差约为24.68°,轨间距为2752km。要保证4颗卫星的星下点轨迹均匀分布,若以LTDN为10:30的某颗卫星的相位Y为基准,则LTDN为降交点地方时13:30的卫星相位为$Y+153.5981°$,计算方法为

$$Y+90+\mod\left(0-\frac{\mod(45,24.68)}{24.68}\times 360,360\right)=Y+153.5981 \quad (6-1)$$

2轨4星星座方案的轨道参数见表6-2。

表6-2 2轨4星星座方案的轨道参数

卫星	半长轴/km	偏心率	轨道倾角/(°)	降交点地方时	纬度幅角/(°)
Sat-1	7070.96	0	98.18	10:30	Y
Sat-2	7070.96	0	98.18	10:30	$Y+180$
Sat-3	7070.96	0	98.18	13:30	$Y+153.5981$
Sat-4	7070.96	0	98.18	13:30	$Y+153.5981+180$

表6-2中,Y表示基准轨道面的纬度幅角。当4颗卫星满足表6-2所列相位关系时,4颗卫星组成的星座星下点轨迹均匀分布。

2. 星座重访特性分析

由于卫星的发射窗口尚无法完全确定,以2017年10月25日10:30:00.000 UTC为仿真起始时刻,仿真分析卫星星座的重访特性。4颗卫星的轨道参数见表6-3。

表6-3 星座各星的轨道参数

卫星	半长轴/km	偏心率	轨道倾角/(°)	升交点赤经/(°)	近地点幅角/(°)	平近点角/(°)
Sat-1	7070.96	0	98.18	11.5033	0	0
Sat-2	7070.96	0	98.18	11.5033	0	180
Sat-3	7070.96	0	98.18	56.5033	0	153.5981
Sat-4	7070.96	0	98.18	56.5033	0	153.5981+180

对于699.96km高的太阳同步轨道,每个轨道周期在赤道上西退约2752km,单颗卫星要实现对全球任意区域的重访,需要卫星在侧摆能力条件下,能够实现2752/4=688km的地面可视范围,对应的卫星侧摆机动能力为±38.5°。

由4颗卫星组成的星座,如果需要实现对全球任意地区的每天重访,则单星的最大侧摆范围可以为±25.86°。图6-4是卫星侧摆机动能力为26°时,4颗敏捷卫星组成的星座对赤道地区的重访示意图。

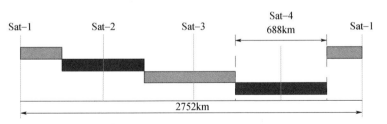

图6-4 4颗卫星的重访示意图

图6-4中,Sat-1、Sat-2、Sat-3、Sat-4分别代表4颗卫星的星下点轨迹,Sat-1和Sat-2所在轨道面的LTDN为10:30,相位相差180°,Sat-3和Sat-4所在轨道面的LTDN为13:30,两星相位差180°。4颗卫星的星下点轨迹均匀分布,单星相邻的两条轨迹间的距离为2752km,星座相邻两条轨迹之间的距离为688km,侧摆机动能力为45°时,对应的地面幅宽为1490km。从图6-4中可以看出,4颗卫星构成的星座在卫星侧摆能力为45°时,具有较好的搭接关系,相邻两轨之间的搭接距离较大。4颗卫星的相位搭接有较大的余量。

1) 星座重访分析

分析侧摆机动能力为20°、25°和30°三种情况下,星座对不同纬度的重访能力。仿真结果如图6-5至图6-7所示。

通过重访分析可知,当卫星的侧摆机动能力为±20°时,南北纬±40°范围内绝大部分地区的重访时间为2天左右;当侧摆能力为±25°时,南纬6°和北纬3°出现需要2天时间才能重访的情况,其他地区都是1天重访;当侧摆能力为±30°时,全球任意目标位1天重访。

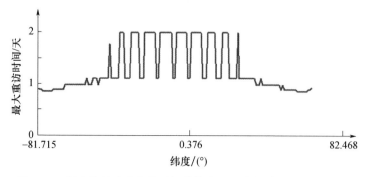

图6-5 星座按纬度分布的时间分辨率重访特性(侧摆能力±20°)

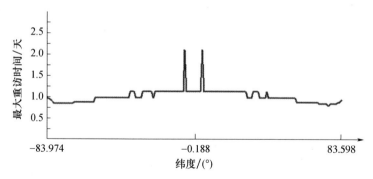

图6-6 星座按纬度分布的时间分辨率重访特性(侧摆能力±25°)

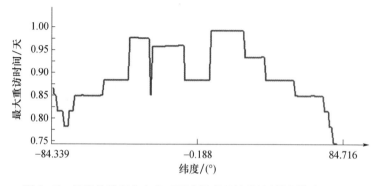

图6-7 星座按纬度分布的时间分辨率重访特性(侧摆能力±30°)

2) 星座对典型地区的重访特性

分析星座对典型地区的重访特性。选择 4 个区域,分别为 100km×100km、200km×200km 和 300km×300km,重访特性见表 6-4。

表 6-4 卫星星座对典型区域的重访特性(侧摆角度 30°)

区域大小/ (km×km)	每天至少 可见次数/次	单条带成像 的时长/s	每次过境成像 条带数/条	每次过境成像的 条带宽度/ (km×km)	全重访需要的 天数/天
100×100	1	14	3	36×100	3
200×200	1	29	2	24×200	9
300×300	1	43	1	12×300	25
2300×1700 (核心区域)	3	243	1	12×1700	64

对于 100km×100km 的小型区域,每天至少可以过境成像 1 次,卫星的地速约为 7km/s,成像 100km 的条带大约需要 14s 即可完成。因此,在每次过境时,通过卫星机动,可以成像 3 个条带,由于每个条带的宽度为 12km,3 个条带拼接,理论宽度可以达到 36km,保守估计也能拼接出 33.5km 宽、100km 长的条带,因此,预计 3 天便能实现对 100km×100km 的小型区域的重访。

对于 200km×200km 的小型区域,每天同样至少可以成像 1 次,如果每次过境可以成像两个条带,则每次过境可以成像的区域为 24km×200km 和 200km×200km,保守估计需要 9 天可以完成重访。

对于 300km×300km 的区域,每天成像 1 次,每次只成像 1 个条带,则需要 25 天完成重访。

对于 2300km×1700km 区域,每天可以有 3 次过境,每次过境成像 1 个条带,则可以在 64 天完成对整个区域的重访。

6.2 不同成像模式效能分析

6.2.1 多条带拼接成像的效能评估

1. 连续多条带拼接成像任务的描述

以四条带拼接为例,连续多条带拼接成像如图 6-8 所示,简单描述如下:卫星从初始姿态 0 度机动到任务 1 的条带 I 的成像姿态,开始执行多条带拼接任务1,当完成任务1的最后一个条带(条带Ⅳ)之后机动到任务2的条带Ⅰ的成像姿态⋯,依次完成 n 个多条带拼接成像任务。不难理解,有

$$\sum_{i=1}^{n}(\Delta t_i + \Delta t_{i-1,i}) \leqslant \Delta T, \quad \Delta t_i = \Delta t_{i,\text{scan}} + \Delta t_{i,\text{maneuver}} \quad (6-2)$$

式中: ΔT 为对地成像区间上可用于成像的时间; Δt_i 为完成第 i 个成像任务所需总时间,包括在各条带上推扫成像的总时间 $\Delta t_{i,\text{scan}}$ 和条带间滚动、俯仰机动所需的总时间 $\Delta t_{i,\text{maneuver}}$; $\Delta t_{i-1,i}$ 为从前一个任务的条带Ⅳ机动到当前任务的条带Ⅰ所需的任务间机动时间,其中, $\Delta t_{1,0}$ 表示从初始姿态0到任务1的条带Ⅰ的姿态机动时间。

2. 极端任务情况

成像效能评估考虑两个极端情况:

(1)星下点偏离45°连续成像情况(见图6-8),成像区域依序均距离分布在当前星下点轨迹的左右两侧,且它们的滚动角绝对值达到最大(为了顺利完成4条带扫描任务,该值为30°左右)。

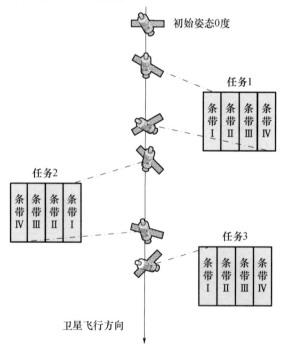

图6-8 星下点偏离45°连续成像示意图

(2) 星下点连续成像情况(图6-9),多条带成像区域连续位于星下点轨迹上,它们的中心滚动角为0°。

需要指出的是,在这两个图上,前后连续成像任务的条带Ⅰ的确定采用了初始姿态确定次序,即当前成像任务的条带Ⅰ距离前一个任务的条带Ⅳ的姿态(或初始姿态)最近。

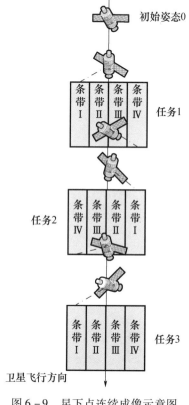

图6-9 星下点连续成像示意图

3. 星下点偏离45°情况下的连续多条带拼接成像效能分析

在这种情况下,式(6-2)可以简化为

$$n\Delta \bar{t}_i + (n-1)\Delta \bar{t}_{i-1,i} \leq \Delta T, \quad \Delta \bar{t}_i = \Delta \bar{t}_{i,\text{scan}} + \Delta \bar{t}_{i,\text{maneuver}} \quad (6-3)$$

式中:$\Delta \bar{t}_i$ 为单个多条带拼接任务的平均总时间,包括平均成像时间 $\Delta \bar{t}_{i,\text{scan}}$ 和平均机动时间 $\Delta \bar{t}_{i,\text{maneuver}}$;$\Delta \bar{t}_{i-1,i}$ 为平均的任务间机动时间。

6.2.2 同轨立体成像的效能评估

1. 连续同轨立体成像任务的描述

连续同轨立体成像可以看成是连续多条带拼接成像的一种特殊情况,即在同一目标条带上以不同角度成像。对于2视(前后)立体成像条带或3视(前中后)立体成像,式(6-3)同样适用。

2. 极端任务情况

成像效能评估考虑两个极端情况:

(1)星下点偏离45°连续成像情况,如图6-10所示,成像区域依序均距离分布在当前星下点轨迹的左右两侧,且它们的滚动角绝对值最大(达到30°左右)。

(2)星下点连续成像情况,如图6-11所示,成像区域连续位于星下点轨迹上,它们的中心滚动角为0°。

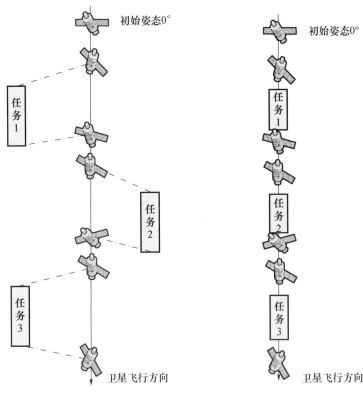

图6-10 星下点偏离45°连续成像示意图　　图6-11 星下点连续成像示意图

6.2.3 区域成像的效能评估

1. 区域成像任务的描述

连续区域成像如图 6-12 所示,不难看出式(6-3)同样适用。

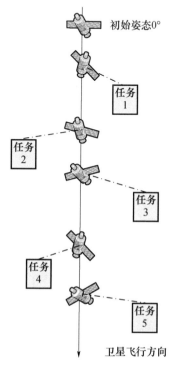

图 6-12 连续区域成像示意图

2. 极端任务情况

成像效能评估考虑一种极端情况:星下点偏离 45°连续成像情况。如图 6-12所示,成像区域依序均距离分布在当前星下点轨迹的左右两侧,且它们的滚动角绝对值约 45°。

6.2.4 沿任意航迹成像模式

1. 沿曲线轨迹成像的效能分析

沿曲线轨迹成像包括姿态预置和跟踪两个过程,跟踪过程视轴实时指向曲线轨迹。地面跟踪轨迹采用地球固联坐标下的多项式进行拟合,即

$$\begin{cases} x = A1 \cdot \left(\frac{t \cdot N}{T \cdot c}\right)^6 + A2 \cdot \left(\frac{t \cdot N}{T \cdot c}\right)^5 + A3 \cdot \left(\frac{t \cdot N}{T \cdot c}\right)^4 + A4 \cdot \left(\frac{t \cdot N}{T \cdot c}\right)^3 + A5 \cdot \left(\frac{t \cdot N}{T \cdot c}\right)^2 + A6 \cdot \left(\frac{t \cdot N}{T \cdot c}\right)^1 + A7 \\ y = B1 \cdot \left(\frac{t \cdot N}{T \cdot c}\right)^6 + B2 \cdot \left(\frac{t \cdot N}{T \cdot c}\right)^5 + B3 \cdot \left(\frac{t \cdot N}{T \cdot c}\right)^4 + B4 \cdot \left(\frac{t \cdot N}{T \cdot c}\right)^3 + B5 \cdot \left(\frac{t \cdot N}{T \cdot c}\right)^2 + B6 \cdot \left(\frac{t \cdot N}{T \cdot c}\right)^1 + B7 \\ z = C1 \cdot \left(\frac{t \cdot N}{T \cdot c}\right)^6 + C2 \cdot \left(\frac{t \cdot N}{T \cdot c}\right)^5 + C3 \cdot \left(\frac{t \cdot N}{T \cdot c}\right)^4 + C4 \cdot \left(\frac{t \cdot N}{T \cdot c}\right)^3 + C5 \cdot \left(\frac{t \cdot N}{T \cdot c}\right)^2 + C6 \cdot \left(\frac{t \cdot N}{T \cdot c}\right)^1 + C7 \end{cases}$$

(6-4)

式中:t 为时间步长,$0 \leqslant t \leqslant T$($T$ 为轨迹跟踪的时间长度,由跟踪弧段长度和跟踪时相对地面的运动速度决定);c 为速度系数(根据机动能力和成像能力调整);$A1$、$A2$、$A3$、$A4$、$A5$、$A6$、$A7$ 为拟合求的曲线方程的系数;$B1$、$B2$、$B3$、$B4$、$B5$、$B6$、$B7$ 为拟合求的曲线方程的系数;$C1$、$C2$、$C3$、$C4$、$C5$、$C6$、$C7$ 为拟合求的曲线方程的系数。

对长约 645km 的曲线轨迹跟踪成像,采用速度系数 $C=1$,姿态曲线如图 6-13 所示,成像时间约 60s。

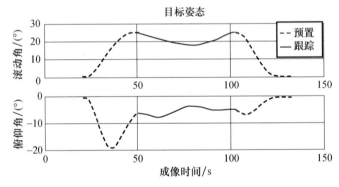

图 6-13 沿曲线轨迹成像的姿态曲线

2. 斜条带拼接对狭长地理区域成像的效能分析

利用沿任意航迹成像的特点,对狭长区域的斜条带拼接成像通过多个不同方向斜条带的拼接实现对曲线区域的拼接成像,实现对河流、海岸线、公路、铁路的成像能力,如图 6-14 所示。

卫星的拼接成像效能主要受满足成像条件的最大推扫速度、卫星快速姿态机动能力、卫星的观测成像下视角限制等因素的影响。满足成像条件的最大推扫速度决定了单个斜条带推扫成像所需的时间,成像时推扫速度可以规划以满足不同场景的成像质量要求;卫星快速姿态机动能力决定了两斜条带拼接的姿态机动所需时间。两斜条带间姿态调整的起始和结束都有一定的姿态角速度,且需要做相应的偏航调整以适应新的斜条带,如图 6-15 所示,观测成像下视

图 6-14 斜条带对长江流域的斜条带拼接成像

角则限制了卫星的观测范围。完成 n 个斜条带拼接应满足

$$\sum_{i=1}^{n} \left(\frac{l_{i,\text{scan}}}{v_{i,\text{scan}}} + \Delta t_{i,\text{maneuver}} \right) \leqslant \Delta T \qquad (6-5)$$

式中:ΔT 为对地成像区间上可用于成像的时间;$l_{i,\text{scan}}$ 为完成第 i 个斜条带的长度;$\Delta t_{i,\text{maneuver}}$ 为从前一个斜条带机动到当前斜条带所需的姿态机动时间。

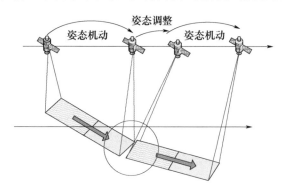

图 6-15 斜条带拼接成像过程示意图

第 7 章
敏捷卫星总体仿真技术

7.1 敏捷卫星仿真系统设计

7.1.1 仿真系统需求分析

敏捷卫星平台的特点是高精度、高敏捷、高自主、长寿命、高可靠。基于敏捷卫星平台的敏捷成像卫星具有针对观测区域的快速响应和多模式成像能力,相对于传统的卫星,其能力有大幅提高,但其系统设计也相对更加复杂,对功能和性能的设计验证也相对困难。针对敏捷卫星平台这种比较复杂的卫星全系统,在其开发过程中,需要采取有效的机制,及时发现并处置设计和研制缺陷,从而尽可能降低风险。

在卫星研制阶段,通过敏捷卫星任务仿真平台,可以根据需要快速构建卫星任务仿真场景,对关键技术进行设计与仿真验证、对系统进行优化、对接口进行验证、对系统效能进行评估、对应用进行研究,对于降低决策风险和提高系统效益等具有非常重要的意义。通过建立数学模型、半实物模型,比较真实地模拟敏捷卫星,可以在平台开发过程中起到验证和辅助设计的作用,评估敏捷成像卫星的性能和效能,展示敏捷卫星的能力。因此,敏捷卫星任务仿真平台是一套面向设计师的辅助设计与测试工具。

在卫星应用阶段,依托于敏捷卫星任务仿真系统,能够通过友好的人机交互界面,输入需要观测的任务,自动生成全套任务完成计划,并通过仿真实验予以验证,给出任务完成结果的预先分析,能够使用户从敏捷卫星复杂的指令编排工作中解脱出来,将关注的重点放在如何选择任务和清晰地定义任务属性上,从而提高卫星的使用效能。因此,敏捷卫星任务仿真平台也是一套面向用户的任务分析与运行管理工具。

1. 敏捷卫星平台设计验证与优化的需求

1) 敏捷成像方案的验证与优化

敏捷卫星借助大角度姿态快速机动能力,具备同轨多区域成像、同轨多条带拼接成像、同轨多角度立体成像、同轨同一区域多角度成像、沿任意航迹成像等多种成像模式。

在成像方案设计过程中,涉及成像模式中的姿态调整方式的验证与优选,以及成像条带长度参数的选取与优化,均需要成像仿真中进行仿真验证。在敏捷成像过程中,卫星本身受到各种资源的约束,尤其是卫星能源状态会随着姿态的调整而变化,也需要在仿真平台上进行仿真验证和设计优化。

每一个成像模式方案设计验证与优选,例如两个成像区域之间的切换需要进行大角度姿态机动,采用何种机动方式最为合适,需要综合考虑卫星相关资源,存在一个迭代和优化的过程。构建合适的仿真平台,对每种模式的成像进行大量仿真验证,通过各种评估和优化手段,选择最佳姿态成像方案。

在各种模式成像过程中,需要进行大角度姿态机动,太阳矢量相对于太阳电池阵法线的夹角也随之不断变化。卫星能源状态也在不断变化。在每种模式成像中,如何评估能源状况,需要构建合适的方针平台,在任务成像仿真过程中对能源状况进行仿真,从而为成像模式的方案提供参考依据。

2) 星地任务规划设计验证与优化

由于敏捷卫星的高敏捷特性,敏捷卫星相对普通的成像卫星的任务执行能力大大增强,对任务规划的要求和任务规划问题的复杂程度也大大提高,能否合理地进行任务规划和调度,将直接影响敏捷卫星的任务执行效能。任务规划与调度结果是否符合预期要求,是否能满足星上资源条件,均需要构建合适的仿真平台,设置合理的任务场景进行仿真验证,并根据仿真结果对相关参数进行设计优化。

从星地一体化角度考虑,卫星的任务规划与调度可以合理地安排在地面和星上共同来完成。采用地面编排的高级任务指令,星上进行任务分解,形成控制指令序列,在模型成熟的条件下,指令形成的可靠性提高,执行过程的实时性可以保障。采用星地一体化任务规划方式,需要研究如下问题。

(1) 地面任务规划和调度。地面主要解决多任务规划和调度问题,针对最高层次的活动概念,考虑各种约束条件下生成任务规划方案,说明安排哪些活动(选择哪些地面目标、何时观测、何时数据下传等),主要涉及问题描述和求解,对任务进行优化。

由于敏捷卫星的高敏捷特性,可以通过大角度姿态机动进行多种方式成像,对给定成像区域的观测时间窗口长度被显著扩大,远远大于成像需要的持续时间,开始成像时刻可以在较长的观测机会内随意选择。这使卫星任务执行能力大大增强,同时也增加了任务规划问题的复杂程度,因此,如何合理进行任务规划,合理安排不同观测任务的先后顺序和起止时间,需要在仿真平台上建立合理的任务场景,对规划调度算法进行仿真验证,对算法进行优化。

(2)星上自主任务规划。实现敏捷成像模式,将面临数量多、操作复杂的动作控制指令序列。这些动作指令前后相互关联,任意一条指令出问题都会影响后续动作。这些动作指令若依赖地面上注程控指令方式实现,则指令繁多,容易出错。

敏捷卫星必须具备一定的自主能力,可以针对地面任务规划生成的执行计划进行解释执行工作,根据设计好的指令模板,针对某个活动进行星上自主任务分解,进行控制指令序列的编排,星上自动执行。

除解释执行功能外,敏捷卫星需要具备任务重规划能力,能够根据实时采集的数据,判断星上资源是否能够满足后续计划的执行、自主调整已有的任务完成计划。一方面,在敏捷成像过程中,星上能源、固存等资源状态将不断变化,星上应该具备对星上资源状态进行实时监测,在保证卫星安全的同时,根据资源状态对后续任务的可执行性进行自主判断,采取相应措施或对任务进行取舍。例如,在某种成像姿态下,太阳电池阵法线与太阳矢量夹角过大,导致能源不足,卫星可以自主选择其他可以增加能源供应方式的任务执行。任务执行过程中,用户可能会对观测任务做少量调整,如增删几个任务或改变某个任务的属性等,敏捷卫星应通过重规划自主响应用户的需求变化。另外,一条指令执行失败后,星上可以重新规划,在条件许可时采取补救措施。

目前在星上真正实现自主的系统不多,没有现成公开的经验作为借鉴。为了降低技术风险,需要以现有型号的成熟的信息系统设计方案为基础,从易到难,先完成敏捷卫星的地面任务规划/重规划系统和星上的指令解释系统,再考虑将重规划部分移植到星上,逐步提高敏捷卫星的自主能力。在星上任务自主方案的设计与开发过程中,需要建立星地任务仿真平台,进行大量的定性和定量的仿真实验,验证星地一体化任务规划的体系框架,验证任务规划、重规划和指令解释算法,对自主效果进行评估,根据结果对星上自主系统进行优化。

3) 卫星各分系统设计验证与优化

敏捷卫星平台开发是一个系统工程,为了达到高精度、高敏捷、高自主、长寿命、高可靠的要求,平台对各分系统提出新的需求,因此,分系统在继承现有平台的基础上,需要进行方案再设计。下面对星务、姿控、电源3个分系统进行描述。

(1)星务分系统。星上自主任务规划功能将由星务分系统来实现,星务计算机需要运行高级指令进行自主编排,动作规划与执行。如果在非测控弧段执行任务,星务计算机需要针对指令的错误导致的任务执行失败给出相应的补救措施,并根据当前卫星能源与热平衡状态判断任务的可执行性,采取措施或对任务进行取舍。由于其他分系统也将具备相当的自主能力,星务分系统能对其他分系统采取的自主动作进行仲裁和干预。上述功能的实现均为复杂的系统问题,需要通过模拟在轨飞行任务执行过程检验相关功能设计实现的正确性,并进行合理有效的优化,因此需要搭建合适的仿真平台,在仿真飞行过程中执行任务的验证。

(2)姿控分系统。敏捷卫星平台采用单框控制力矩陀螺(SGCMG)组作为姿控分系统执行机构,需具备大范围快速机动能力和机动后快速稳定能力,平台对敏捷性、稳定性要求非常高。在控制系统设计过程中,为了检验SGCMG大角度姿态机动控制系统方案的可行性和有效性,方案设计结果是否满足要求,需要在整星任务执行过程中进行仿真验证;在姿态控制率和框架操纵率设计过程中,也需要进行大量定性和定量的考察,对设计方案进行反复验证,对设计方案进行不断优化。

(3)电源分系统。由于敏捷卫星任务成像过程中所需功率很大,需要太阳电池阵和电池联合供电,而且由于敏捷成像的大角度姿态机动,太阳矢量与卫星太阳阵法线夹角变化很大,这对电源分系统性能是一个较大的考验,需要搭建卫星任务仿真平台,进行在轨任务飞行仿真,对电源分系统方案进行验证,对电源分系统性能进行评估,根据结果进行优化设计。

2. 仿真系统支持任务规划效能评估

根据敏捷卫星的特点,卫星的任务规划与调度将由地面和星上共同来完成。目的是最大限度满足用户的要求。

首先,需要根据用户的要求,如总收益最大、高优先级任务完成最多、成像质量最高等,对多个任务进行任务规划优化设计,因此,对任务规划效能(收益率、任务完成量、成像质量)等进行有效评估,是非常必要的。搭建任务仿真平台，通过全系统的运行仿真，获取各任务执行阶段的数据，针对优化目标进行分析，利用统计模型对任务执行效能进行评估，然后针对问题对任务规划方案进行合理的优化。

其次，自主系统研制、测试和验证是一项复杂的工作。为了确认哪些工作是需要星上自主完成的并且是可实现的，需要对星上自主规划部分进行有效评估，考察星上任务规划的成本及风险等。因此，建立任务仿真平台，对星上自主规划内容进行大量的定性和定量的仿真验证，可以有效考察星上自主任务规划工作的代价及效能，做出一个合理有效的评估，充分认识星上自主任务规划工作的合理性和可行性。

最后，任务成像质量是任务规划效能评估的重要输入，因此需要针对敏捷卫星的特点，对各种情况下的成像质量和效率进行全方位的评估和设计验证。但是，成像质量评估系统是国内一个全新的系统。卫星成像系统本身即涉及光、机、电、热等多个学科内容，成像质量评估更需要考虑多种内外部因素，通过经验的公式已经不能满足要求。因此，需要建立成像质量评估系统，根据卫星在轨空间环境和卫星在轨运动状态等各种影响参数，得到调制传递函数、地面像元分辨率、几何畸变、辐射分辨率、信噪比、杂散光系数等 6 种评估参数结果。

建立任务仿真平台，构建实时在轨仿真场景，实时得到质量评估所需的空间环境影响因素（如太阳高度角）和动态影响因素（如卫星实时姿态参数等），对成像质量进行有效评估和验证，评估结果作为任务规划效能评估的输入。根据评估参数不能直观有效地展示成像的质量，也可以利用仿真平台，根据评估参数的评估结果对图像进行相应的处理并展示，给用户一个直观有效的成像质量参考。

3. 仿真系统支持对敏捷卫星性能的展示

敏捷卫星具有高精度、高敏捷、高自主、长寿命、高可靠等特征，具体来说具有大角度姿态机动能力、多种不同的模式成像能力、高成像分辨率、星上自主任务规划的能力等。通过简单的文字描述和动画演示已经不能对平台性能进行一个完全的展示。搭建任务仿真平台，可以通过计算机仿真演示技术，将平台的性能进行合理展示。

在面对用户时，可以根据用户的需求，通过构建合适的仿真场景，充分展示敏捷卫星的快速反应能力、多模式成像能力、实时数传能力、星上自主任务规划能力，使用户对敏捷卫星的能力有一个全面了解。

针对用户提出的任务需求，可以通过任务仿真平台，对任务规划与任务执行效能进行评估,对任务成像质量进行有效评估并展示,使用户在应用之前对所关心的指标(收益率、任务完成量、成像质量)有一个清晰直观的了解。

7.1.2 仿真系统架构设计

根据需求分析,在敏捷卫星平台开发过程中,需要搭建任务仿真系统。仿真系统搭建完成后可以:支持设计过程中的仿真验证与算法优化;根据需求构建仿真场景,对任务规划、任务执行进行效能评估,并实施成像质量评估;充分展示敏捷卫星性能。仿真平台作为仿真系统的软硬件基础,需要对其在系统中所处的层次进行定位,对其功能进行综合分析。

1. 仿真系统组成

任务仿真系统组成包括如下 4 个层次,如图 7-1 所示。

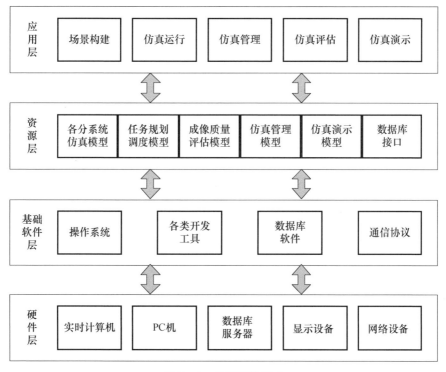

图 7-1 仿真系统组成

(1) 硬件层:仿真平台的基础硬件设备,实现计算、通信、显示、存储等功能,包括实时计算机、PC 机、数据库服务器、显示设备、各种网络设备等。

(2) 基础软件层:运行于硬件设备上的各类基础软件,基于此进行软件开发和数据处理。包括各种实时非实时操作系统、各种算法开发工具、数据库软件、各类通信协议等。

(3) 资源层:基于上述软硬件开发的或上述软硬件可以支持的各种模型。包括卫星各分系统模型、任务规划调度模型、成像质量评估模型、仿真管理模型、仿真演示模型、数据库接口等。

(4) 应用层:与用户直接交互层,利用软硬件平台,通过对各类模型的配置和管理,实现仿真功能。与用户进行交互,可实现场景构建、场景仿真运行、仿真管理、效能评估、仿真演示等。

2. 仿真系统功能分析

在设计阶段,仿真是为了优化卫星的设计方案;在应用阶段,仿真是为了辅助用户用好卫星,提高使用效能。因此,仿真平台主要功能如下。

(1) 支持卫星实时在轨飞行与成像任务执行仿真。仿真平台可以根据任务需求,实时仿真卫星在轨飞行与任务成像,仿真卫星在轨的各种工作模式,监控星上各分系统的状态,对敏捷卫星平台的设计进行系统验证。

(2) 支持多模式成像任务仿真。仿真平台具备多模式成像仿真功能,利用仿真平台,仿真各种模式成像,检查成像过程中的各种约束和各分系统的状态,为成像模式的设计与优化提供依据。

(3) 支持星地任务规划仿真。仿真系统具备星地一体任务规划功能,根据任务场景需求,执行以下工作:地面进行任务规划与调度,形成高级指令序列;星上进行高级指令分解,形成控制动作序列,执行任务成像。

(4) 支持任务规划效能评估。仿真系统具备任务规划效能评估功能,根据规划方案可以进行任务成像质量评估,进而评估整个任务规划方案的效能,进行任务规划优化设计。

(5) 支持对敏捷卫星性能的展示。仿真系统可以对卫星平台性能和功能进行充分展示。基于仿真系统,可以仿真卫星在轨实时任务成像,对任务规划与任务执行效能进行评估,使用户对敏捷卫星平台能力有一个全面的了解,并在应用之前对所关心的指标(收益率、任务完成量、成像质量)有一个清晰直观的了解。

(6) 支持各分系统设计的验证与优化设计。仿真系统支持各分系统设计验证与优化设计。利用仿真系统,针对敏捷卫星对各分系统的新需求,对新的设计方案进行验证,明确约束与状态,进而对设计进行优化。

(7) 支持仿真各类数据的存储与提取。仿真系统具备数据库存储系统,对仿真中所关心的任何数据进行实时记录,并可以时间为导向进行数据提取,为故障定位和在线调参提供数据支持。

(8)支持各分系统的半物理扩展。仿真平台预留模块化 I/O 接口,并可方便扩展,可以为单机在回路仿真等各类半物理仿真提供接口。

3. 仿真系统设计原则

敏捷卫星系统设计中,不能简单借鉴现有平台的设计方案,因为在敏捷卫星任务执行过程中,活动数量比较多,实时性强,所以星务分系统需要实时对星上资源进行统一管理和调度,电源分系统和姿控分系统在轨状态也需要实时不断变换。针对这一特点,仿真平台中卫星仿真部分需要较高的实时性,以满足任务仿真中的实时性要求。

在开发过程中,敏捷卫星平台中各模块需要在不同的单位和部门进行开发,最终需要在同一仿真环境下进行协同仿真,因此仿真平台需要具有较高的通用性,可以支持不同阶段不同层次的仿真。为了适应后续半物理仿真验证和后续型号的开发仿真,系统应该具有良好的可扩展性。

仿真系统的构建应满足以下性能需求:

(1)真实性。仿真系统的星上仿真部分采用了与真实卫星一致的信息拓扑结构和实时总线,逼真模拟卫星在轨飞行过程,仿真星上真实信息流和星上各分系统的实时状态,真实表现卫星在轨任务执行的实时过程。

(2)实时性。在仿真系统设计中,对于实时性要求高的仿真机,采用高性能实时仿真计算机,并满足与真实设备硬件实时交互的要求。

(3)通用性。充分梳理各模块之间的数据流,在卫星仿真系统中,采用星上标准的接口和数据通信协议;对于仿真过程中的数据流,采用通用的硬件接口和通信协议;采用模块化的设计原则,尽量减少各模块之间的耦合,尽可能实现"独立开发,协同仿真"。

(4)可扩展性。在仿真平台设计中,采用通用的仿真硬件和仿真软件,考虑内部兼容性和外部接口的一致性,预留多种 I/O 接口,使得系统具有良好的可扩展性,不仅满足当前需求,也能适应后续半物理仿真的需求。

4. 仿真系统结构

根据敏捷卫星系统的特点和仿真平台设计要求,提出仿真系统构建方案,定义各模块的功能,梳理模块间的信息流。任务仿真系统体系结构如图 7-2 所示。

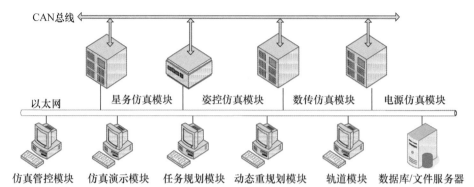

图 7-2　任务仿真系统体系结构

7.1.3　仿真系统信息流设计

下面分别介绍仿真场景、任务规划、测控、仿真过程四类数据流,各种数据流之间相互联系,具体细节上会有所重合。

1. 仿真场景数据流

仿真场景数据包括三方面的内容。

(1)卫星设计参数:具体包括卫星轨道设计参数、姿控、电源等各分系统设计参数等。

(2)用户需求参数:表现为用户输入的观测任务集合,包括每个任务的区域位置、几何属性、图像质量要求、观测时间要求、数据下传时间要求、优先级等。

(3)仿真场景参数:包括仿真时间、地面站参数等。

仿真场景参数数量比较多,不可能要求操作人员仿真前必须逐个手工输入,但考虑到仿真平台通用性和灵活性的需要,尤其是观测任务的多样性需求,也不能全部固化在软件中。因此采用数据库统一存储、仿真管控统一管理分发、用户修改局部的方式,完成仿真场景参数的配置。

仿真场景数据流如图 7-3 所示。

2. 任务规划数据流

任务规划的主要过程是将规划起始时刻卫星的状态参数作为初始值,递推各个动作对卫星状态参数的影响,从而找出如何组合完成各类动作能够最大限度地满足用户需求,得到优选方案。另外,动态重规划需要实时监测遥测数据,预估星上状态是否正常、星上资源能否满足后续计划。规划寻优过程中,需要综合处理轨道、姿控、电源、固存、数传天线、成像质量等多个计算模型的数据。

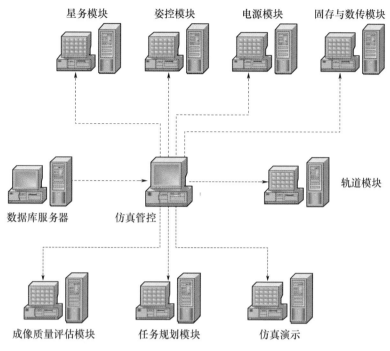

图 7-3 仿真场景数据流图

为了满足任务规划模块对姿控、电源、固存和数传天线数据的特殊要求,在任务规划和动态重规划软件内部集成了一套卫星资源与能力分析模型,轨道数据和成像质量评估数据通过访问仿真平台的轨道模块和成像质量评估模块获得。任务规划的结果既可用于显示和存储,也可通过星地链路传送到星务模块解释执行。任务规划的数据流所有参数均通过以太网传输。任务规则数据流图如图 7-4 所示。

3. 测控数据流

任务规划模块根据用户输入的仿真场景,输出观测任务执行计划,通过仿真管控发送给星务模块,由星务模块解释为基本的遥控指令,交给姿控、电源、固存与数传模块执行,仿真管控同时将执行计划存入数据库,发给仿真演示模块显示。

星务模块采集星上的遥测数据,通过仿真管控计算机将数据分别转给成像质量评估模块和任务规划模块,分别进行效能评估和遥测数据的监视与动态重规划,并存入数据库进行显示。测控数据流图如图 7-5 所示。测控数据流星上部分通过 CAN 总线通信,仿真管控周边仿真机通过以太网通信。

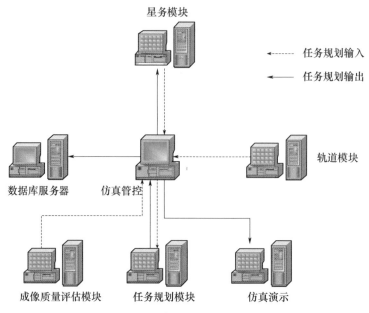

图 7-4　任务规划数据流图

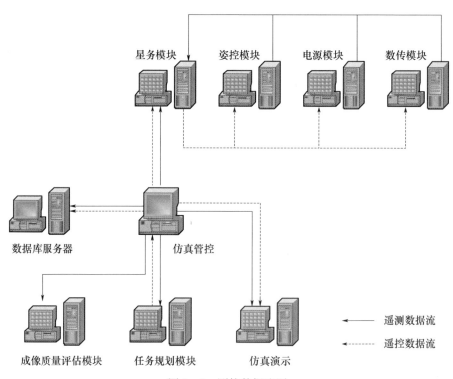

图 7-5　测控数据流图

4. 仿真过程数据流

卫星实际运行的控制模型可以简化为敏感器→控制单元→执行机构。敏感器的数据源实际上是来自于力学、热学、电学、光学等客观存在的物理规律，执行机构的效果也反映到这种客观规律中去，从而构成客观规律→敏感器→控制单元→执行机构→客观规律的闭环。对于姿态控制分系统，这种客观规律具体为动力学、运动学以及卫星的力学特性；对于电源分系统，具体为太阳电池阵的光电效应、蓄电池的充放电效应等。

仿真过程中，这种客观规律的作用通常是用数学模型或者物理的仿真设备来实现的。可以采用各种数学模型来描述其影响，将分布在多台仿真机上的数学模型之间的数据交互成为仿真过程数据流。

仿真过程数据流主要功能是提供力学、热、电学等各类模型仿真数据交互的途径。仿真过程数据流图如图7-6所示。

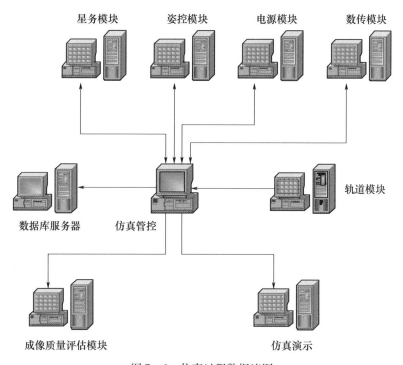

图7-6 仿真过程数据流图

仿真过程数据流以仿真管控为数据交互的中心节点，采用主从式结构完成功能数据交互。仿真管控按照设计的时间步长，从轨道、星务、姿控、电源、数传仿真机采集数据，再分发到除轨道模块外的各台仿真机，推进仿真进程。除仿真管控外,各仿真模块的仿真过程数据流是相对独立的,只与仿真管控存在数据交互,彼此间通过仿真管控传输数据,不发生直接联系。

7.2 敏捷卫星仿真系统构建

7.2.1 仿真系统功能模块实现

1. 任务规划模块

任务规划模块用于对单星多任务规划和多任务的优化调度;管理各种卫星相关资源,并根据资源约束,对既定任务进行合理调度;根据优化目标,提高任务执行效能,满足用户要求。任务执行时,任务规划模块实时监测遥测数据,当星上资源与数据无法继续执行现有计划时,自动启动动态重规划,调整剩余计划。任务规划模块功能定义如下:

(1)根据成像质量评估结果进行任务调度优化。

(2)根据资源约束情况,采用调度算法,进行任务规划调度。

(3)根据调度结果,进行计划编排、生成动作序列。

(4)根据遥测数据判断平台资源是否发生冲突或即将发生冲突。

(5)资源冲突、用户需求发生变化或出现其他不宜继续执行现有计划的情况时,根据预先设定的准则,对原计划进行调整,使之适应实际情况的变化。

动态重规划的触发条件包括:

(1)资源发生冲突或即将发生冲突。

(2)用户需求调整,包括增加、删除任务,以及修改任务属性等。

(3)其他地面上注遥控指令与现有计划冲突,例如轨道调整、出于非观测目的的姿态机动等。

(4)星上指令执行失败。

任务规划模块包括任务规划和动态重规划两部分。作为两个软件,任务规划软件和动态重规划软件在同一台计算机上运行,实际使用过程中,也可以在不同的计算机上运行,软件无需作任何更改。与此对应,任务规划模块数据流包括任务规划数据流和动态重规划数据流两部分。

1)任务规划数据流

任务规划软件从仿真管控软件获取输入参数,并调用轨道计算与预报软件、成像质量评估软件得到中间过程所需数据。

输入参数包括:
(1)从仿真管控获取仿真场景、用户需求、卫星资源参数和地面站参数。
(2)从成像质量评估模块获取图像质量参数。
(3)从轨道计算与预报模块获取轨道数据和任务时间窗口。
输出参数包括:
(1)将任务规划结果输出至仿真管控。
(2)向成像质量评估模块发送成像质量评估请求。
(3)向轨道计算与预报模块发送轨道预报请求。

任务规划软件的输入/输出表如表7-1所列,任务规划软件数据流图如图7-7所示。

表7-1 任务规划软件输入/输出表

序号		信息类型	信息来源/信息目的地
1	输入	仿真场景参数	仿真管控
2		用户需求参数	仿真管控
3		卫星资源参数	仿真管控
4		地面站参数	仿真管控
5		图像质量参数	成像质量评估模块
6		成像时间窗口	轨道模块
7		数传时间窗口	轨道模块
8		地影区时间窗口	轨道模块
1	输出	任务规划结果	仿真管控
2		成像质量评估请求	成像质量评估模块
3		轨道预报请求	轨道模块

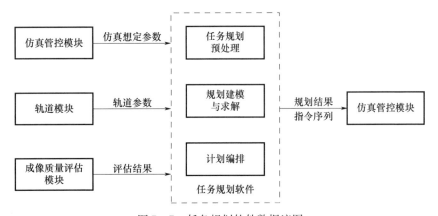

图7-7 任务规划软件数据流图

2）动态重规划数据流

与任务规划软件类似，动态重规划软件从仿真管控软件获取输入参数，并调用轨道计算与预报软件、成像质量评估软件得到中间过程所需数据。

输入参数包括：

（1）原规划方案。

（2）用户需求变化。

（3）卫星遥测参数。

（4）仿真场景、用户需求、卫星资源和地面站参数。

（5）成像质量参数。

（6）轨道数据和任务时间窗口。

输出参数包括：

（1）将任务规划结果输出至仿真管控。

（2）向成像质量评估模块发送成像质量评估请求。

（3）向轨道计算与预报模块发送轨道预报请求。

动态重规划软件的输入/输出表如表7-2所列，动态重规划软件数据流图如图7-8所示。

表7-2 动态重规划软件输入/输出表

序号		信息类型	信息来源/信息目的地
1	输入	仿真场景参数	仿真管控
2		用户需求参数	仿真管控
3		卫星资源参数	仿真管控
4		地面站参数	仿真管控
5		图像质量参数	成像质量评估模块
6		成像时间窗口	轨道模块
7		数传时间窗口	轨道模块
8		地影区时间窗口	轨道模块
9		原任务规划方案	仿真管控
10		新增用户需求	仿真管控
11		卫星遥测参数	仿真管控
1	输出	动态重规划结果	仿真管控
2		成像质量评估请求	成像质量评估模块
3		轨道预报请求	轨道模块

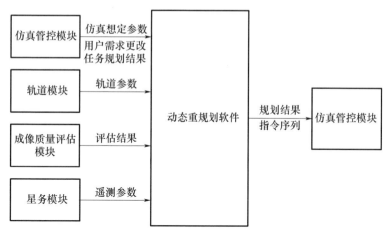

图 7-8 动态重规划软件数据流图

2. 轨道模块

轨道模块能够根据仿真周期完成卫星轨道仿真计算,能够描述各种类型、高度、重访周期、降交点地方时、倾角等的卫星轨道。进行任务规划时,轨道模块完成卫星、地面站、观测区域之间的可见性计算和观测区域的光照条件计算等;为任务规划软件或动态重规划软件提供各类时间窗口;仿真过程中,按照1s的周期,为姿控模块、电源模块、固存与数传天线模块等星上设备和分系统仿真机提供轨道数据。

根据系统仿真轨道需求,数据流内容如下。

(1)数据输入:轨道设计参数;轨道预报服务请求。

(2)数据输出:向仿真管控输出轨道根数与位置、速度、太阳方位等,再由仿真管控组成数据包通过以太网向星务、姿控等仿真机转发;向任务规划或重规划软件输出各类时间窗口等数据。

轨道模块输入/输出表如表7-3所列。

表7-3 轨道模块输入/输出表

序号		信息类型	信息来源/信息目的地
1	输入	轨道设计参数	仿真管控模块
2		轨道预报请求	仿真管控、任务规划/动态重规划模块
1	输出	成像时间窗口	任务规划/动态重规划模块
2		数传时间窗口	任务规划/动态重规划模块
3		地影区时间窗口	任务规划/动态重规划模块
4		轨道根数、位置、速度、太阳方位等	仿真管控模块(数据转发星上各仿真机)

根据以上数据分析内容,得到轨道模块数据流图如图 7-9 所示。

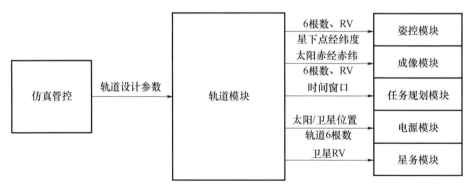

图 7-9　轨道模块数据流图

3. 星务模块

星务模块用于对仿真星务系统功能,可以完成卫星的综合信息处理工作,监视整星工作状态,协调整星工作,测控数据处理等。根据敏捷卫星自主任务管理的要求,星务模块可以进行星上任务自主管理。星务模块功能定义如下:

(1)对高级指令的解释与动作编排与执行。

(2)指令执行过程中的错误判断与自主补救。

(3)星上时间管理。

(4)遥测遥控数据处理。

(5)有效载荷管理。

(6)星上网络管理。

星务仿真机除了仿真星上的星务分系统主要功能外,出于仿真系统能源流闭环的需求,需要建立整星功耗模型,计算各种状态下对电源电量的消耗情况,作为电源模块的一个输入。

根据任务仿真需求,星务模块的数据流分析如下。

(1)数据输入:姿控分系统数据、电源分系统数据、轨道数据、地面遥控数据。

(2)数据输出:星上时间、控制指令、任务管理数据。

星务模块输入/输出表如表 7-4 所列。

表7-4 星务模块输入/输出表

序号	信息类型		信息来源/信息目的地
1	输入	姿控模块遥测参数	姿控模块
2	输入	电源模块遥测参数	电源模块
3	输入	固存与数传天线遥测参数	数传模块
4	输入	轨道数据	仿真管控(来源于轨道模块)
5	输入	姿控功耗	仿真管控(来源于姿控模块)
6	输入	数传功耗	仿真管控(来源于数传模块)
7	输入	遥控指令	仿真管控/任务规划模块
1	输出	控制指令	姿控/电源/数传
2	输出	星上时间	姿控/电源/数传
3	输出	整星功耗	仿真管控(转发电源模块)
4	输出	遥测数据	仿真管控

根据以上数据分析内容,得到星务模块数据流图如图7-10所示。

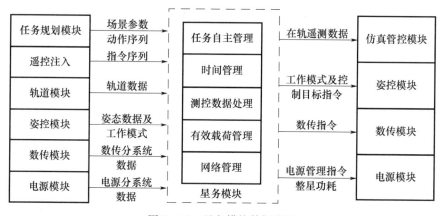

图7-10 星务模块数据流图

4. 电源模块

电源模块用于描述卫星在轨能量平衡情况,针对敏捷卫星快速反应多模式成像方式,根据太阳光照角与卫星负载情况,仿真电源系统内部各参数的变化,用于星上自主任务管理,合理安排能源执行既定任务。电源模块功能定义如下:

(1)太阳翼的在轨输出特性。
(2)蓄电池在轨充放电特性。

(3)电源系统控制设备的控制特性。

(4)描述电源分系统遥测状态参数。

(5)执行星务分系统各种控制指令。

根据仿真需求,电源模块仿真数据流如下。

(1)数据输入:轨道参数、工作模式、帆板及蓄电池温度特性、卫星姿态参数。

(2)数据输出:太阳电池阵状态参数、蓄电池状态参数。

电源模块输入/输出表如表 7-5 所列。

表 7-5 电源模块输入/输出表

序号		信息类型	信息来源/信息目的地
1	输入	整星功耗	仿真管控(来自于星务模块)
2		轨道参数	仿真管控(来自于轨道模块)
3		姿态参数	仿真管控(来自于姿控模块)
1	输出	电源遥测参数	星务模块
2		电源仿真过程参数	仿真管控

根据以上数据分析内容,得到电源模块数据流图如图 7-11 所示。

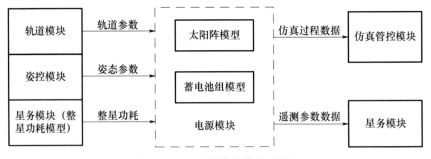

图 7-11 电源模块数据流图

5. 姿控模块

姿控模块用于描述卫星姿态,提供姿态指向控制精度及姿态稳定精度。针对敏捷卫星高敏捷性的特点,根据控制系统方案,仿真在轨任务执行过程中的姿态变化情况。姿控模块功能定义如下:

(1)描述卫星姿态动力学、运动学特性。

(2)仿真卫星在轨姿态闭环控制特性。

(3)仿真大角度姿态机动特性。

(4) 描述姿控分系统遥测状态参数。
(5) 执行星务分系统各种控制指令。
(6) 计算各种状态下姿控分系统消耗功率。

根据仿真需求,姿控模块仿真数据流如下。
(1) 数据输入:轨道参数、星上时间、遥控指令。
(2) 数据输出:控制系统状态参数、姿态轨道参数。

姿控模块输入/输出如表7-6所列。

表7-6 姿控模块输入/输出表

序号	信息类型		信息来源/信息目的地
1	输入	星上时间	星务模块
2		轨道参数	仿真管控(来自于轨道模块)
3		遥控指令	星务模块
1	输出	姿控遥测参数(轨道、姿态角、角速度、工作模式等)	星务模块
2		姿控仿真过程参数(轨道、姿态角、角速度、工作模式、各关键设备数据等)	仿真管控

根据以上数据分析内容,得到姿控模块数据流图如图7-12所示。

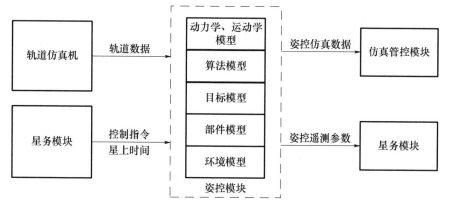

图7-12 姿控模块数据流图

6. 数传模块

能够描述数传分系统功能和状态,针对敏捷卫星的特点,描述数传天线的运动规律与状态,仿真在轨任务执行过程中的固存读写、擦除与数据下传的情况。数传模块功能定义如下:

(1)仿真大容量固存的载荷数据读写、擦除。
(2)仿真数传天线的转动控制。
(3)描述数传分系统遥测状态参数。
(4)执行星务分系统各种控制指令。

根据仿真需求,数传模块仿真数据流如下。
(1)数据输入:星上时间、固存与数传天线遥控指令、有效载荷数据率。
(2)数据输出:固存与数传天线遥测数据、固存容量、数传天线转角等仿真过程参数。

数传模块输入/输出表如表7-7所列。

表7-7 数传模块输入/输出表

序号		信息类型	信息来源/信息目的地
1	输入	星上时间	星务模块
2		有效载荷数据率	仿真管控
3		遥控指令	星务模块
1	输出	固存与数传天线遥测参数	星务模块
2		固存与数传天线遥测参数仿真过程参数	仿真管控

根据以上数据分析内容,得到数传模块数据流图如图7-13所示。

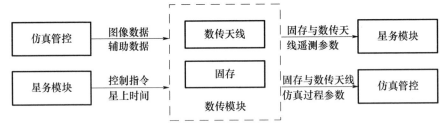

图7-13 数传模块数据流图

7. 成像质量评估模块

成像质量评估模块用于对敏捷卫星在各种模式、各种环境下的成像质量进行评估,根据场景需求与各种影响因数,通过成像质量评估模型计算,得到评估参数的有效结果,并根据评价准则进行等级划分,为合理任务规划提供直接支持。成像质量评估模块功能定义如下:

(1)根据各种成像影响因素,描述成像质量评估参数。
(2)根据成像质量评估参数,对成像效果进行展示。

根据仿真需求,成像质量评估模块仿真数据流如下:
(1)数据输入:观测任务参数、姿态参数、轨道参数、成像模式、观测时间。
(2)数据输出:评估参数、图像质量等级。

成像质量评估模块输入/输出表如表7-8所列。

表7-8 成像质量评估模块输入/输出表

序号		信息类型	信息来源/信息目的地
1	输入	观测任务参数	仿真管控
2		轨道参数	仿真管控
3		姿态参数	仿真管控
4		成像模式	仿真管控
5		观测时间	仿真管控
1	输出	质量评估参数	仿真管控
2		图像质量等级	仿真管控

根据以上数据分析内容,得到成像质量评估模块数据流图如图7-14所示。

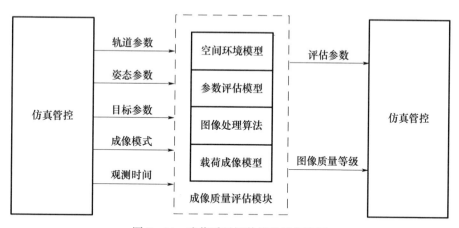

图7-14 成像质量评估模块数据流图

8. 仿真管控模块

仿真管控模块负责控制仿真场景管理、仿真过程管理、仿真过程的监控、仿真数据的缓存与转发、遥控遥测数据的处理、仿真平台状态监视与网络管理,以及数据库管理。仿真管控模块主要功能包括:

(1)仿真场景管理。
(2)仿真模式管理。

(3) 仿真流程控制,包括仿真平台的初始化与自检,仿真开始与终止等。

(4) 仿真数据缓存与处理,包括下行遥测数据和仿真数据的进行缓存,汇集成大块数据发送给数据库。

(5) 地面遥控指令的转发,包括卫星飞行控制指令与任务执行指令等。

(6) 仿真平台状态监视与网络管理,其他仿真模块的连接维护等。

(7) 数据库管理。

为简化系统的设计,提高系统可靠性,只有仿真管控拥有访问数据库的权限,其他仿真模块对数据库的访问可通过仿真管控中转实现。因此软件开发中将数据库作为仿真管控的一部分。

根据仿真需求,仿真管控模块数据流如下。

(1) 输入数据:星上遥测数据、地面遥控指令、仿真过程数据、任务规划指令。

(2) 输出数据:地面遥控指令、遥测数据块、仿真数据块。

仿真管控模块输入输出表如表7-9所列。

表 7-9 仿真管控模块输入/输出表

序号		信息类型	信息来源/信息目的地
1	输入	卫星动作序列	任务规划模块
2		遥测参数	星务模块
3		姿态仿真数据	姿控模块
4		电源参数	电源模块
5		数传参数	数传模块
6		新增用户需求参数	用户
7		基本遥控指令	用户
1	输出	卫星动作序列	星务模块
2		仿真过程中的卫星基本遥控指令	星务模块
3		仿真过程中的轨道、姿态、电源参数	数据库/仿真演示模块
4		控制指令	数据库
5		遥测参数	数据库/仿真演示模块

根据以上数据分析内容,得到仿真管控模块数据流图如图7-15所示。

9. 仿真演示模块

仿真演示模块用于显示任务规划结果、仿真场景实时演示和数据回放,功能定义主要包括:

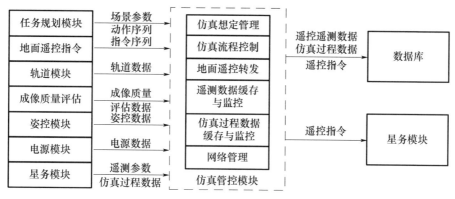

图 7-15 仿真管控模块数据流图

(1) 使用甘特图或其他方式表现任务规划结果。
(2) 可以采用仿真场景演示的方式对任务执行情况进行动画演示。
(3) 可以对关注参数进行实时跟踪。
(4) 通过仿真管控调用数据库数据进行数据回放。

7.2.2 仿真系统在卫星研制中的应用

与其他非敏捷的低轨成像卫星相比,敏捷光学遥感对卫星姿态控制提出了高得多的要求,不仅姿态控制模式更加复杂、多样,而且还要求整星具备很大角度范围内的姿态敏捷能力。反过来,这会直接影响星上各类敏感器的选择和安装、各类天线的跟踪指向、整星热环境与控制、供配电平衡与控制、结构设计等多方面的具体设计工作,还会影响卫星在轨运行可靠性与安全性、卫星在轨任务合理安排与有效优化等系统层次的设计工作。可见,敏捷的特点导致卫星总体设计复杂度和困难度大幅上升。

现代的先进小卫星总体设计方法是研制这类技术复杂小卫星的必然选择。由于姿态方面的新特点,使得卫星各分系统之间高度耦合,综合决定是否实现卫星系统设计目标。以系统仿真为基础的现代化先进小卫星设计方法,已经得到世界一流小卫星公司的高度重视。通过系统仿真研究工作,实现了系统设计指标的优化分解,实现了总体与分系统、单机之间的良好技术协调、产品验收与整合,提高了卫星在轨工作的可靠性、安全性与应用效能。

1. 支持星敏感器选择与安装方位设计

姿态大范围敏捷控制要求很宽的星敏感器视场,这与高精度星敏感器的窄视场、高成本、有限小卫星平台安装方位是相互矛盾的,合理确定出组合星敏感器的个数及其安装方位是卫星系统设计的一个重要内容。

例如,星敏感器个数确定为3个,布局的目标是:

(1)星敏感器之间的夹角应尽量接近90°。

(2)星敏感器的工作视场不能被星体本身遮挡。

(3)在成像区,任意姿态下应保证至少两个星敏感器可用。

(4)在南极区和北极区,任意时刻应保证至少一个星敏感器可用。

通过仿真分析,结合星敏感器的杂光抑制能力,能够对整星构型布局是否满足星敏感器视场要求进行评估。

2. 支持最坏热控条件分析

卫星在星下点45°锥角范围内成像时,会以某个成像姿态停留一段时间,热控设计需要了解固定散热面会受到多大的光照影响。考虑相机光轴在偏离星下点45°锥面上运动,考察不同季节下两个散热面法线与太阳光照夹角的变化情况。

通过仿真研究,能够为热控设计师提供最恶劣的在轨热环境条件,并向热分析与设计专用软件提供各种姿态下的太阳光照、卫星姿态/轨道等数据,用于内外热流仿真分析,有助于降低卫星热环境分析与热控设计工作的难度。

3. 支持 GNSS 接收机的定位/定轨能力仿真分析

基于仿真系统能够给出卫星整轨轨道/姿态数据,并在阳照区安排多种复杂敏捷成像模式,典型任务场景包括条带拼接成像、多个区域点成像、三视立体成像等,且使得成像区域接近45°锥角观测范围极限,使得卫星姿态角速度达到最大角速度。姿态与轨道数据处理后提供给 GNSS 接收机定位/定轨能力评估系统,如图 7 – 16 所示。

通过半实物仿真发现,有必要研制高动态 GNSS 接收机。当卫星姿态与对地定向方向存在较大偏离或高速姿态机动时,GNSS 接收机产品会出现经常性不定位或定位精度超差的情况,定轨算法的适应性也会出现问题,需要从软硬件层面开展研究工作,实现高动态下的高性能定位/定轨。

4. 支持基于敏捷卫星平台的卫星设计与在轨应用研究

通过仿真系统,可以开展如下应用研究:

(1)针对卫星系统重要设计参数的仿真优化,例如姿态机动能力曲线、蓄电池容量、最大放电深度、数据压缩比、固存容量、下传码速率、对日定向时间阈值等。

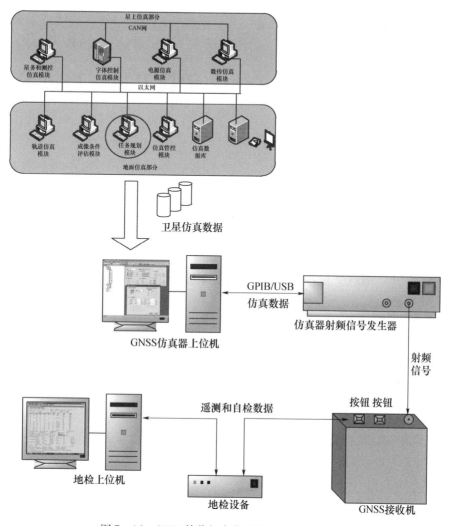

图 7-16　GNSS 接收机定位/定轨能力评估系统

（2）支持整星测试阶段的测试用例设计，提供各种典型任务模式下的遥控指令数据，在整星测试条件下检验卫星工程设计的合理性和产品实现的正确性。

（3）支持整星飞行模式下的测试数据判读与问题查找，提供各种飞行模式下的状态数据，用于整星电测数据的有效性判读，为测试问题定位与原因查找提供帮助。

（4）支持高精度高效能成像保障方案的应用研究，通过在轨任务执行效能研究为用户提供任务设计的指导性意见，支持在轨系统级故障诊断与对策研究。

第 8 章

敏捷卫星应用技术

8.1 敏捷卫星遥感影像在轨定标技术

目前光学遥感卫星在轨定标技术发展非常迅速,定标手段非常丰富。敏捷卫星由于姿态机动的灵活性,也给其装载的光学相机在轨定标提供了新的思路。

8.1.1 敏捷卫星在轨辐射定标技术

1. 偏航 ±90°辐射定标应用技术

偏航 ±90°定标是目前在轨卫星辐射定标行之有效的辐射定标方法之一。同轨卫星姿态偏航 +90°或 -90°调整,使得所有像元过同一区域,获取过同一区域各像元的响应,作为相对辐射定标的依据。值得指出的是,由于偏航辐射定标并不需要卫星姿态的快速机动能力,只需要卫星能够提供偏航 ±90°的姿态偏置并同时消除偏流角的能力,因此目前也用于各类高分辨率光学遥感卫星(包括非敏捷类型)。偏航 90°定标过程如图 8-1 所示,定标图像如图 8-2 所示。

90°偏航旋转

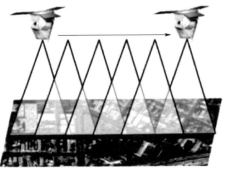

图 8-1 偏航 90°定标过程

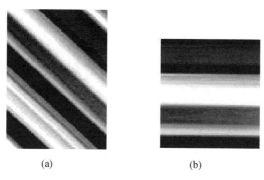

图 8-2 偏航 90°定标图像

(a)原始图像;(b)处理后图像。

2. 线阵慢移机动定标应用技术

慢移机动的原理是借助敏捷卫星的姿态机动能力,使得成像时线阵沿推扫方向凝视同一地理区域,如图 8-3 所示。

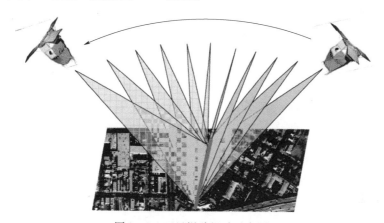

图 8-3 卫星慢移机动示意图

慢移机动过程中,每次成像时卫星观测参数不同,沿线阵方向每个探元经光学系统后,对应不同视场处的地面位置相同,如图 8-4 所示。

慢移机动可以应用于以下方面。

(1)噪声估计:慢移机动生成的图像可以用于计算线阵方向上每个探元随时间变化的响应值,还可以进一步估计出整个信噪比预估计算中传感器的噪声值。

(2)姿态稳定性评估:利用这些图像测量传感器整个线视场的动态稳定性。图像的每一行可以通过均值或参考影像进行纠正,从而计算得到每行的偏离值,评估高频姿态不稳定性。

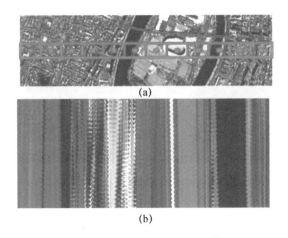

图 8-4 慢移机动生成的图像

(a)不同探元成像的地面位置;(b)不同探元慢移形成的图像。

3. 对天体辐射定标应用技术

敏捷卫星除了对地面大范围区域成像外,可以将常规对地成像的姿态调整为对天体成像,图 8-5 为 PLEIADES-HR 对月球和恒星成像,晚上卫星在轨对天体进行成像,可以获得没有云干扰的图像。

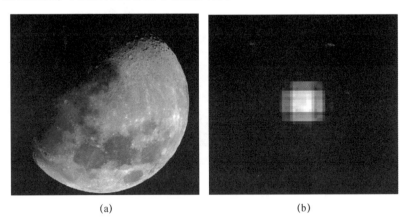

图 8-5 PLEIADES-HR 对月球和恒星成像

(a)PLEIADES-HR 对月球成像;(b)PLEIADES-HR 对恒星成像。

(1)对月成像—绝对辐射定标和相对辐射定标。在对月成像过程中,月球可以看作地球卫星一个非常稳定的光度计基准。利用月球作为辐射,通过卫星对月成像,可以用来对在轨经过一段时间后传感器的绝对辐射定标系数和相对辐射定标系数进行标定。

(2) 对恒星成像——MTF、快速调焦和微振动测量。应用基于恒星成像的在轨检测方法前,需要对恒星的特性做充分的调研,包括光谱特性、大小或尺寸、传感器可见性等。考虑到图像的可用性,需要根据具体实施情况对卫星平台和传感器进行相应的参数设置,保证传感器相应探元的响应值适中,没有饱和等现象。

点扩散函数可以看成是一个理想的点光源经过的观测仪器后所成的像。对点扩散函数进行离散傅里叶变换,即可得到系统的调制传递函数(MTF)。由于恒星可以看成是理想的点光源,因此恒星的像可以用于传感器的点扩散函数的计算,从而可以利用对恒星成像进行传感器 MTF 的在轨测试。由于噪声和信号混叠,为了获取传感器真实的 MTF 值,必须通过对多幅恒星的影像处理。在不知道恒星等级和其他相对传感器的外部先验知识的前提下,利用基于频域分析的方法,可以得到系统的 MTF,且计算结果相对准确。这种方法可以作为基于地面观测的替代方法,大大节省在轨测试时间。

在轨测试期间,寻找最佳焦面是一项非常花时间的工作。基于调焦原理,为了检测得到最好的焦面位置,往往需要保存焦面不同位置处所成的像。同样可以尝试利用对恒星成像进行在轨快速调焦,利用几个不同的焦面位置的恒星图像,构建以焦面位置为变量的 MTF 计算方程,进一步求解最佳焦面位置。恒星图像的网格采样与 MTF 重建结果如图 8-6 所示,对恒星图像进行采样,并重构 MTF,利用多个焦面的图像进行焦面位置求解。

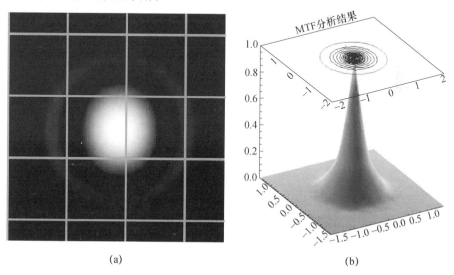

图 8-6 恒星图像的网格采样与 MTF 重构结果

(a)恒星图像的网格采样分析;(b)图像调制传递函数(MTF)重建结果

也有利用对恒星成像进行在轨微振动测试评价的。假设恒星在惯性系下静止不动,采用恒星作为物面参考固定目标的方法,卫星姿态机动保证对恒星指向,传感器对恒星成像。如图 8-7 所示,传感器将获取得到一条亮条纹图像,亮条纹的直线性取决于遥感平台的微振动在图像行方向上的特性。

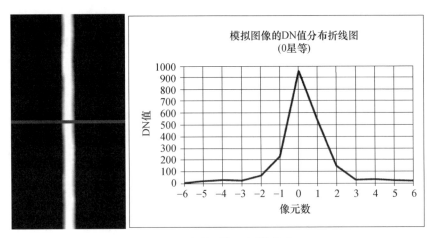

图 8-7　惯性系恒星图像仿真

如图 8-8 所示,成像过程中,卫星平台的姿态扰动导致的最大偏离像元数,可以通过计算图像每一行灰度中心位置得到。输入给定的微振动频谱,通过该方法计算并通过滤波处理得到微振动的测量频谱,测量频谱与输入频谱有很好的一致性。

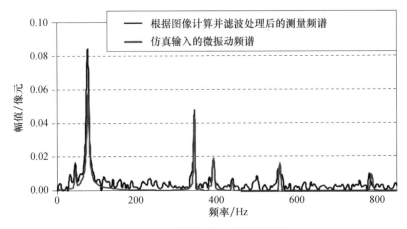

图 8-8　测量和插入的微振动谱

8.1.2 敏捷卫星在轨几何定标技术

相比于传统非敏捷遥感卫星,敏捷遥感卫星具备的高机动能力使其拥有在轨获取多景"交叉影像"的能力。利用敏捷卫星这一能力,可以对其在轨运行阶段进行非定标场在轨几何自主定标。与现有基于地面定标场的几何定标方法相比,这种不基于地面定标场的在轨几何自重定标方法是利用同名光线空间相交的几何关系,来实现成像参数的精确标定。该方法不仅具有低成本、定标时效性高等优势,并且其定标结果的精度仅仅取决于同名像点的匹配精度,而与定标场参考数据本身的精度、质量等因素无关,大大降低了卫星几何定标时对于外部数据的依赖。

在敏捷卫星的机动多角度成像条件下,定标影像数据一般是在短时间周期内获取的同源影像,时间分辨率高,因此其同名像点的匹配精度一般情况下可在 0.2 个像素以内,不会因影像几何分辨率的提高而降低,这一点对于亚米级甚至 0.1m 等未来更高分辨率的光学卫星影像具有尤为重要的意义。

因此,敏捷卫星通过其高机动能力,可以实现基于多角度交叉成像的在轨自主几何内定标技术。该技术本质与区域网平差类似,在少量或者无控制点的情况下通过影像连接点的相对距离误差来求取参数,关键在于构建不同成像条件及不同探元交叉成像连接关系下的定标方法。针对敏捷卫星的特点,目前有以下 3 种交叉自主几何定标的方法。

1. 同轨大角度交叉成像自主定标

不同于传统被动推扫成像模式,基于敏捷卫星平台在垂轨方向主动推扫成像的能力,获取与推扫条带影像成大角度"交叉"的影像条带,则在同一轨道内通过姿态机动,先后获取对同一区域成像的沿轨推扫和与轨道呈一定角度的交叉推扫影像,可构成相机视场内全部探元的交叉连接条件,如图 8-9 所示。

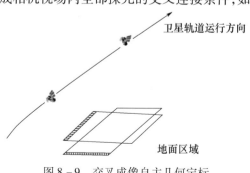

图 8-9 交叉成像自主几何定标

几何定标是通过构建卫星的几何成像模型,利用区域网平差的解算策略将遥感器的内部系统误差和外部系统误差确定出来。目前,多数遥感卫星在轨几何定标均基于地面检校场。利用地面检校场高精度正射参考影像、数字高程模型数据和高精度地面控制点解算内外定标参数,完成几何标定。"昴宿星"(pleiades)卫星采用了几何自动标定技术,在没有检校场的前提下完成几何标定。这种方法的基本原理是利用卫星的敏捷特性,在同一轨上分别在沿轨方向和正交的穿轨方向获取同一位置(场景)影像至少一次,如图 8-10 所示。

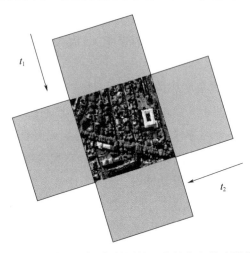

图 8-10　同轨对同一场景沿轨和穿轨方向获取影像对

通过旋转 90°左右,沿轨方向和正交的穿轨方向的两幅影像可以相互采样得到。事实上,利用高精度几何模型,一幅影像可以通过另一幅影像进行重采样得到。新得到的两幅影像可以重合,但是同一像元对应的列像元(沿轨方向)和行像元(穿轨方向)成像特性受卫星姿态和 CCD 几何模型影响,如图 8-11 所示。

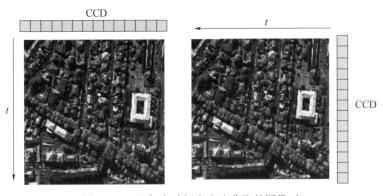

图 8-11　几何自动标定方法获取的图像对

利用几何自动标定方法获取的图像对在行方向和列方向上的差异,可以对图 8-11 中的两幅图像进行校正和统计计算。这两幅图中,沿轨方向推扫的图像给出了焦面几何模型的静态残差信息,而正交穿轨方向的图像给出了姿轨控系统测量不了的高频姿态残差。在通过仿真数据对该自主定标方法进行验证后,得到的几何定标精度见表 8-1。

表 8-1 交叉成像自主几何定标精度

误差	均值		均方根误差(RMSE)			最大值	
	$X/('')$	$Y/('')$	$X/('')$	$Y/('')$	$XY/('')$	$X/('')$	$Y/('')$
$\mathrm{Sin}X$	1.547×10^{-4}	-2.805×10^{-3}	2.380×10^{-3}	2.871×10^{-2}	2.881×10^{-2}	9.097×10^{-3}	4.014×10^{-2}
$\mathrm{Sqrt}X$	8.963×10^{-4}	-2.365×10^{-3}	1.542×10^{-3}	3.010×10^{-2}	3.014×10^{-2}	4.685×10^{-3}	5.387×10^{-2}
$X2$	9.009×10^{-3}	-7.005×10^{-3}	9.502×10^{-3}	1.345×10^{-2}	1.645×10^{-2}	1.720×10^{-2}	4.529×10^{-2}

从表 8-1 以看出,在 X 和 Y 方向上,交叉成像自主几何定标的精度都优于 $0.01''$,同时最大误差也都在 $0.06''$ 以内;在 X 和 Y 方向上的均方根误差也都优于 $0.04''$。因此,如果是 500km 轨道高度,地面分辨率为 0.8m 的高分辨率敏捷遥感卫星,该方法得到的几何定标精度可优于 0.01 个像素。由此可见,该方法可以有效获取卫星高精度的几何定标模型。

2. 同轨平行推扫成像自主定标

通过同轨不同侧摆角度推扫成像时多视影像间的垂轨向重叠度。构成探元交叉连接关系的基础,获取满足垂轨向重叠度在 55%~60% 的两幅影像,实现相机视场内不同像元的交叉约束关系,如图 8-12 所示。

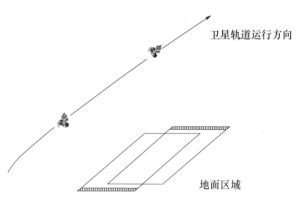

图 8-12 同轨平行推扫成像自主几何定标

利用高分四号对同一地区的凝视图像数据对该定标方法进行了验证,得到的几何定标精度结果见表 8-2。

表 8-2 同轨平行推扫成像自主几何定标精度

误差	沿轨/像素				垂轨/像素			
	最大	最小	均值	RMSE	最大	最小	均值	RMSE
定标前	85.200	-87.200	0.424	35.687	83.300	-81.800	-0.371	35.669
定标后	0.900	-1.000	-0.047	0.405	1.100	-0.900	0.016	0.456

从表 8-2 可以看出,在通过对平行推扫成像数据的几何定标后,图像的定位精度得到了极大提高,在 X 和 Y 方向图像的定位精度都达到了 0.5 个像素以内,因此可以验证得出该定标方法可以获取到敏捷卫星的高精度几何定标模型。

3. 同轨反向推扫成像自主定标

利用基于敏捷卫星平台的高机动敏捷的能力,在卫星正向推扫完成后进行机动,对同一区域进行反向推扫,先后获取同一区域的正向和反向推扫影像,从而使两幅影像满足垂轨重叠度在 90% 以上,可以构成相机视场内全部探元的交叉连接关系,如图 8-13 所示。

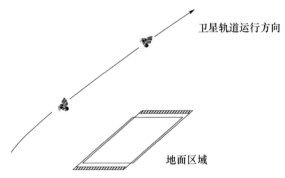

图 8-13 同轨反向推扫成像自主几何定标

通过对 500km 轨道高度敏捷遥感卫星的仿真数据对该自主定标方法进行验证后,得到的几何定标精度见表 8-3。

表 8-3 同轨反向推扫成像自主几何定标精度

区域		沿轨/像素			垂轨/像素		
		最大	最小	均方差	最大	最小	均方差
0°影像	A	12.39	11.06	11.67	11.21	11.15	11.17
	B	0.64	0.00	0.33	1.56	1.50	1.53
180°影像	A	12.23	11.31	11.82	11.34	10.89	11.13
	B	0.68	0.00	0.35	1.82	1.37	1.57

从表 8-3 可以看出,在进行同轨反向推扫成像自主几何定标后,在沿轨和垂轨方向定位精度都有了极大的提升。在垂轨方向,经过该方法自主定标后,图像定位精度在 2 个像素以内,而在沿轨方向,经过该方法自主定标后,图像定位精度甚至达到了 0.5 个像素以内。由此可见,该方法在获取高精度几何定标模型方面是行之有效的。

8.2 敏捷卫星地面图像处理技术

对于敏捷遥感卫星来说,除了其同轨多区域成像模式获取的影像与传统遥感卫星成像模式相同外,同轨多条带、同轨多角度立体、同轨同一区域多角度以及沿任意航迹等多种成像模式均属于敏捷卫星独有的成像模式,因此这些模式的处理方法以及产品与传统遥感卫星的处理方法和得到的产品也有所区别。下面针对敏捷卫星独有的这些成像模式获取得到的数据处理方法进行介绍。

8.2.1 敏捷卫星同轨多条带成像图像处理技术

敏捷卫星同轨多条带成像利用其机动能力,通过对卫星的侧摆、俯仰姿态的控制,在同一轨道上先后对相邻的多个条带进行推扫成像。因此该模式在传统遥感图像处理方法的基础上,需要对多个条带间进行平差、拼接等处理,最终生成多个条带几何校正和无缝拼接后的图像产品。该模式处理流程如图 8-14 所示。

从图 8-14 可以看出,同轨多条带数据产品处理分为以下 4 个步骤。

1. 区域网平差

以严密传感器成像模型为基础,在敏捷卫星的姿轨数据和相机参数的基础上,使用精密定轨和精密定姿处理方法生成的外方位元素数据,构建多条带区域网联合平差模型,从而恢复影像成像几何关系,建立起参考椭球框架下测图坐标系与影像坐标系之间的映射关系,最终实现区域网平差计算。

2. 拼接线提取

由于敏捷卫星通过卫星机动在多条带成像时保留了相邻两个条带之间的重叠区,因此在进行了区域网平差后,在相邻两个待拼接条带影像的重叠区域选择拼接线,为后续的裁剪、影像叠合做准备,也为后续拼接线周围缓冲区的色彩均衡奠定基础。获取的拼接线可以用来无缝地合成图像和纹理,使拼接线上两输入图像间的色调与纹理误差达到最小。

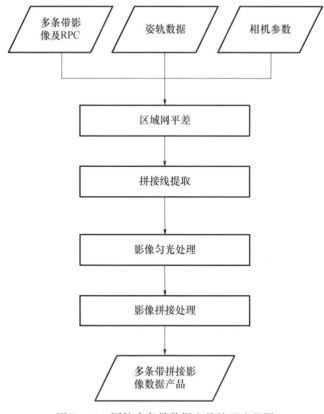

图 8-14 同轨多条带数据产品处理流程图

3. 影像匀光处理

由于敏捷卫星在不同条带进行成像时相机光轴与太阳夹角等的变化带来了各个条带之间的灰度差异,因此在各条带进行拼接前需要对各个条带之间进行匀光处理,从而保证最终拼接后的图像整体灰度的一致性。首先采用 Wallis 滤波处理等算法对单条带待拼接影像进行匀色处理,来消除同一影像不同区域的差异;然后对各个条带的灰度直方图进行统计,根据需要选择一个灰度直方图方差较大的条带作为基准影像,对其他的条带图像采用直方图匹配算法完成不同影像的色彩调整,使参加拼接的影像在色调上基本一致,为后续的拼接处理做准备。

4. 影像拼接处理

在获取了拼接线和进行了各条带之间匀光处理的基础上,采用基于动态宽度的改进方法,将各条带拼接线两侧一定宽度范围内的像素进行强制改正。首先根据拼接线的情况来判断拼接线的方向;然后统计拼接线在条带中左右或上下两侧一定范围的像元值,当拼接线两侧一定范围内的像元值没有发生明显变化时,即确定了拼接线两侧的改正宽度 L_1 和 L_2;再后,强制改正条带中 L_1 到 L_2 范围内的像元值;最后,对各个条带中其他未重叠的区域进行重采样完成所有条带的拼接处理,得到最终所有条带的拼接图像。

8.2.2 敏捷卫星同轨多角度立体成像图像处理技术

敏捷卫星可利用其机动能力,对地面同一区域进行前后或前后下视成像,从而获得同轨多角度立体图像数据。这一类型数据可以在传统遥感图像处理方法的基础上,利用卫星的前后视关系,生成被拍摄区域的立体数据产品。该模式处理流程如图 8-15 所示。

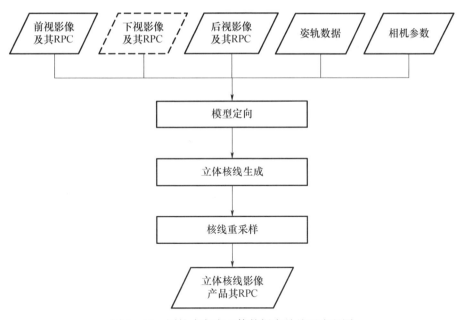

图 8-15　同轨多角度立体数据产品处理流程图

从图 8-15 可以看出,同轨多角度立体数据产品处理分为以下 3 个步骤。

1. 模型定向

在前后视图像及其 RPC 数据、姿轨数据、相机参数数据的基础上,利用分段多项式对整轨姿轨数据建立精化模型,根据相机参数和前后视影像量测的控制点信息、同名连接点信息建立空三区域网平差模型,构建误差方程,平差解算分段多项式系数,输出高精度定向模型。

2. 立体核线生成

由于敏捷卫星线阵推扫得到的遥感影像几何关系相对比较复杂,每一行影像均有其自身的投影中心与方位元素,它不可能像常规的框幅式中心投影影像那样具有严格的核线定义。因此,立体核线的生成是对立体影像对的读取以及定向结果的恢复,确定影像对的同轨或异轨情况,建立基于投影基准面的核线模型,确定核线影像与原始影像关系,为核线输出提供基础。

3. 核线重采样

在确定核线输出范围以及核线影像每一个像点与原始影像的对应关系基础上,通过定向参数计算左右影像对应投影基准面的位置关系,计算重叠区域的最小外接矩形作为核线影像生成范围或者直接自定义核线影像生成范围,然后通过核线与原始影像的对应关系,对原始影像进行重采样,最终输出立体核线影像产品及对应 RPC 文件。

8.2.3 敏捷卫星同轨同一区域多角度成像图像处理技术

敏捷卫星可通过其机动能力,通过卫星的俯仰和侧摆,对同一区域进行多次成像,从而获得高时间分辨率下的特定区域的短时间序列监视图像。针对这一类型特定数据的处理,需要在传统遥感图像处理方法的基础上,对该类型序列影像进行匹配、定向等处理,从而得到高精度相对定位的敏捷卫星凝视序列图像数据产品。该模式处理流程如图 8-16 所示。

从图 8-16 可以看出,同轨同一区域多角度数据产品处理分为以下 3 个步骤。

1. 特征点提取

针对敏捷卫星同一区域多角度序列数据,利用各种特征提取算子,来对应序列数据中的点状特征、线状特征和面状特征。一般来说,在图像处理领域,特征提取算子可分为点特征提取算子与线特征提取算子,而面特征的提取主要通过区域分割来实现,因此如何选择合适的特征和特征提取方法,对于后续匹配处理得到结果的准确性起着决定性的作用。一般来说,对于敏捷卫星的多角度序列影像,点特征的几何特征比较明显并且稳定,线特征和面特征由于影像间存在较大的扭曲和旋转,提取起来相对比较困难;同时,点特征也是影像中最常见的特征,能够反映序列影像的基本特征,并且容易表示和处理。点特征提取可以采用经典的 Fipstner 算子、SUSAN 角点和 SIFT 提取算子,甚至这些算子进行结合使用更具有较好的特征点提取能力。

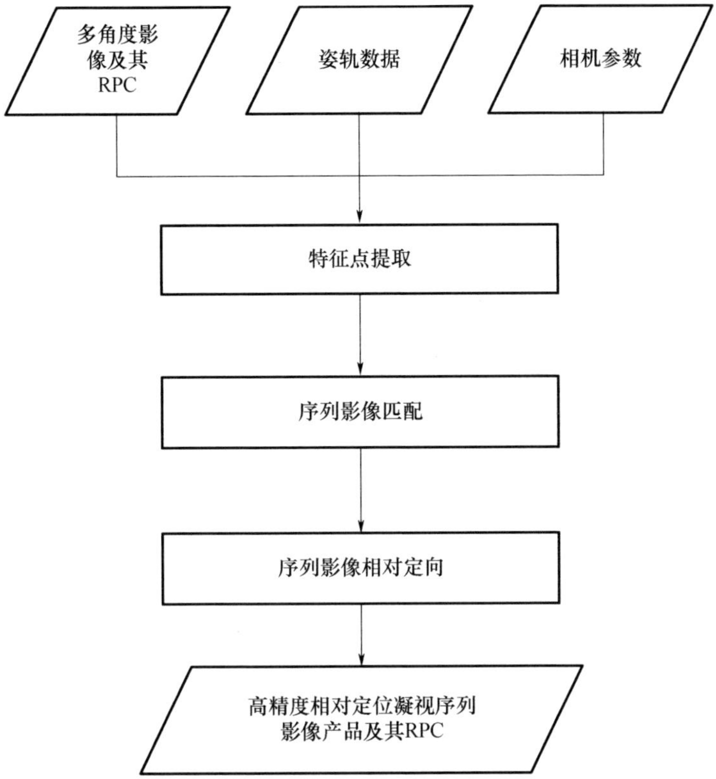

```
┌─────────┐  ┌─────────┐  ┌─────────┐
│ 多角度影 │  │ 姿轨数据 │  │ 相机参数 │
│ 像及其   │  │         │  │         │
│ RPC     │  │         │  │         │
└────┬────┘  └────┬────┘  └────┬────┘
     │            │            │
     └────────────┼────────────┘
                  ▼
          ┌───────────────┐
          │  特征点提取    │
          └───────┬───────┘
                  ▼
          ┌───────────────┐
          │  序列影像匹配  │
          └───────┬───────┘
                  ▼
          ┌───────────────┐
          │ 序列影像相对定向│
          └───────┬───────┘
                  ▼
      ┌───────────────────────┐
      │ 高精度相对定位凝视序列  │
      │    影像产品及其RPC     │
      └───────────────────────┘
```

图 8-16 同轨同一区域多角度成像模式数据产品处理流程图

2. 序列影像匹配

在获取了特征点的基础上，利用匹配描述子和测度参数对这些特征点进行描述，将同名点特征进行匹配。匹配结果好坏很大程度上取决于特征提取的质量，因此需要合理的特征描述和鲁棒性较好的特征一致性，从而提高匹配的精度。特征匹配完后通过加入约束条件来剔除误匹配点，并减少匹配点对的数量，最终使数量较少但精度较高的匹配点对相对均匀地分布在整幅影像中。

3. 序列影像相对定向

利用匹配的高精度特征点，通过带模型连接条件的连续像对相对定向方法恢复敏捷卫星多角度序列影像之间摄影瞬间的相对几何关系，建立起凝视影像序列整体几何模型，进而建立自由网平差模型。利用卫星的姿轨数据和相机成像参数和高精度的定姿和定轨方法，建立起基于严密几何成像模型，来对凝视序列影像的自由网平差模型进行区域网平差计算，得到各待解参数和RPC精化模型参数,从而完成敏捷卫星多角度凝视数据间的相对定向,获得凝视序列数据间高精度的相对定位关系,得到最终的凝视序列影像数据产品。

8.3 结合任务规划的敏捷卫星遥感影像应用举例

随着航天图像在各行各业应用的逐渐深入,用户对图像数据信息的要求越来越高,需要更快速、灵活的图像生成模式,因此提高敏捷性已成为对地观测卫星的一个发展趋势。光学遥感卫星通过敏捷成像能力获得了大量的遥感图像数据,已经在军事、测绘、资源管理、农林生产等多个领域发挥了巨大作用,并显现出了更加广阔的应用前景。

8.3.1 敏捷卫星遥感影像特点

对传统卫星而言,完成观测活动的可选方式相对有限,只能实现星下点成像或者侧摆成像,即只能在如图8-17所示的星下点或者星下点两侧满足侧摆角约束的直线范围内成像。而对于新型敏捷卫星而言,星下点45°范围内任意角度姿态机动能力的增加,拓宽了观测区域的成像范围,在以星下点为圆心的45°范围内都可能有成像机会,如图8-17所示的圆形区域内。当然,在同一个时间窗口,只能有一次成像机会,因此就带来了成像时机的优化选择问题,同时要解决相邻目标观测时间的冲突问题。

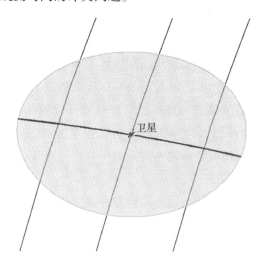

图8-17 传统卫星和敏捷卫星的成像范围示意图

同时，敏捷卫星性能的提升和应用的灵活性也给卫星应用带来了一系列挑战，观测姿态和时机的灵活性使得完成某个特定观测任务的方式可以有非常多甚至无数种，除了对卫星自身星上资源约束密切相关，不同成像时机的选择将导致用户获得不同的图像效果。在敏捷卫星的应用中，可以提出 4 个角度的概念，如图 8-18 所示，分别是观测方位角、观测高度角、太阳方位角、太阳高度角。以图 8-18 中下方的立方体为被观测地物的示意，选择不同的观测姿态和时机，会使得这 4 个角度发生变化。当太阳相对于被观测地物的方位角和高度角发生变化时，地物实际的光照条件则产生不同，而当观测方位角和观测高度角发生变化时，直观来说就是获得不同的拍摄角度，同时获得调整太阳光照方向的能力。

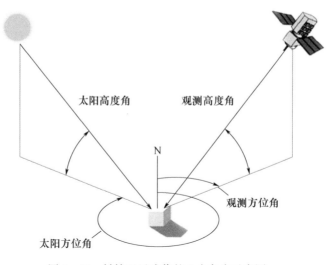

图 8-18　敏捷卫星成像的 4 个角度示意图

敏捷卫星的这一特点使得应用者非常着迷，因为可以根据应用者的需求和喜好，调整拍摄的角度，从而使得卫星图片不再是单调的"俯视"观感，例如可以看到城市高楼的玻璃幕墙以及更丰富的细节，如图 8-19 所示，迪拜帆船酒店的幕墙清晰可见。如果敏捷卫星自身机动能力强、所装载相机的动态适应性高，甚至可以获得在地面上拍摄的效果，卫星图片就更符合人类习惯的视觉。其中最著名的例子是 Worldview-3 卫星拍摄的日本富士山照片（图 8-20），类似旅游者在东京市区高楼上拍摄。

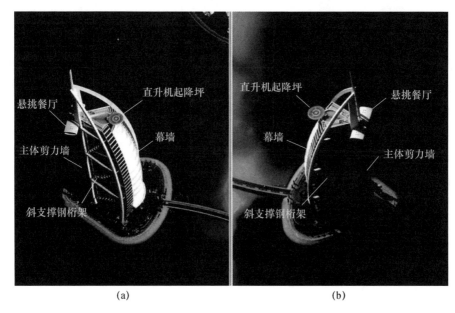

图 8-19 敏捷卫星从不同角度拍摄的阿联酋迪拜帆船酒店

(a)阿联酋迪拜帆船酒店南侧面影像;(b)阿联酋迪拜帆船酒店北侧面影像。

图 8-20 Worldview-3 低角度拍摄富士山

8.3.2 敏捷卫星遥感影像用于局部测绘

敏捷卫星具有偏离星下点45°内的姿态机动稳定后保证高质量成像的能力,可实现同轨获取不同基高比(B/H)立体成像的能力。传统采用三(双)线阵测绘卫星相机立体成像原理,是通过焦面上3个(2个)以不同角度安装的线阵CCD传感器在不同时刻对同一地物成像而实现,而敏捷卫星则是通过卫星俯仰姿态机动,用同一线阵的CCD传感器实现不同时刻对同一地物的立体观测。由于在不同时刻卫星的外方位元素(卫星位置及姿态)均已知,因此敏捷卫星也可以类似三(双)线阵测绘卫星一样根据前方交会的思想来得到地面点的空间位置。其原理示意如图8-21所示。

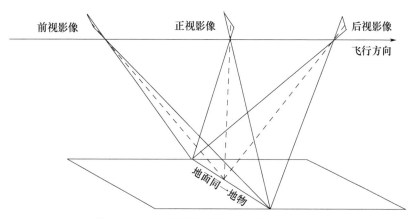

图8-21 卫星测绘摄影前方交会原理示意图

相对于专业的三线阵测绘卫星,敏捷卫星通过三视或两视立体测绘能实现对局部地区的高精度测绘。

第 9 章 敏捷卫星技术展望

从敏捷卫星技术特点和应用特点分析，敏捷卫星技术发展趋势如下。

(1) 超高敏捷：敏捷机动能力是敏捷卫星的主要技术特征和能力指标，卫星敏捷机动能力的提升将大幅提升卫星的成像效能。因此，不断提升卫星的敏捷机动能力，提升卫星成像效能，支持更多的成像模式是敏捷卫星发展的主要趋势。

(2) 超高稳定度：敏捷卫星以光学遥感成像卫星为主，高分辨率光学成像遥感卫星对卫星平台稳定度提出了越来越高的需求，尤其要支持姿态变化过程中的成像，这就要求敏捷卫星在姿态变化过程中有非常高的稳定度。因此，随着敏捷卫星分辨率的提高，及动中成像需求的提升，具备超高稳定度将是敏捷卫星发展的重要趋势。

(3) 超高指向精度：敏捷光学遥感卫星通常具备高分辨率，其成像幅宽一般较窄，在使用中通常需要根据用户需求对指定区域进行高分辨率成像，指向精度的不断提高可以提升敏捷卫星对给定观测区域的指向精确性。

(4) 轻小型化：随着敏捷卫星成像分辨率的不断提高，卫星遥感载荷的口径也在大幅增加，而高敏捷特性又要求敏捷卫星具有较小的转动惯量，即体积、质量要求越小越好。因此，轻小型化设计是敏捷卫星发展的重要趋势。

(5) 智能化：敏捷卫星的敏捷机动特点使得敏捷卫星相比其他卫星具有更多的成像模式及更高的成像效能，因此其在使用上相对传统卫星要复杂很多，采用智能化手段(如星上自主任务规划)不断提升卫星的好用、易用性是敏捷卫星发展的重要趋势。另外，高分辨率敏捷卫星成像原始数据率在大幅提升，一方面增大了数据下传的压力，另一方面从用户使用角度考虑，用户更希望的是从大量图像数据中获取有用信息。因此，通过在轨智能图像处理为用户提供更为精确的遥感信息是敏捷卫星发展的重要趋势。

参考文献

[1] 葛玉君,赵键,杨芳.高分辨率光学遥感卫星平台技术综述[J].国际太空,2013,(5):2-8.
[2] 胡其正,杨芳.宇航概论[M].北京:中国科学技术出版社,2010.
[3] 谭双龙.敏捷卫星相机异速像移计算与分析[D].哈尔滨:哈尔滨工业大学,2014.
[4] 章仁为.卫星轨道姿态动力学与控制[M].北京:北京航空航天大学出版社,1998.
[5] 屠善澄.卫星姿态动力学与控制[M].北京:中国宇航出版社,1999.
[6] 王淑一,魏春岭,刘其睿.敏捷卫星快速姿态机动方法研究[J].空间控制技术与应用,2011,8(4):36-40.
[7] Margulies G, Aubrun J N. Geometric Theory of Single-Gimbal Control Momnet Gyro System[J]. The Journal of the Astronautical Sciences,1978,2:159-191.
[8] 董云峰,等.卫星姿态控制动态模拟技术[M].北京:科学出版社,2010.
[9] 贺仁杰,李菊芳,等.成像卫星任务规划技术[M].北京:科学出版社,2011.
[10] 窦强,李劲东,朱军,等.敏捷型卫星的相机外热流变化及其抑制措施效果分析[J].航天器环境工程,2014,31(1):62-67.
[11] 王抒雁,谢松,杨芳,等.敏捷卫星地面任务规划系统研究及应用算例[J].测绘通报,2014,增刊:163-165.
[12] 黄敏,葛玉君,杨芳.敏捷卫星的姿态对像移速度与偏流角的影响分析[J].航天器工程,2015,24:34-40.
[13] 杨芳,黄敏.敏捷卫星机动中成像轨迹规划研究[J].空间对地观测工程与技术,2015,2:24-30.
[14] 杨芳,刘思远,赵键,等.新型智能遥感卫星技术展望[J].航天器工程,2017,26(5):74-81.
[15] 王抒雁,谢松,刘胜利,等.一种最佳观测时刻点的计算方法:中国,ZL201110129378.8[P].2013-03-13.
[16] 王抒雁,杨芳,阎诚,等.一种任务观测持续时间的确定方法:中国,ZL201010598452.6[P].2012-11-14.
[17] 王抒雁,阎诚,谢松,等.一种对实传任务的预处理方法:中国,ZL201110129327.5[P].2013-01-33.
[18] 王抒雁,谢松,吕大旻,等.一种基于成像质量预估的任务预处理方法:中国,

ZL201110129341.5［P］.2012－12－26.

［19］王抒雁,杨芳,谢松,等.一种通过前瞻取舍任务的方法:中国,ZL201110170071.2［P］. 2012－12－26.

［20］王抒雁,杨芳,阎诚,等.一种数量优先的任务调度方法:中国,ZL201110170097.7［P］. 2013－07－24.

［21］王抒雁,杨芳,刘胜利,等.一种成像质量优先的任务调度方法:中国,ZL201110170055.3［P］. 2013－01－23.

［22］王抒雁,杨芳,刘胜利,等.一种综合效益优先的任务规划方法:中国,ZL201110170079.9［P］. 2013－04－10.

［23］牛朝,宁金枝,杨芳,等.适应敏捷卫星的星上GNSS定位技术研究［C］//第二届高分辨率对地观测学术年会论文集.北京:中国宇航学会,2013.

［24］王世清,王靖.一种卫星设计过程中各分系统故障率分配方法:中国,201410397824.7［P］.2014－08－13.

［25］王世清.一种卫星平台可靠性薄弱环节分析方法:中国,201510303552.4［P］.2015－06－04.

［26］王世清,王靖,白照广.基于Duane模型的某平台在轨可靠性增长研究［C］//中国现代小卫星技术发展研究论文集.中国宇航学会,2015.

［27］王世清,李志壮,赵键.卫星在轨可靠性模型退化研究［C］//中国现代小卫星技术发展研究论文集.中国宇航学会,2017.

［28］王世清,常静,等.小卫星浴盆曲线早期寿命阶段研究［C］//航天器总体技术专业组2018年学术研讨会论文集.航天器总体技术专业组,2018.

［29］王密,杨博,潘俊,等.高分辨率光学卫星遥感影像高精度几何处理与应用［M］.北京:科学出版社,2017.

［30］王密,田原,程宇峰.高分辨率光学遥感卫星在轨几何定标现状与展望［J］.武汉大学学报(信息科学版),2017,(11):1580－1588.

［31］PI Yingdong,YANG Bo,WANG Mi,et al. On－Orbit Geometric Calibration Using a Cross－image Pair for the Linear Sensor Aboard the Agile Optical Satellite［J］.IEEE Geoscience and Remote Sensing Letters,2017,14,(7).

［32］蒋永华,徐凯,张过,等.线阵推扫光学卫星外方位元素自检校方法［J］.同济大学学报(自然科学版),2016,(8).

［33］WANG Mi,CHENG Yufeng,TIAN Yuan,et al. A New On－orbit Geometric Self－calibration Approach for the High－resolution Geostationary Optical Satellite GaoFen4［J］. IEEE Journal of Selected Topics in Applied Earth Observations and Remote Sensing,2018,11(5).